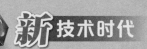

新 技术时代

# 焊工 操作 技术

HAN GONG CAO ZUO JI SHU

林圣武 ◉ 主编

上海科学技术文献出版社

U0203373

**图书在版编目（CIP）数据**

焊工操作技术 / 林圣武主编 . —上海：上海科学技术文献出版社，2013.1

ISBN 978-7-5439-5592-9

Ⅰ.①焊… Ⅱ.①林… Ⅲ.①焊接—技术培训—教材 Ⅳ.① TG4

中国版本图书馆 CIP 数据核字（2012）第 265884 号

责任编辑：祝静怡　夏　璐
封面设计：汪　彦

**焊 工 操 作 技 术**

林圣武　主编

\*

上海科学技术文献出版社出版发行

（上海市长乐路 746 号　邮政编码 200040）

全国新华书店经销

上海市崇明县裕安印刷厂印刷

\*

开本 850×1168　1/32　印张 12.875　字数 346 000

2013 年 1 月第 1 版　2013 年 1 月第 1 次印刷

ISBN 978-7-5439-5592-9

定价：28.00 元

http://www.sstlp.com

## 内容提要

本书内容分焊接基础知识、焊条电弧焊、埋弧焊、气焊与气割、安全作业与焊接质量检验共五章。全书贯穿以基础原理为辅,操作技术为主的宗旨,介绍常用设备的使用、维护及焊接缺陷的防止,着重叙述常用焊接及气割加工的多种操作技术,并配以操作实例、复习思考题及题解。

本书适宜初学及初、中级在职的焊接和气割人员培训与自学之用。

# QIAN YAN

# 前言

　　鉴于目前工业建设、发展的需要，却又面临初、中级焊接技术工人紧缺，大量务工人员亟待培训的现状，经洪松涛、陈家芳老师推荐，本人有幸参与由上海科学技术文献出版社组织的编写工程技术类丛书的工作，以尽绵薄之力。

　　本书以基础理论为辅，操作技术为主的宗旨，为适应广大读者的需求，本人编撰几种常用的焊接及切割加工方法，以期读者在书本知识与实践的结合中获益。

　　在此特向曾经共同参与编写专业书籍的同仁们一并表示谢意。在编写过程中，对原单位的领导及同事的支持和帮助，也表示由衷的感谢。

　　因本人水平所限，书中谬误之处恳请读者批评指正。

编　者

# MU LU

## 目录

# 第1章 焊接基础知识

1. 焊接的基本原理、特点及金属焊接的分类。

2. 钢的基本组成物、力学性能及分类与牌号。

3. 焊接电弧的形成、构造及特性。

## 一、焊接概述

焊接不仅仅是金属之间的焊接,如同种钢、异种钢之间的焊接,有色金属(铜、铝等)之间的焊接,还有钢与有色金属之间的焊接,金属与非金属之间的焊接等。鉴于各种材料之间焊接的共性,焊接的定义即为:焊接就是通过加热或加压,或两者并用,并且用或不用填充材料,使工件达到结合的一种方法。

### (一) 焊接的基本原理

用焊接方法将工件相互连接,这并不是工件间一般的连接,而是达到工件的相互"结合"。这个"结合"对金属而言就是要达到金属材料原子之间的相互结合,使之形成一个整体。

一切物质都是由分子组成的,而分子又是由原子构成的。金属在固体的状态下,金属原子在空间是按一定规律排列的,称为晶体。金属都是晶体,如图1-1所示,金属的原子按一定规则排列而形成的空间格子称为晶格,组成晶格的基本单元叫晶胞,常见的晶格有如图1-2所示的两种。晶体都具有一定的熔点、较高的硬度、良好的塑性和高的导电性、导热性等。

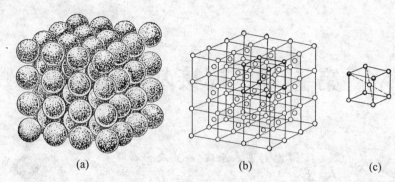

**图 1－1　晶体中原子的排列**

（a）原子排列；（b）晶格；（c）晶胞

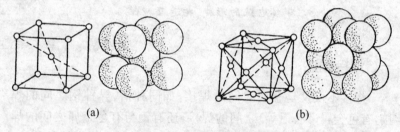

**图 1－2　金属的晶格模型**

（a）体心立方晶格；（b）面心立方晶格

　　为了实现焊接过程，必须使两个被焊金属接近到原子间的力能够相互发生作用的程度，也就是说，要接近到就像在固体金属内部原子间的距离一样。但是固体金属表面经常覆盖着一层氧化膜，有时甚至还有油脂，这些杂质对于完成金属的结合过程有很大妨碍。同时，两个固体金属都很硬，即使表面经过加工显得非常光洁和平整，但当它们相互接触时看似天衣无缝，实际上在接触表面只能是个别点之间有实质的接触，因为从微观来看，金属表面还是粗糙和凹凸不平的。由此可见，阻碍固体金属相互间结合的主要因素是固体金属的硬度、表面上的杂质、金属固体表面层的特殊性质等。

　　为了解决阻碍固体金属间相互结合的因素，有几种途径可选择,那就是:将待焊处的母材金属加热到熔化状态;对待焊处的母材金属施加压力;对待焊处的母材金属既加热又加压。

　　将金属加热到熔化状态最有利于原子间的结合,而且在一般情况下也不需要加压。金属原子在高温液态时的活动性很大,两待焊金属在液体状态下相互交融,此时的金属原子间没有严格的排列规则。当温度逐渐下降时,原子的活动能力随之减小。首先在邻近液体金属的母材金属未熔化处,由于冷却速度较快,邻近的液体金属原子之间及与未熔化部分的母材金属原子之间的吸引力逐渐增强。当到达凝固温度时,液态金属原子就先从邻近的母材金属处开始作有规则的排列,形成最初始的微小晶体,称为晶核。随着液态金属温度的不断下降,邻近晶核的金属原子就以晶核为中心,继续作有规则的排列,使晶体迅速长大。这样,许许多多的小晶体长大后相互接触,直至液体金属全部凝固形成焊缝。这就是待焊金属经过加热熔化,再经冷却结晶的过程(图 1-3),也就是待焊金属相互结合的过程。根据母材金属待焊处的不同状态,可另加或不加填充金属。这种将待焊处的母材金属熔化以形成焊缝的焊接方法就称熔焊(熔化焊)。

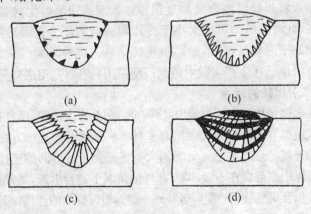

图 1-3　焊接熔池的结晶过程

(a) 开始结晶;(b) 晶体长大;(c) 柱状结晶;(d) 结晶结束

通过单纯加热完成金属的焊接还有另一种方法。将待焊的母材金属加热到低于母材金属的熔点而高于填充金属熔点的温度,由于采用的填充金属熔点低于母材的熔点,此时填充金属就熔化成液体,利用液态填充金属润湿母材,填充两待焊金属间的间隙,并与母材相互扩散,待填充金属凝固后形成焊缝。这种焊接方法称为钎焊,所用的填充材料称作钎料。钎料往往是熔点较低的异种金属,如在钎焊铜时就用锡钎料。钎焊一般不用于承受较大机械力的焊件。

在常温不加热的状态下,对焊件的焊接区施加压力,由于较强机械压力的作用,使焊件金属产生塑性变形,使得两焊件金属接触面上的氧化膜及其他污垢因受到强烈挤压而受到破坏,并向四边挤出。接触面边界的金属晶粒也因受挤压而变细,而且相互靠近到细微的距离。此时在晶间力的作用下,促进了原子间的相互扩散。同时由于金属剧烈塑性变形而出现的金属流动会产生较大的摩擦力,从而导致发热,这就是所谓的变形热。变形产生的热量加快了原子间的相互扩散,促使界面金属发生再结晶现象,以致完成了焊件间的结合,形成了牢固的焊接接头。这种在室温下对接合处加压使产生显著变形而焊接的固态焊接方法就称为冷压焊(见GB/T 3375-1994《焊接术语》)。

如果将焊接区的金属加热到塑性状态或局部熔化状态,同时再加压,此时的压力可大大小于冷压焊所需的压力。而且热量又能促使原子间相互扩散,最终出现再结晶。这种既加压又加热的焊接方法也已在生产实践中得到广泛应用,如锻焊、电阻焊等。

**(二)焊接的特点**

在金属结构和机械制造中,将两个或两个以上的零、部件按一定的形式或位置连接起来的方法有多种。根据现有的连接方法,依照它们的连接特点基本上可分为两大类。一类是可拆卸的连接,这种连接可以根据需要在不毁坏零、部件的情况下进行拆卸,如常见的螺栓连接以及键连接等(图1-4);另一类是不可拆卸的连接,那是指如果要拆卸这类连接势必会对零、部件造成损坏,当然那只能是不得已而为之,这类连接就如铆接和焊接等(图1-5)。

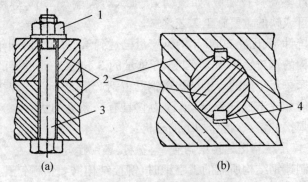

**图 1-4　可拆卸连接**

(a) 螺栓连接；(b) 键连接

1—螺母；2—零件；3—螺栓；4—键

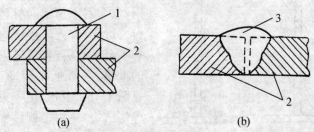

**图 1-5　不可拆卸连接**

(a) 铆钉；(b) 焊接

1—铆钉；2—零件；3—焊缝

　　从实际应用的情况来看，可拆卸连接的方法还是被广泛应用着，那是因为便于随时更换被损坏或需修复的零、部件。因此这种连接方法也被称之为临时性的连接。相对来说，不可拆卸的连接就可称为永久性的连接。

　　焊接方法由于它的特殊作用，目前已是世界各国应用极为广泛的一种永久性连接方法。在许多工业部门中过去用铆接结构制成的金属结构，如船体、锅炉、压力容器、起重运输机械等，几乎全部由焊接结构所替代；过去一直用整铸、整锻方法生产的大型毛坯也改成了焊接结构。这样不仅简化了生产工艺，而且还降低了成本。在许多高科技领域,如核动力、航天等尖端技术中,焊接也已成为不可或缺的重要施工工艺之一。

据统计,我国在 2006 年的钢产量已达到 4.188 亿吨,同年用于焊接结构的钢材达到 1.5 亿吨,占总量的 35.8%。而世界的主要工业国家每年生产的焊接结构用钢已占钢产量的 45%。焊接工艺之所以能如此迅速地发展,就因为它具有一系列的优点。为更好地了解焊接的特点,特作如下的分析:

1. 焊接结构比铆接结构省工、省料、密封性好

在制造钢结构所需的工字钢时,铆接结构需要钻铆钉孔,还需加辅助材料角钢,而焊接结构的工字钢就不需要钻孔,金属材料的截面也能得到有效利用,也无需添加辅助材料和铆钉。这样,首先焊接结构既节省了金属材料,也减轻了结构的重量,还降低了劳动强度,见图 1-6。其次,由于采用了焊接结构,免去了铆接生产所需的多轴钻床等大型设备的投资,更简化了加工与装配的工序,提高了劳动生产率。

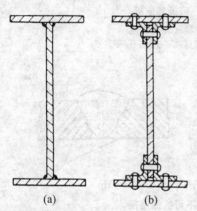

(a)　　　　(b)

**图 1-6　焊接工字钢与铆接工字钢相比**

(a) 焊接工字钢;(b) 铆接工字钢

焊接结构还具有比铆接结构更好的密封性,所以铁路机车及锅炉的铆接结构很早就被焊接结构所替代;尤其是在高温、高压容器的生产中,焊接工艺已是不可缺少的工艺方法之一。

2. 焊接结构与铸造结构相比较,省工、省料、强度高

铸造工件要先制作木模,然后制砂型,再要熔炼金属和浇注,待铸件凝固冷却后,还需去浇、冒口和打磨毛刺等。如果用焊接结构替代,那么上述工序全可免去,使得工序简单,生产周期大大缩短,特别是对小批量生产来说更为明显。同时,焊接结构也比铸造件节省材料,通常它的重量比铸钢件减小 20%~30%,比铸铁件减

小50%～60%。另外，一般替代铸造件的焊接结构材料都是用轧制的金属材料制造的，质量一般都比铸件好。

3. 焊接结构能实现其他工艺方法难以实现的异种金属的结合

如大型齿轮的齿缘由于齿轮间相互啮合摩擦，因此要用高强度的耐磨优质合金钢，而齿轮的本体和其他部位可用一般的钢材，这完全可用焊接的方法来解决，既能提高齿轮的使用性能，又能节省优质钢材。还有如用于机床加工的金属切削刀具，为了能胜任对各种金属的切削工作，尤其是高速切削，必须要求刀具在高温时仍能保持在常温下的硬度和耐磨性（硬质合金甚至可在850～1 000℃时，仍能保持良好的切削性能）。车刀是切削加工的刀具之一，它是由刀头和刀杆组成的，如果整把车刀都由特殊性能的钢材制成，那将会造成很大的浪费。因此在实践中仅在车刀刀头的切削部位，用焊接的方法连接上一小块特殊用途的金属材料（图1-7）。

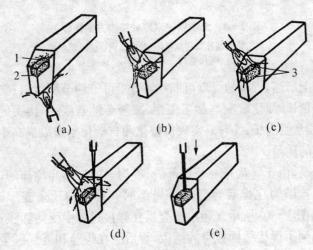

**图1-7　氧-乙炔火焰加热的刀具钎焊**
1—熔剂；2—钎料；3—熔化的钎料

4. 焊接结构可以用钢材拼接代替轧制的型材

用钢材拼接的焊接结构，在不影响钢结构的使用性能和质量的前提下可大大降低产品的成本。如工字钢高度大于70 cm时，一般可采用钢板拼焊的方法以降低成本。图1-8所示是大型锅炉水冷壁结构断面的示意图,其中图(a)结构是用轧制的型材鳍片管制成的;图(b)结构是用无缝钢管加扁钢制成的。两者相比,后者比前者要经济,因为鳍片管的价格要比无缝钢管贵得多。

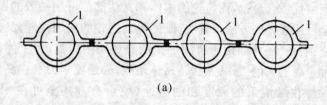

(a)

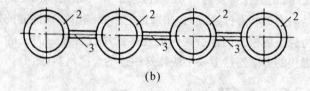

(b)

**图1-8   大型锅炉水冷壁结构方案比较**

(a) 由轧制鳍片管焊成;(b) 由无缝钢管加扁钢焊成

1—鳍片管;2—无缝钢管;3—扁钢

综上所述,焊接的优点可归结为: ①可节约金属材料;②减轻结构重量;③简化装配与加工工序,减轻劳动强度;④接头的密封性好,能承受高压;⑤容易实现机械化和自动化生产以提高生产率和产品的质量。

但是,由于焊接是一个局部的、不均匀的加热和冷却的过程,因此焊接结构在焊后容易产生局部的或整体的残余变形,如图1-9和图1-10所示。还由于金属在焊接过程中受热膨胀、冷却收缩受到了焊接结构自身的约束,焊后会在焊缝和近缝区金属内部产生应力(单位截面积上出现的内力)。焊接构件由焊接而产生的内应力就称焊接应力,而焊后残留在焊件内的焊接应力就叫做焊接残余应力。图1-11和图1-12分别表示焊接残余应力在不同焊件上的状态。焊接残余应力的存在会严重影响整个焊接结构的工作性能,在受到外力作用的情况下,如遇结构自身的薄弱环节或焊接缺陷(气孔、裂纹等),就可能会导致结构断裂破坏的严重后果。

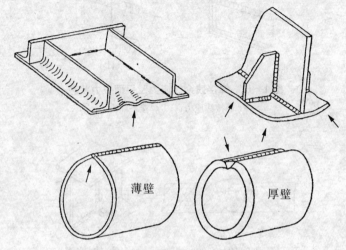

图 1-9 焊接结构的残余局部变形

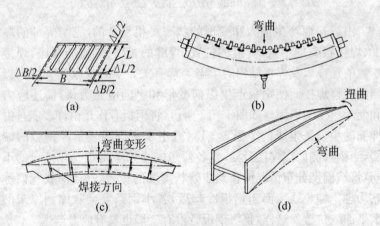

图 1-10 焊接结构的残余整体变形

(a) 焊接结构的直线变形;(b) 锅炉集箱焊后的变形;
(c) 桥式起重机主梁腹板焊后的变形;(d) 工字梁焊后的变形

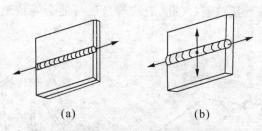

**图 1－11　焊接残余线应力及平面应力状态**

（a）焊接线应力；（b）焊接平面应力

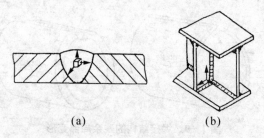

**图 1－12　焊接残余体积应力状态**

（a）厚大焊件的体积应力；（b）三向交叉焊缝的体积应力

　　由焊接而产生应力和变形的状态是很复杂的,它与焊件的厚度、焊接接头的形式、焊缝的位置、焊缝的长度、焊接的顺序、焊接参数的选择以及焊接结构的形态等都有关。下面仅以在一块钢板侧面进行焊接而使钢板产生纵向变形和纵向应力为例,简述应力和变形产生的原因。如图 1－13 所示,将钢板看作是由许多能自由伸缩的小钢条组成的。图 1－13（a）中水平虚线表示原钢板的端面,当钢板侧面在焊接升温时,各假想的小钢条由于受热情况的不同,将按温度分布情况伸长到曲线状虚线的位置,这条曲线我们称它为理论伸长线。而当钢板冷却后,各小钢条就会收缩到原来的水平曲线位置。这样,整块钢板既没有变形也没有应力产生。

　　但是实际上各假想的小钢条是互相结合在一起,互相牵制和约束的,因此它们实际伸长的位置只能是图 1－13（a）倾斜的直线位置,这条倾斜的直线称为实际伸长线。由此可见,温度高伸长大

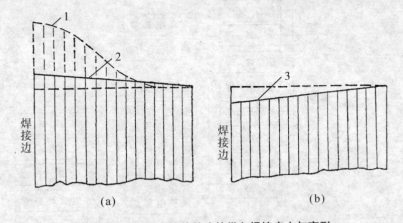

**图 1-13 焊缝在焊件单边的纵向焊接应力与变形**

(a) 焊件受热时理论与实际伸长的情况;(b) 焊件冷却后的实际变形

1—理论伸长线;2—实际伸长线;3—实际收缩线

的小钢条就受到温度低、伸长小的小钢条的压缩;而温度低、伸长小的部位却受到伸长大的部位的拉伸。这就是钢板在焊接受热时的变形状态。同时,在温度高的部位就产生压应力,温度低的部位产生拉应力。

当焊接结束焊件就开始冷却,各部位都开始收缩,由于原来温度高的部位,实际被"压缩"掉的伸长量最大,因此在冷却时的收缩也最大,其余部位逐次减小。而实际上收缩也是在受阻的情况下进行的,在冷却后,结果就出现了如图 1-13(b) 的实际收缩线。此时原来温度高的部位产生了拉应力,温度低的部位产生压应力。结果,焊接边产生了纵向缩短,同时还有弯曲变形产生。

前面所述由于焊接加工方法的特殊性而存在的不足之处,随着焊接工艺的不断发展,在生产实践中是完全可以采取一些有效的工艺措施加以克服的。

**(三) 金属焊接的分类**

按照在焊接过程中待焊金属所处的状态不同,可以分为三大类:熔焊、压焊和钎焊。图 1-14 为目前金属焊接的简要分类图。

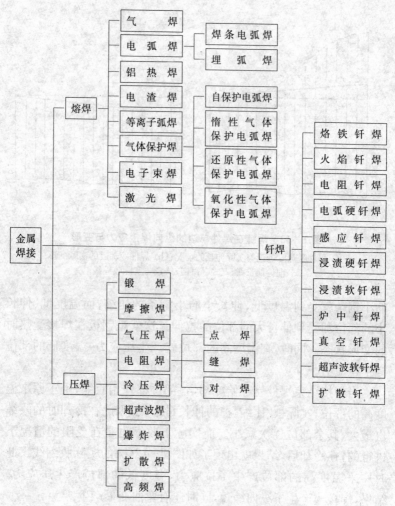

**图 1-14　金属焊接的简要分类图**

1. 熔焊（熔化焊）

熔焊是将待焊处的母材金属熔化以形成焊缝的焊接方法。

2. 压焊

压焊是在焊接过程中，必须对焊件施加压力（加热或不加热），以完成焊接的方法。

3. 钎焊

钎焊是采用比母材熔点低的金属材料作钎料,将焊件和钎料加热到高于钎料熔点,低于母材熔化温度,利用液态钎料润湿母材,填充接头间隙并与母材相互扩散实现连接焊件的方法。

各类焊接所属的常用焊接方法如图 1－14 所示。

**(四) 我国焊接技术的发展状况及前景**

我国是世界上最早应用焊接技术的国家之一。考古发现,远在战国时期的一些金属制品,就已采用了焊接技术。以河南省辉县玻璃阁战国墓中出土的文物证实,其殉葬铜器的本体、耳、足就是利用钎焊来连接的。另据历史记载,宋代科学家沈括所著的《梦溪笔谈》一书中,就提到了焊接方法,这是早在 800 多年前的事。其后在明代科学家宋应星所著的《天工开物》一书中,对锻焊及钎焊技术作了详细的叙述,如有如下的记载:"凡铁性逐节黏合,涂黄泥于接口之上,入火挥锤,泥渣成枵而去,取其神气为媒合,胶结之后,非灼红斧斩,永不可断",从这段记载可知,那时已懂得在锻焊时用熔剂,并以此获得质量较高的焊接接头。另外关于"用响铜末者为大焊,用锡末者为小焊"的记载,证实了至今我们还大量使用的铜、银、锡及其合金的钎焊方法,是早已被我们祖先广泛应用了。事实说明,我国是一个具有悠久的焊接历史的国家,在古老的焊接技术史上留下了光辉的一页。

近代焊接技术是从 19 世纪末叶的 1880 年出现碳弧焊,到 20 世纪初开始发展起来的,至今已逾百年。我国大致在 20 世纪 20 年代才开始有了电弧焊,也只是极为少量的手工电弧焊用于修修补补的工作,没有焊接工业可言。

新中国成立后的 20 世纪 50 年代初,随着国家建设和发展的需要,党和政府十分重视焊接技术人才的培养。1988 年 12 月,焊接工艺及设备专业教学指导委员会仅对全国 26 所大专院校焊接专业历届毕业生及在校学生的人数作了统计(如表 1－1 所示),至目前已有不少的焊接中、高级专业技术人才和焊接技术工人活跃在工业战线上。改革开放以来,焊接技术在我国得到了进一步的发展,仅据1979年至1982年公布的发明奖中,焊接项目就占了11项。1984年"焊接电弧控制理论及其电流控制系统"项目,获得国家创造发明一等奖。同时,在各个领域不断攻克焊接的关键技术难关,在焊接新材料、新工艺不断出现的情况下,焊接的自动化、机器人和智能化方面也得到了一定的发展,如清华大学创造发明的无轨道全位置气电立焊机器人,在世界上为焊接技术开创了一个新奇迹,并获得独立自主知识产权;2006年,国际焊接领域首创的"无轨道爬行式弧焊机器人"正式面世;无轨道爬行式气体立焊机器人,也已在实际工作中得到了成功的应用。

表1-1 26所学校焊接专业历届毕业生及在校生人数
(统计至1988年12月)

|  | 专科生 | 本科生 | 硕士生 | 博士生 | 总 数 |
|---|---|---|---|---|---|
| 历届毕业生人数 | 1 671 | 16 411 | 484 | 15 | 18 581 |
| 在校学生人数 | 670 | 5 099 | 351 | 37 | 6 157 |

几十年来,在新老一代焊接工程技术人员及广大焊接技术工人的辛勤耕耘和努力下,新的焊接工艺和新的能源不断得到开发,并在我国航空、航天、原子能、化工、造船、海洋工程、电子技术、建筑、交通运输、电力、机械制造等工业部门得到广泛应用。

目前,我国已经成为世界第一的焊接材料大国。另外,从焊接结构的用钢来看,也可见一斑:在1979年时,我国的钢年产量仅为3 178万吨,而到了2006年,我国的钢年产量就达到了4.188亿吨,占当年世界钢产量的三分之一。就在2006年,我国焊接结构的用钢就达到1.5亿吨。可见焊接技术在我国工业生产中,发挥着何等重要的作用。

2007年10月24日18时05分,我国长征三号甲运载火箭,带着"嫦娥一号"探月卫星成功升空,并将她送到距地球38万千米之遥的绕月轨道,这不仅是我国综合科技实力的象征,也是我国焊接专业人员为之贡献绵薄之力的体现。图1-15 为我国首颗月球卫星——"嫦娥一号"。

焊接是一种应用面很广的共性技术,它不仅对发展尖端科技及国防装备有着重要的作用,而且对提高全民生活质量有着密切的关

图 1-15  2007 年 10 月 24 日我国发射的首颗月球卫星——"嫦娥一号"

系。但是我国焊接生产的发展还是很不均衡的,无论在专业技术的教育和培训及先进技术的开发和应用等方面,与国际的先进水平相比,还存在着一定的差距。为此,我国的有关部门提出了在今后 10 年或更长一段时间的总体发展战略目标:

1. 加强规划、全面提高我国的总体焊接生产技术水平。

2. 培养一批优秀的焊接专业技术人才。

3. 在一些尖端前沿科技领域占有一席之地。

## 二、钢的基础知识

焊接的主要对象是金属,金属中应用最广泛的就是钢材。为此,对钢材的力学性能、内在成分及组织结构要有一个基本的了解。

### (一) 钢的力学性能

钢的力学性能是指钢材抵抗外力的能力。钢材在受到外力作用时,可能会发生变形或断裂。因此,对在不同受力状态下工作的钢材,要有不同的力学性能要求。同样,焊缝金属的力学性能也是评定焊接质量好坏的重要标志。

钢材的力学性能是指强度、塑性、硬度、韧性、疲劳等基本指标。

### 1. 强度

钢材的强度是指钢材在外力的作用下,抵抗变形和破坏的能力。钢材的强度是由屈服强度和抗拉强度两个指标来反映的,而这两个强度值是通过对钢材标准拉伸试样的拉伸试验而测得的,如图 1-16 所示。

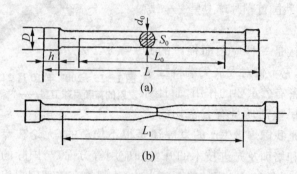

**图 1-16  钢材的拉伸试样**

(a) 拉伸前;(b) 拉断后

1) 屈服强度($\sigma_s$)  屈服强度是表示材料抵抗塑性变形的能力。钢材在外力的作用下会出现形状、尺寸的变化,这就像用力去拉弹簧一样。当去除外力以后,钢材的这种变形也如同弹簧一样可能随之消失,这种变形就叫作弹性变形。但是当外力超过一定限度,对弹簧来说,就可能在拉长后无法回复到原来的形状和长度;对钢材来说,也同样会出现在外力去除后不能回复到原来的形状和尺寸的现象,这种现象即所谓的产生了塑性变形。屈服强度就是等于作用于某一钢材试样,并使它开始出现塑性变形的力与变形前试样截面积的比值(即应力),可用下面的公式计算:

$$\sigma_s = \frac{P_s}{S_0} \text{(MPa①)}$$

式中  $P_s$——使试样开始出现塑性变形的力(N);

$S_0$——变形前试样的截面积($mm^2$);

①  $1\ Pa = 1\ N/m^2$,$1\ MPa = 1\ N/mm^2$,下同。

$\sigma_s$——屈服强度（MPa）。

2）抗拉强度（$R_m$）　抗拉强度是表示材料在拉力作用下抵抗断裂破坏的能力。如对钢材试样在发生塑性变形后继续加大拉伸力，试样就会出现缩颈现象（如图 1-16（b）所示），最后导致材料断裂破坏。抗拉强度就等于作用于某一钢材的试样，并至试样拉断前所能承受的最大力与试样原截面的比值，可用下面的公式计算：

$$R_m = \frac{P_b}{S_0} \ (MPa)$$

式中　$P_b$——使试样拉断前所能承受的最大力（N）；

　　　$R_m$——抗拉强度 $\mu$Pa。

屈服强度和抗拉强度是钢材力学性能的重要指标。金属结构所能承受的静载应力，一般应小于它的屈服强度，因为也有不少金属没有明显的屈服点。

图 1-17 为低碳钢试样的拉伸曲线示意图。图中 $Ope$ 为弹性变形阶段。其中 $Op$ 段为载荷（外力）与伸长量成正比例段，是一条直线，当外力去除后试样会恢复到原来的形状和尺寸。$pe$ 段不是直线，说明试样的伸长不再与外力成正比例关系，但还属于弹性变形阶段，即去除外力后变形也会立即消失。$esb$ 为弹性—塑性变形阶段。其中在 $s$ 点开始出现的水平段表示在外力不变的情况下试样继续伸长，说明此时的材料已经丧失了抵抗塑性变形的能力，称为材料的屈服，$s$ 点就是屈服点。此后，由于发生塑性变形后，金属

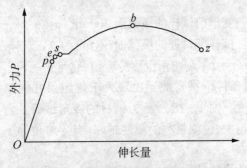

**图 1-17　低碳钢试样的拉伸曲线示意图**

内部结构的变化,产生了所谓的冷加工硬化现象,要使金属继续变形就必须再增加外力。当试样伸长到 $b$ 点后,就出现了缩颈现象。此后的变形全部集中在缩颈处。$bz$ 为断裂阶段,由于缩颈后,材料截面剧烈减小,试样不足以抵抗外力的作用,因此在 $z$ 点发生断裂。

2. 塑性

钢材的塑性是指钢材在外力作用下,产生塑性变形而不断裂破坏的能力。衡量塑性的指标有断后伸长率、断面收缩率和弯曲角。

1) 断后伸长率($A$)   断后伸长率是指试样拉断后,其伸长的长度与原有长度的百分比。断后伸长率越大,说明材料的塑性就越好。断后伸长率可用下面的公式计算:

$$A = \frac{L_1 - L_0}{L_0} \times 100\%$$

式中   $L_0$——拉伸试样原标距长度(mm);

　　　  $L_1$——拉伸试样拉断后标距部分的长度(mm)。

2) 断面收缩率($Z$)   断面收缩率是指试样拉断后,断口面积的缩减量与原截面面积的百分比。断面收缩率越大,材料的塑性也越好。断面收缩率可用下面的公式计算:

$$Z = \frac{F_0 - F_1}{F_0} \times 100\%$$

式中   $S_0$——变形前试样的横截面积($mm^2$);

　　　  $S_1$——试样断口处的横截面积($mm^2$)。

3) 弯曲角($\alpha$)   弯曲角也称冷弯角,它是指一定形状和尺寸的试样,在室温条件下被弯曲到出现大于规定尺寸的第一条裂纹时所测得的角度。图 1-18 所示为钢材的冷弯试验及弯曲角的示意图。弯曲角越大,说明材料的塑性越好,当弯曲角等于180°时塑性最好。

为了避免焊接结构在使用时因焊接加工而出现焊接裂纹或发

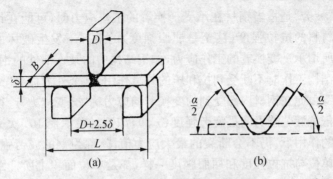

**图 1 - 18　钢材的冷弯试验及弯曲角**

(a) 冷弯试验；(b) 弯曲角

生突然断裂，一般都要求其材料具有一定的塑性。通常材料的 $\delta$ 达 5％或 $\psi$ 达 10％即可满足要求，过高的塑性会导致强度下降，具体要看产品的技术要求而定。

3. 硬度

硬度是指金属材料抵抗硬物压入其表面的能力。常用布氏、洛氏、维氏等硬度指标来衡量。布氏硬度计的压头为淬火钢球或硬质合金球；洛氏硬度计上的压头是用金刚石制成的 120°圆锥体。洛氏硬度常用于测量硬度较高的材料，如淬硬钢等。它与布氏硬度的关系大约为 1：10。

4. 韧性

韧性是指材料受冲击载荷时具有不被破坏的能力。材料韧性的主要指标是冲击韧度，它是用一次冲击试验的方法来测定的，其数值为当试样被冲断时，断裂处单位面积上所消耗的冲击功，它的单位为 $J/cm^2$。

冲击韧度是衡量钢材是否可能发生脆断的重要标志，一般钢材在室温 20℃左右试验时，材料并不显示脆性，而在较低温度下则可发生脆断。为了确定低温用钢材的脆性，可在不同温度下测定冲击韧度，以测出"脆性转变温度"，这个温度数值越低，就说明材料的低温冲击性能越好。

5. 疲劳强度

"疲劳"是指当钢材在承受变换着的工作应力时,可能在远低于该材料的抗拉强度(甚至是屈服强度)的情况下发生破坏的现象。所谓承受变换着的工作应力,如钢结构中的某一部件的钢材,在钢结构工作时不断受到拉和压的外力作用,这个外力称为"交变载荷",由此在钢材内部受到的变换着的应力称"交变应力"。衡量材料抵抗疲劳能力的是疲劳强度($\sigma_{-1}$),如钢材在承受 $10^7$ 次交变载荷的作用下,仍不会断裂的最大应力值,就称为钢的疲劳强度。它的单位与抗拉强度和屈服强度一样,都是单位面积上所能承受的最大的力,用 Pa(MPa)来表示。

一般常用近似关系式 $\sigma_{-1} \approx 0.4 \sim 0.6\sigma_b$ 来计算钢材的疲劳强度。

**(二)碳钢组织的基本组成物**

一般俗称的钢是指碳钢而言,碳钢就是碳素钢的简称,是金属焊接中最常用的材料。

碳钢的主要成分是铁(Fe)和碳(C),在钢中呈铁碳合金的形式。其他成分为在冶炼时由原料带入钢中的少量杂质,如锰(Mn)、硅(Si)、硫(S)、磷(P)等金属和非金属元素。这些杂质中锰和硅是有益的,能在炼钢时去除有害元素,同时提高钢的强度;硫和磷在钢中是有害元素,会使钢的脆性增加。

目前,基本上所有特定性能的钢材(合金钢),都是以碳钢为基础,在冶炼时有目的地加入一些合金元素,常用的合金元素有硅(Si>0.4%)、锰(Mn>0.8%)、铬(Cr)、镍(Ni)、钨(W)、钼(Mo)、钒(V)、钛(Ti)、铝(Al)、硼(B)等元素。

碳钢中的铁元素是在钢中起着决定性作用的。为了认识铁碳合金的本质,首先要了解铁的晶体结构及其随着温度的变化而改变的状况。

1. 纯铁在固态下的同素异构转变

铁从高温液态到完成凝固成结晶后,随着温度的继续下降,会出现晶体从一种晶格转变为另一种晶格的现象。这种金属在固体状态下,随着温度的变化而出现从一种晶格转变为另一种晶格的现象,就称为金属的同素异构转变;由这种转变所得到的不同晶格的晶体称为同素异晶体。在常温下的同素异晶体一般用希腊字母 α 表示,在较高温度下的同素异晶体依次用 β,γ 和 δ 来表示。

图 1-21 所示为纯铁的冷却曲线。由图可知,液态纯铁在 1 538℃进行结晶,得到具有体心立方晶格的 δ-Fe。继续冷却到

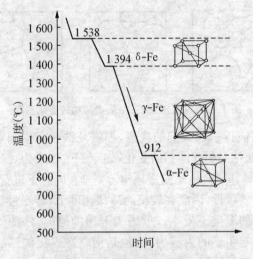

**图 1-21　纯铁的冷却曲线**

1 394℃时发生同素异构转变,转变为面心立方晶格的 γ-Fe。当冷却到 912℃时又发生同素异构转变,转变为体心立方晶格的 α-Fe。如再继续冷却,晶格的类型就不再发生变化。上述的同素异构转变,在纯铁升温时同样会出现,这些转变可用下式表示:

$$\underset{\text{(体心立方晶格)}}{\delta-Fe} \xrightleftharpoons{1\,394℃} \underset{\text{(面心立方晶格)}}{\gamma-Fe} \xrightleftharpoons{912℃} \underset{\text{(体心立方晶格)}}{\alpha-Fe}$$

铁在固体状态下的同素异构转变与铁在液体状态下的结晶过程相似,实质上是一个重结晶的过程,同样遵循晶核形成和晶核长大的规律,只不过同素异晶体的晶核是在原来晶粒的晶界或某些特定部位形成的。图 1-22 为 γ-Fe 转变为 α-Fe 的示意图。

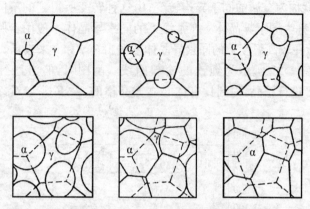

**图 1-22　γ-Fe→α-Fe 同素异构转变示意图**

有一点值得引起我们的注意,那就是铁在发生同素异构转变时,晶格的变化会引起体积的变化,如 γ-Fe 转变为 α-Fe 时体积膨胀约为 1‰;同时,由于同素异构转变是在固态下进行的,它的重结晶过程比较缓慢,因此在较快的冷却速度下,转变过程很容易被推移到更低的温度下发生。就因为上述的原因,铁的同素异构转变就可能引起明显的内应力,这也是钢材在焊接加热后可能造成变形甚至开裂的原因之一。

2. 合金的基本组织结构及铁碳合金状态图

纯铁具有较好的塑性,但其强度较低,所以很少用纯铁来制造金属结构或机械零件,通常是使用铁和碳的合金,如钢和铸铁。

1) 合金的基本组织结构　合金是指两种或两种以上的金属(或金属与非金属)元素熔合在一起所得到的具有金属特性的物质。合金一般具有较组成该合金的金属元素更高的硬度和强度。

合金有三种基本组成物,即固溶体、化合物和机械混合物。

(1) 固溶体　组成合金的两种或两种以上的金属(或金属与非金属),在固态时能相互溶解形成单一均匀的物质称为固溶体。具体来说,组成合金的某一金属或非金属的原子,在合金由液态结晶成固态时溶入另一金属元素的晶格中,便形成了固溶体。而形成固溶体的晶格与另一金属元素的晶格形式相同。

固溶体可分为置换固溶体和间隙固溶体两种。图1-23(a)为置换固溶体,即作为合金成分的某一金属或非金属的原子(图中的黑点),位于另一金属元素晶格的某些结点上;图1-23(b)为间隙固溶体,即作为合金成分的某一金属或非金属的原子,位于另一金属元素晶格的间隙中。

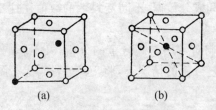

**图1-23 固溶体的晶格示意图**

(a) 置换固溶体;(b) 间隙固溶体

(2) 化合物 两种或两种以上的元素,按一定的原子数比相互化合成为另一种不同性能的特殊物质,称为化合物。

(3) 机械混合物 两种或两种以上的元素(如固溶体与化合物),在固态时既不相互溶解也不化合,而是形成紧密的混合物,称为机械混合物。各组成物仍保持原有性能。

2) 铁碳合金状态图 钢和铸铁是现代工业中极为重要的金属材料,它们的基本组成是铁和碳两种元素,因此,钢和铁又称铁碳合金。在铁碳合金中,由于含碳量的不同,碳可以溶解在铁中形成固溶体,也可以与铁组成化合物。

铁碳合金状态图是研究铁碳合金的成分、组织与温度之间关系的图形。根据状态图,可以了解铁碳合金的内部组织随含碳量和温度而变化的规律,是学习热加工(如焊接)和热处理(如焊后热处理)的重要理论基础。

铁碳合金状态图以含碳量为横坐标,温度为纵坐标。它的建立过程是,先用热分析法测定各种含碳量的铁碳合金,在极缓慢冷却时冷却曲线上的临界点(如从液态开始结晶和完全结晶为固态的温度),再将各点分别画在对应的合金成分、温度的坐标中,然后将意义相同的各临界点连接起来，即为铁碳合金状态图。目前应用的铁碳合金状态图其含碳量仅为（0～6.69）％，因为更高含碳量的铁碳合金脆性很大，加工困难，没有实用价值。实际上含碳量（质量分数）为 6.69％ 的铁碳合金即是铁和碳的化合物 $Fe_3C$。要说明的是现代的 $Fe - Fe_3C$ 状态图，可用多种实验方法进行测定，各临界点温度和成分数据，不同资料上的数值往往不同，但误差不会太大。

在既不影响对常用铁碳合金的分析，又不影响对绝大多数钢种的热加工工艺分析的情况下，将 $Fe - Fe_3C$ 状态图作了简化，如图 1－24 所示。

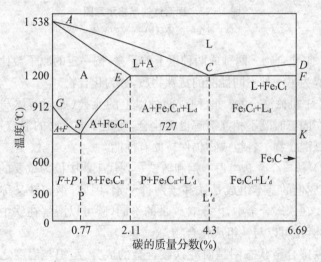

**图 1－24　简化后的 $Fe - Fe_3C$ 状态图**

图 1－24 中的 $ACD$ 线为液相线（合金中成分、结构及性能相同的组成部分称为相。相与相之间具有明显的界面。合金的性能是由组成合金的各相本身的结构性能和各相的组合情况决定的），此线以上为液相区，合金冷却到此线将开始结晶；$AECF$ 线为固相线，合金冷却到此线将全部结晶为固体，此线以下为固相区。有关其他线将在以后叙述。

3. 碳钢的基本组成物

碳钢是指质量分数 $\omega(C)$ 低于 2.11% 的铁碳合金。在铁碳合金中,根据含碳量的不同,碳可以与铁组成化合物,也可以溶解在铁中形成固溶体,或者形成化合物与固溶体的机械混合物。而碳钢在不同的含碳量和温度时,可得到不同的组织,这些组织的基本组成物有铁素体、奥氏体、渗碳体和珠光体等。

1) 铁素体 碳原子在 $\alpha$-Fe 中的间隙固溶体叫铁素体,常用符号 F 表示,如图 1-25(a)所示。$\alpha$-Fe 的晶体是体心立方晶格,原子间的间隙较小,所以溶碳量也较小,在 727℃时,$\alpha$-Fe 的最大溶碳量只有 0.0218%。随着温度的降低,$\alpha$-Fe 的溶碳量也减小,在室温时降低到 0.006%。由于铁素体的含碳量低,因此它的组织和性能与纯铁相似,具有良好的塑性和韧性,强度和硬度较低。

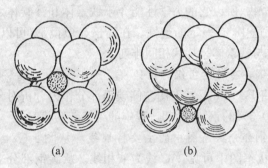

(a)                    (b)

**图 1-25 铁素体、奥氏体晶格示意图**
(a) 铁素体;(b) 奥氏体

2) 奥氏体 碳原子在 $\gamma$-Fe 中的间隙固溶体叫奥氏体,常用符号 A 表示,如图 1-25(b)所示。$\gamma$-Fe 是面心立方晶格,原子间的间隙较大,所以 $\gamma$-Fe 的溶碳能力较强,在 1148℃时溶碳量可达 2.11%。随着温度的下降,溶解度逐渐减小,在 727℃时溶碳量为 0.77%。由于 $\gamma$-Fe 溶解的碳量多,所以奥氏体的强度和硬度较铁素体高,但仍具有良好的塑性。随着温度的升高,奥氏体的强度和硬度降低。所以大多数钢种在高温加工(如热轧)时,都要求在奥氏体区进行。

3) 渗碳体 渗碳体就是铁与碳的化合物,其分子式为 $Fe_3C$,$\omega(C)$ 为 6.69%。它的力学性能硬而脆,塑性几乎等于零,它的熔点为 1 600℃。在碳钢中,当含碳量超过碳在铁中的溶解度时,多余的碳就会与铁化合成渗碳体。当它以不同的大小、形状与分布出现在钢的组织中时,钢的性能会受到很大的影响。

4) 珠光体 铁素体和渗碳体组成的机械混合物称为珠光体,常用符号 P 表示。它是奥氏体在冷却过程中,在 727℃ 的恒温下共析转变得到的产物,因此它只存在于 727℃ 以下。它的含碳量(平均质量分数 $\omega(C)$)为 0.77%。所谓共析转变是指一定成分的合金固溶体(如奥氏体),在冷却到一定温度时(奥氏体冷却到 727℃),在恒温下分解出两个不同成分的固相(铁素体和渗碳体),这种转变就称为共析转变。由于珠光体是硬的渗碳体和软的铁素体相间组成的混合物,所以它的力学性能介于铁素体和渗碳体之间,强度较好,硬度适中,有一定的塑性。在高倍显微镜下,可以清楚地看到,渗碳体与铁素体呈片状相间排列。

4. 碳钢在冷却时组织的转变

现在将 $Fe-Fe_3C$ 状态图左侧碳钢部分作为分析对象,了解一下含碳量 0.3% 的钢,在冷却过程中的组织转变状况。

1) 碳钢部分状态图中的主要特性线 从图 1-24 简化后的 $Fe-Fe_3C$ 状态图中可见,$AC$ 线为液相线。从碳钢部分来分析,各种成分的碳钢在温度高于 $AC$ 线时全部是液体。冷却到 $AC$ 线时开始结晶析出奥氏体。

图中 $AE$ 线为固相线。当碳钢冷却到 $AE$ 线时,碳钢的液体全部结晶成奥氏体。当然,如果在加热过程中,当加热到 $AE$ 线时,奥氏体开始熔化。

$GS$ 线又称 $A_3$ 线。含碳量小于 0.77% 的碳钢,温度在稍高于 $GS$ 线时为奥氏体组织,冷却到 $GS$ 线时,钢中将发生同素异构转变,面心立方晶格的奥氏体开始向体心立方晶格的铁素体转变(开始析出铁素体)。

$ES$ 线又称 $A_m$ 线。含碳量 0.77%~2.11% 的碳钢温度稍高

于 *ES* 线时为奥氏体,冷却到 *ES* 线时,钢中碳的溶解度开始降低,析出渗碳体,这种渗碳体称为二次渗碳体($Fe_3C_{II}$)。

　　*PSK* 线又称 $A_1$ 线,是一条温度为 727℃的水平线。当碳钢温度高于 727℃时,有奥氏体存在,当冷却到 *PSK* 线时,奥氏体开始转变为铁素体和渗碳体的机械混合物即珠光体,所以 $A_1$ 线也称共析转变线。

　　2) $\omega(C)$ 为 0.3%的钢冷却时的组织转变　图 1-26 是 $\omega(C)$ 为 0.3%的钢在冷却时组织转变的示意图。当液态钢冷却到 *AC* 线时开始凝固,从钢液中开始生成奥氏体晶核,并不断长大;当温度下降到 *AE* 线时,钢液全部凝固成奥氏体;当温度下降到 *GS*($A_3$)线时,从奥氏体中开始析出铁素体晶核,随着温度下降,晶核不断长大,当温度下降到 *PSK*($A_1$)线时,剩余未经转变的奥氏体转变为珠光体。从 $A_3$ 线下降至室温,其组织为铁素体加珠光体,不再变化。

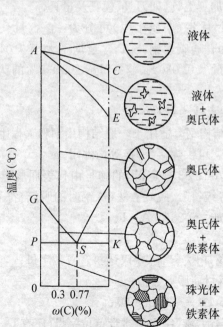

图 1-26　含碳 0.3%钢冷却转变的示意图

**(三) 钢的分类与牌号**

工业上使用的钢材基本上可分为碳素钢(碳钢)和合金钢两大类。这里主要介绍一下它们的分类、常用钢材的牌号编制及用途等。

**1. 碳素钢**

前面已经介绍过,碳的质量分数 $\omega(C)$ 低于 2.11% 的铁碳合金就是碳素钢。

**1) 碳素钢的分类**

(1) 按含碳量可分为:$\omega(C) \geqslant 0.25\%$ 的为低碳钢、$\omega(C)$ 为 0.25%～0.6% 的为中碳钢、$\omega(C) > 0.6\%$ 的为高碳钢。

(2) 按用途可分为:$\omega(C)$ 一般小于 0.7% 的为碳素结构钢、$\omega(C)$ 一般在 0.7% 以上的为碳素工具钢。

其中碳素结构钢用于制造机械零件和工程结构;碳素工具钢用于制造各种加工工具,如刀具、模具及量具等。

(3) 按质量优劣(杂质多少)可分为:含 S 量<0.55%、含 P 量<0.045% 为普通碳素钢,S、P 含量均不大于 0.040% 的为优质碳素钢,含 S 量<0.030%、含 P 量<0.035% 的为高级优质碳素钢。

**2) 常用碳素结构钢的牌号**

(1) **碳素结构钢** 适用于一般结构用钢和工程用热轧钢板、钢带、型钢、棒钢。可供焊接、铆接等构件用。

根据 GB 700 - 88 规定,钢的牌号由代表屈服点的字、屈服点的数值、质量等级符号、脱氧方法(炼钢时的脱氧)符号四个部分按顺序组成。例如:Q 235 - A·F。

牌号中:

Q——钢材屈服点"屈"字汉语拼音首位字母;

235——钢材屈服点数值;

A(或 B、C、D)——质量等级;

F——沸腾钢"沸"字汉语拼音首位字母(还有 b——半镇静钢、Z——镇静钢、TZ——特殊镇静钢等,在牌号组成表示方法中"Z"

和"TZ"符号可以省略,前述这些符号是根据炼钢的脱氧程度及浇注方法不同而标注的)。表 1-2 所示为碳素结构钢的牌号、化学成分;表 1-3 为碳素结构钢的拉伸、冲击试验数据。

表 1-2　碳素结构钢的牌号、化学成分

| 牌号 | 等级 | 各种化学成分的质量分数(%) | | | | | | 脱氧方法 |
|---|---|---|---|---|---|---|---|---|
| | | C(碳) | Mn(锰) | Si(硅) | S(硫) | P(磷) | | |
| | | | | 不大于 | | | | |
| Q 195 | — | 0.06~0.12 | 0.25~0.50 | 0.30 | 0.050 | 0.045 | | F,b,Z |
| Q 215 | A | 0.09~0.15 | 0.25~0.55 | 0.30 | 0.050 | 0.045 | | F,b,Z |
| | B | | | | 0.045 | | | |
| Q 235 | A | 0.14~0.22 | 0.30~0.65 | 0.30 | 0.050 | 0.045 | | F,b,Z |
| | B | 0.12~0.20 | 0.30~0.70 | | 0.045 | | | |
| | C | ≤0.18 | 0.35~0.80 | | 0.040 | 0.040 | | Z |
| | D | ≤0.17 | | | 0.035 | 0.035 | | TZ |
| Q 255 | A | 0.18~0.28 | 0.40~0.70 | 0.30 | 0.050 | 0.045 | | Z |
| | B | | | | 0.045 | | | |
| Q 275 | — | 0.28~0.38 | 0.50~0.80 | 0.35 | 0.050 | 0.045 | | Z |

表 1-3　碳素结构钢的拉伸、冲击试验数据

| 牌号 | 等级 | 拉　伸　试　验 | | | | | | | | 冲击试验 |
|---|---|---|---|---|---|---|---|---|---|---|
| | | 屈服强度 $\sigma_s$(MPa) | | | | | | 抗拉强度 $R_m$(MPa) | 断后伸长率 $A$(%) 钢材厚度(直径)(mm) | V形冲击功(纵向)(J) |
| | | 钢材厚度(直径)(mm) | | | | | | | | |
| | | ≤16 | >16~40 | >40~60 | >60~100 | >100~160 | >160 | | ≤16 >16~40 >40~60 >60~100 >100~160 >160 / 温度(℃) | |
| | | 不小于 | | | | | | | 不小于 | 不大于 |
| Q 195 | — | (195) | (185) | — | — | — | — | 315~390 | 33　32 | |
| Q 215 | A | 215 | 205 | 195 | 185 | 175 | 165 | 335~410 | 31　30　29　28　27　26 / — — | — |
| | B | | | | | | | | 20 | 27 |

(续 表)

| 牌号 | 等级 | 拉 伸 试 验 | | | | | | | | | | | | | | 冲击试验 V形冲击功(纵向)(J) |
|---|---|---|---|---|---|---|---|---|---|---|---|---|---|---|---|---|
| | | 屈服强度 $\sigma_s$(MPa) | | | | | | 抗拉强度 $R_m$(MPa) | 断后伸长率 $A$(%) | | | | | | 温度(℃) | |
| | | 钢材厚度(直径)(mm) | | | | | | | 钢材厚度(直径)(mm) | | | | | | | |
| | | ≤16 | >16~40 | >40~60 | >60~100 | >100~160 | >160 | | ≤16 | >16~40 | >40~60 | >60~100 | >100~160 | >160 | | |
| | | 不小于 | | | | | | | 不小于 | | | | | | | 不大于 |
| Q235 | A B C D | 235 | 225 | 215 | 205 | 195 | 185 | 375~460 | 26 | 25 | 24 | 23 | 22 | 21 | — 20 0 —20 | — 27 |
| Q255 | A B | 255 | 245 | 235 | 225 | 215 | 205 | 410~510 | 24 | 23 | 22 | 21 | 20 | 19 | — 20 | 27 |
| Q275 | — | 275 | 265 | 255 | 245 | 235 | 225 | 490~610 | 20 | 19 | 18 | 17 | 16 | 15 | — | — |

(2)优质碳素结构钢 优质碳素结构钢主要是所含的硫、磷等有害杂质很少,其中$\omega(S)\leqslant 0.045\%$,$\omega(P)\leqslant 0.04\%$。因此它与普通的碳素结构钢相比,钢的纯净度、均匀性都比较好,塑性和韧性都比普通的碳素结构钢好。

优质碳素结构钢按含锰量的高低,可分为普通含锰量钢和较高含锰量钢两类,见表1-4。

表1-4 优质碳素结构钢的化学成分、力学性能(GB 699-1988)

| 钢号 | 各种化学成分的质量分数(%) | | 力 学 性 能 | | | | | | |
|---|---|---|---|---|---|---|---|---|---|
| | C | Mn | $\sigma_s$(MPa) | $R_m$(MPa) | $A$(%) | $Z$(%) | $a_k$(J/cm²) | HB | |
| | | | | | | | | 未热处理 | 退火钢 |
| | | | ≥ | | | | | ≤ | |
| 08 | 0.05~0.12 | 0.35~0.65 | 195 | 325 | 33 | 60 | — | 131 | — |
| 10 | 0.07~0.14 | 0.35~0.65 | 205 | 335 | 31 | 55 | — | 137 | — |

（续　表）

| 钢号 | 各种化学成分的质量分数(%) | | 力 学 性 能 | | | | | | |
| | C | Mn | $\sigma_s$ (MPa) | $R_m$ (MPa) | $A$ (%) | $Z$ (%) | $a_k$ (J/cm²) | HB | |
| | | | | | | | | 未热处理 | 退火钢 |
| | | | ≥ | | | | | ≤ | |
| 15 | 0.12～0.19 | 0.35～0.65 | 225 | 375 | 27 | 55 | — | 143 | — |
| 20 | 0.17～0.24 | 0.35～0.65 | 245 | 410 | 25 | 55 | — | 156 | |
| 25 | 0.22～0.30 | 0.50～0.80 | 275 | 450 | 23 | 50 | 71 | 170 | |
| 35 | 0.32～0.40 | 0.50～0.80 | 315 | 530 | 20 | 45 | 55 | 197 | |
| 40 | 0.37～0.45 | 0.50～0.80 | 335 | 570 | 19 | 45 | 47 | 217 | 187 |
| 45 | 0.42～0.50 | 0.50～0.80 | 355 | 600 | 16 | 45 | 39 | 229 | 197 |
| 15Mn | 0.12～0.19 | 0.70～1.00 | 245 | 410 | 26 | 55 | — | 163 | — |
| 20Mn | 0.17～0.24 | 0.70～1.00 | 275 | 450 | 24 | 50 | — | 197 | |
| 25Mn | 0.22～0.30 | 0.70～1.00 | 295 | 490 | 22 | 50 | 71 | 207 | — |
| 30Mn | 0.27～0.35 | 0.70～1.00 | 315 | 540 | 20 | 45 | 63 | 217 | 187 |
| 35Mn | 0.32～0.40 | 0.70～1.00 | 335 | 560 | 18 | 45 | 55 | 229 | 197 |
| 40Mn | 0.37～0.45 | 0.70～1.00 | 355 | 590 | 17 | 45 | 47 | 229 | 207 |
| 45Mn | 0.42～0.50 | 0.70～1.00 | 375 | 620 | 15 | 40 | 39 | 241 | 217 |
| 65Mn | 0.62～0.72 | 0.90～1.20 | 430 | 735 | 9 | 30 | | 785 | 229 |
| 70Mn | 0.67～0.75 | 0.90～1.20 | 450 | 785 | 8 | 30 | | 285 | 229 |

注：1. 优质碳素结构钢 P,S 含量均≤0.040%。Si 的含量均为 0.17%～0.37%。

2. 表中所列仅为优质碳素钢的部分钢号。

① 普通含锰量钢　这类钢是指 $\omega(C)\leqslant 0.25\%$，$\omega(Mn)$ 在 $0.35\%～0.65\%$ 范围内，以及 $\omega(C)>0.25\%$，$\omega(Mn)$ 在 $0.5\%～0.8\%$ 范围内的两类优质碳素结构钢。它的牌号是以它平均含碳

量的两位数字(该两位数字的万分之一就是该钢种的平均含碳量)来表示的。如钢号20,用20×0.01%即可得出该号钢的平均含碳量为0.2%。这种钢材按规定读作"二零钢"。

在普通含锰量钢中,08、10钢含碳量低,塑性好,具有良好的冲压、拉延及焊接性,因此被广泛来制作冷冲压零件;15、20钢也有良好的冷冲压性能与焊接性,常用来制造受力不大而韧性要求高的构件或零件,如焊接的容器等;30、35、40、45、50、55钢属于调质钢,经过热处理后得到内在较好的金相组织,具有一定的强度、硬度,而又有较好的塑性和韧性。60钢以上用于制造弹性零件及耐磨零件。

② 较高含锰量钢  这类钢是指 $\omega$(C)为 0.15%~0.6%、$\omega$(Mn)在 0.7%~1%范围内,以及 $\omega$(C)大于 0.6%、$\omega$(Mn)在 0.9%~1.2%范围内的两类优质碳素结构钢。它的牌号编制不同于普通含锰量钢之处,仅在钢号后面注上"锰"或"Mn"字样。如钢号 20 锰(20 Mn),就表示平均 $\omega$(C)为 0.2%,$\omega$(Mn)为 0.7%~1%的优质碳素结构钢。

2. 合金钢

合金钢就是在碳钢的基础上,为了达到某些特定的性能要求,在冶炼时有目的地加入一些合金元素。

1) 合金钢的分类

(1) 按合金元素质量分数可分为:低合金结构钢(简称低合金钢,合金元素总质量分数小于 5%)、中合金钢(合金元素总质量分数为 5%~10%)、高合金钢(合金元素总质量分数大于 10%)。

(2) 按用途可分为:合金结构钢(常用于制造各种机械零件及各种金属结构件)、合金工具钢(用于制造各种切削刀具、模具等)、特殊用途钢(具有各种特殊的物理和化学的性能,如不锈钢及耐热钢等)。

2) 常用合金钢的牌号

(1) 普通低合金结构钢  普通低合金结构钢简称普低钢。它又可分强度钢、耐蚀钢、低温钢、耐热钢四类。普低钢的质量分数 $\omega$(C)在 0.1%~0.25%之间,并含有质量分数 $\omega$(C)为 2%~3%的合金元素。由于合金元素的强化作用,普低钢的屈服强度比普通碳素结构钢高 25%～150%。因此用普低钢可节约钢材,现在已被大量应用于焊接结构中。

普低钢的牌号编制是采用"两位数字＋化学元素符号＋数字"的方法。前两位数字为平均含碳质量分数的万分之一(同优质碳素结构钢的标注方法);中间的化学元素符号就是合金元素的名称;后面的数字是表示合金元素平均质量分数的百分之几,合金元素质量分数少于 1.5%时就不用写出后面的数字,只有当合金元素平均质量分数等于或大于 1.5%、2.5%、3.5%……则以 2、3、4……表示。

表 1-5 所示为普低钢的分类,表 1-6 所示为常用普低钢的化学成分和力学性能。

表 1-5　普通低合金钢的分类

| 分　　类 | | 牌　　　　号 |
|---|---|---|
| 强度钢 | 300 兆帕级 | 09 锰 2(铜)、09 锰 2 硅(铜)、09 锰钒、12 锰、18 铌半 |
| | 350 兆帕级 | 16 锰、16 锰铜、16 锰稀土、14 锰钒、14 锰铌、10 锰硅铜、14 锰铌半 |
| | 400 兆帕级 | 15 锰钒、15 锰钛、15 锰钒铜、15 锰钒稀土、15 锰钛铜、16 锰铌 |
| | 450 兆帕级 | 15 锰钒氮(铜)、14 锰钒钛稀土(铜)、15 锰钒铌稀土 |
| | 500 兆帕级 | 18 锰钼铌、14 锰钼钒(铜)、14 锰钼钒氮 |
| | 550 兆帕级 | 14 锰钼钒硼 |
| 耐蚀钢 | 石油化工用 | 15 钼钒铝钛稀土、08 铝钼钒、09 铝钒钛铜、12 铝钒、12 铝钼钒、08 硅铝钒、09 铝钼铜、15 铝 3 钼钨钛、15 铝 2 铬 2 钼钨钛、12 铬 2 铝钼钒、10 铝 2 钼钛、10 铝 2 铬钼钛 |
| | 耐海水、大气腐蚀用 | 10 锰磷稀土、09 锰铜磷钛、08 锰磷稀土 |
| 低 温 钢 | | 09 锰 2 钒、09 锰铜钛稀土、06 锰铌、06 铝铜铌氮、06 铝铜、20 锰 23 铝、15 锰 25 铝 4 |
| 耐 热 钢 | | 14 钼钨钒钛硼 |

### 表 1-6 常用普通低合金钢的化学成分、力学性能

| 钢号 | 各种化学成分的质量分数(%) | | | | | 钢材厚度或直径(mm) | 力学性能 | | | 180°冷弯试验 d 为弯心直径 a 为试样厚度 |
| | C | Mn | Si | V | Ti,Nb | | $\sigma_s$ (MPa) | $R_m$ (MPa) | A (%) | |
| | | | | | | | ≥ | | | |
| 09MnV | ≤0.12 | 0.80~1.20 | 0.20~0.60 | 0.04~0.12 | — | ≤16<br>17~25 | 300<br>280 | 440<br>440 | 22<br>22 | $d=2a$<br>$d=3a$ |
| 09MnNb | ≤0.12 | 0.80~1.20 | 0.20~0.60 | — | Nb 0.015~0.050 | ≤16<br>17~25 | 300<br>280 | 420<br>400 | 23<br>21 | $d=2a$<br>$d=3a$ |
| 12Mn | 0.09~0.16 | 1.10~1.50 | 0.20~0.60 | — | — | ≤16<br>38~50 | 300<br>240 | 450<br>400 | 21<br>19 | $d=2a$<br>$d=3a$ |
| 12MnV | ≤0.15 | 1.00~1.40 | 0.20~0.60 | 0.04~0.12 | — | ≤16<br>17~25 | 350<br>340 | 500<br>500 | 21<br>19 | $d=2a$<br>$d=3a$ |
| 14MnNb | 0.12~0.18 | 0.80~1.20 | 0.20~0.60 | — | Nb 0.015~0.050 | ≤16<br>17~25 | 360<br>340 | 500<br>480 | 20<br>18 | $d=2a$<br>$d=3a$ |
| 16Mn | 0.12~0.20 | 1.20~1.60 | 0.20~0.60 | — | — | 17~25<br>55~100<br>方、圆钢 | 330<br>280 | 500<br>480 | 19<br>19 | $d=3a$<br>$d=3a$ |
| 16MnXt | 0.12~0.20 | 1.20~1.60 | 0.20~0.60 | — | — | ≤16<br>17~25 | 350<br>330 | 520<br>500 | 21<br>19 | $d=2a$<br>$d=3a$ |
| 15MnV | 0.12~0.18 | 1.20~1.60 | 0.20~0.60 | 0.04~0.12 | — | <5<br>38~50 | 420<br>340 | 560<br>500 | 19<br>17 | $d=2a$<br>$d=3a$ |
| 15MnTi | 0.12~0.18 | 1.20~1.60 | 0.20~0.60 | — | Ti 0.12~0.20 | ≤25<br>26~40 | 400<br>380 | 540<br>520 | 19<br>19 | $d=3a$<br>$d=3a$ |
| 14MnVTiXt | ≤0.18 | 1.30~1.60 | 0.20~0.60 | 0.04~0.10 | Ti 0.09~0.16 | ≤12<br>13~20 | 450<br>420 | 560<br>540 | 18<br>18 | $d=2a$<br>$d=3a$ |
| 15MnVN | 0.12~0.20 | 1.30~1.70 | 0.20~0.60 | 0.10~0.20 | — | ≤10<br>40~50 | 450<br>400 | 600<br>540 | 17<br>17 | $d=2a$<br>$d=3a$ |

注：表中含 Xt 的钢号，Xt 加入量≤0.20%；含 N 的钢号，N 含量 0.010%~0.020%；各钢号 P 含量≤0.045%。

（2）不锈耐酸钢　不锈耐酸钢是不锈钢与耐酸钢的总称。在空气中能抵抗腐蚀的钢叫不锈钢；在某些化学腐蚀性环境中(如腐

蚀性气体或液体中)能抵抗腐蚀的钢叫耐酸钢。这类钢按化学成分可分为铬不锈钢和铬镍不锈钢两大类;按组织可分为铁素体不锈钢、马氏体不锈钢和奥氏体不锈钢。

不锈耐酸钢的牌号编制是采用"一位数字＋元素符号＋数字"的方法。前一位数字的千分之一为碳的质量分数;中间的化学元素符号就是合金元素的名称;后面的数字表示合金元素的百分之几,合金元素的质量分数小于 1.5％ 时,不标该数字。铬不锈耐酸钢(马氏体、铁素体型)和铬镍不锈耐酸钢(奥氏体型)的化学成分、力学性能分别见表 1-7 和表 1-8。

(3) 耐热钢　耐热钢中以珠光体铬钼耐热钢用得最广泛,它具有一定的高温强度和高温抗氧化性。常用的铬钼耐热钢见表 1-9。

**表 1-7　铬不锈耐酸钢的化学成分、力学性能**

| 类别 | 钢号 | 各种化学成分的质量分数(％) | | | | | 力 学 性 能 | | | | |
| | | C | Si | Mn | Cr | 其他 | $\sigma_s$ (MPa) | $R_m$ (MPa) | A (％) | Z (％) | HRC |
| | | | | | | | $\geqslant$ | | | | |
| 马氏体型 | 1Cr13 | 0.08~ 0.15 | ≤0.60 | ≤0.60 | 12~24 | — | 420 | 600 | 20 | 60 | — |
| | 2Cr13 | 0.16~ 0.24 | ≤0.60 | ≤0.60 | 12~24 | — | 450 | 660 | 16 | 55 | — |
| | 3Cr13 | 0.25~ 0.34 | ≤0.60 | ≤0.60 | 12~24 | — | — | — | — | — | 48 |
| | 4Cr13 | 0.35~ 0.45 | ≤0.60 | ≤0.60 | 12~24 | — | — | — | — | — | 50 |
| 铁素体型 | 1Cr17 | ≤0.12 | ≤0.80 | ≤0.80 | 16~18 | — | 250 | 400 | 20 | 50 | — |
| | 1Cr28 | ≤0.15 | ≤1.00 | ≤0.80 | 27~30 | Ti≤0.20 | 300 | 450 | 20 | 45 | — |
| | 1Cr25Ti | ≤0.12 | ≤1.00 | ≤0.80 | 24~27 | Ti5×C％ −0.8 | 300 | 450 | 20 | 45 | — |

表1-8 奥氏体铬镍不锈耐酸钢的化学成分、力学性能

| 钢 号 | 各种化学成分的质量分数 | | | | | | | 力学性能 ≥ | | | |
|---|---|---|---|---|---|---|---|---|---|---|---|
| | C | Si | Mn | Cr | Ni | Mo | 其 他 | $\sigma_s$ (MPa) | $R_m$ (MPa) | A (%) | Z (%) |
| 1Cr18Ni9 | ≤0.14 | ≤0.80 | ≤2.00 | 17~19 | 8~12 | — | — | 200 | 550 | 45 | 50 |
| 0Cr18Ni9Ti | ≤0.08 | ≤0.80 | ≤2.00 | 17~19 | 8~11 | — | Ti5×(C%—0.02)~0.8 | 200 | 500 | 40 | 55 |
| 1Cr18Ni9Ti | ≤0.12 | ≤0.80 | ≤2.00 | 17~19 | 8~11 | — | Ti5×(C%—0.02)~0.8 | 200 | 550 | 40 | 55 |
| 0Cr18Ni12Mo2Ti | ≤0.08 | ≤0.80 | ≤2.00 | 16~19 | 11~14 | 2~3 | Ti0.30~0.60 | 220 | 550 | 40 | 55 |
| 1Cr18Ni12Mo2Ti | ≤0.12 | ≤0.80 | ≤2.00 | 16~19 | 11~14 | 2~3 | Ti0.30~0.80 | 220 | 550 | 40 | 55 |
| 00Cr17Ni14Mo2 | ≤0.03 | ≤1.00 | ≤2.00 | 16~18 | 12~16 | 2~3 | — | 180 | 490 | 40 | 60 |
| 0Cr18Ni18Mo2Cu2Ti | ≤0.07 | ≤0.80 | ≤0.80 | 17~19 | 17~19 | 1.8~2.2 | Ti≥7×C% Cu1.8~2.2 | 230 | 650 | 40 | — |
| 1Cr18Mn8Ni5N | ≤0.10 | ≤1.00 | 7.50~10.00 | 17~19 | 4~6 | — | N0.15~0.25 | 300 | 650 | 45 | 60 |
| 2Cr15Mn15Ni2N | 0.15~0.25 | ≤1.00 | 14~16 | 14~16 | 1.50~3.00 | — | N0.15~0.30 | 300 | 650 | 40 | 45 |
| 00Cr18Ni14Mo2Cu2 | ≤0.03 | ≤1.00 | ≤2.00 | 17~19 | 12~16 | 1.20~2.50 | Cu1.00~2.50 | 180 | 490 | 40 | 60 |
| 0Cr23Ni28Mo3Cu3Ti | ≤0.06 | ≤0.80 | ≤0.80 | 22~25 | 26~29 | 2.50~3.00 | Ti0.40~0.70 Cu2.50~3.50 | 200 | 550 | 45 | 60 |

表1-9 常用铬钼耐热钢的化学成分、力学性能

| 钢号 | 各种化学成分的质量分数(%) | | | | | | | | | 力学性能 | | | |
| --- | --- | --- | --- | --- | --- | --- | --- | --- | --- | --- | --- | --- | --- |
| | C | Si | Mn | Cr | Mo | V | W | Ti | 其他 | $\sigma_s$ (MPa) ≥ | $R_m$ (MPa) ≥ | A (%) ≥ | $a_k$ (J/cm²) ≥ |
| 12CrMo | ≤0.15 | 0.20~0.40 | 0.40~0.70 | 0.40~0.70 | 0.40~0.55 | — | — | — | Cu ≤0.30 | 210 | 420 | 21 | 70 |
| 15CrMo | 0.12~0.18 | 0.17~0.37 | 0.40~0.70 | 0.80~1.10 | 0.40~0.55 | — | — | — | — | 240 | 450 | 21 | 60 |
| 20CrMo | 0.17~0.24 | 0.20~0.40 | 0.40~0.70 | 0.80~1.10 | 0.15~0.25 | — | — | — | — | 550 | 700 | 16 | 80 |
| 12Cr1MoV | 0.08~0.15 | 0.17~0.37 | 0.40~0.70 | 0.90~1.20 | 0.25~0.35 | 0.15~1.30 | — | — | — | 260 | 480 | 21 | 60 |
| 12Cr3MoVSiTiB | 0.09~0.15 | 0.60~0.90 | 0.50~0.80 | 2.50~3.00 | 1.00~1.20 | 0.25~0.30 | — | 0.22~0.38 | B0.005~0.011 | 450 | 640 | 18 | — |
| 12Cr2MoWVB | 0.08~0.15 | 0.45~0.75 | 0.45~0.65 | 1.60~2.10 | 0.50~0.65 | 0.28~0.42 | 0.30~0.55 | 0.08~0.18 | B ≤0.008 | 350 | 550 | 18 | — |

（续　表）

| 钢号 | 各种化学成分的质量分数（%） | | | | | | | | | 力学性能（≥） | | | |
| | C | Si | Mn | Cr | Mo | V | W | Ti | 其他 | $\sigma_s$ (MPa) | $R_m$ (MPa) | $A$ (%) | $a_k$ (J/cm²) |
| 13SiMnWVB（无铬7号） | 0.10~0.17 | 0.60~0.90 | 0.90~1.30 | — | — | 0.35~0.55 | 1.00~1.40 | — | B0.004~0.01 | 450 | 650 | 18 | — |
| 12MoVWBSiXt（无铬8号） | 0.08~0.15 | 0.60~0.90 | 0.40~0.70 | — | 0.45~0.65 | 0.30~0.50 | 0.15~0.40 | 0.06 | B0.008~0.01 Xt0.15 | 320 | 550 | 18 | — |
| ZG20CrNoV | 0.18~0.25 | 0.17~0.37 | 0.40~0.70 | 0.90~1.20 | 0.50~0.70 | 0.20~0.30 | — | — | — | 320 | 500 | 14 | 30 |
| ZG15Cr1Mo1V | 0.14~0.20 | 0.17~0.37 | 0.40~0.70 | 1.20~1.70 | 1.00~1.20 | 0.20~0.40 | — | — | — | 350 | 500 | 14 | 30 |

注：表中"ZG"为铸钢。

# 三、焊接电弧

说到电弧,在自然界所能见到的最大的电弧莫过于闪电。所谓电闪雷鸣,刹那间一道刺眼的闪光从乌云密布的天空,穿过大气直击地面,并伴随着震耳欲聋的霹雳声。这个大自然的电弧隐含着极大的能量,它不仅能发出强烈的光,而且还有大量的热,世界各地的森林火灾很多都是由闪电引起的。在日常生活中,电弧也并不少见,如拉、合电源闸刀的瞬间,在拔、插电源插头的瞬间,都能见到电弧的闪光。

综上所述,电弧即是通过气体放电的现象,并具有发光和放热两个特性。电弧焊就是利用电弧的热能来进行焊接的。

## (一) 焊接电弧的形成

### 1. 电弧与焊接电弧

自然界或日常生活所见的电弧稍纵即逝,无论能量大或小都是不持久的放电现象。而焊接电弧则是由焊接电源供给的,具有一定电压的两电极间或电极与母材间,在气体介质中产生的强烈而持久的放电现象,如图 1-27 所示。

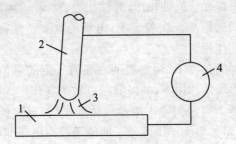

**图 1-27　焊接电弧示意图**

1—焊件(母材);2—焊条(电极);3—电弧;4—焊接电源

### 2. 焊接电弧的成因

气体的分子和原子在正常情况下都是呈中性的,不存在像金属中的自由电子,因此它是不能导电的。因此必须使两极间(母材实际上也可成为电极)的气体变成电的导体才有可能通过气体放电形成电弧。为了使气体变成电的导体,就必须使气体电离;但是仅有气体电离而没有电极的电子发射,就没有电流通过,那么电弧还是不能形成并且持久地存在。由此可见,气体的电离及两极间的电子发射是形成焊接电弧的两个重要条件。

1)气体电离

气体电离就是使中性的气体分子或原子释放电子形成正离子的过程。

当原子在外界能量的作用下,电子会脱离原子核的束缚而离开原子,此时带正电荷的原子核就称为正离子。那么在电弧焊的条件下,使气体保持导电状态的电离方式有电场作用下的电离、热电离、光电离等。

(1)电场作用下的电离

电场是一种客观存在的、用肉眼是无法看见的物质。具体来说,电荷之间的相互作用力,是通过一种特殊形态的物质传递的,这种物质就是电场。犹如有磁性物质存在的地方就有磁场存在一样。

电荷与电场是不可分割相互依存的。只要有电荷存在,电荷周围就有电场存在。同性相斥,异性相吸,就是一个电荷的电场作用于另一电荷的结果。实验表明,电场的重要特性就是它对静止电荷具有力的作用。

在电弧焊的条件下,两电极间存在着一定的电位差(电压)和电场力。在电场的作用下,两极间带电粒子各作定向高速运动,产生较大的动能。当它们撞击中性气体原子时,就将能量传给中性原子,撞击能量如果大于中性原子的原子核与电子间的引力时,电子就会离开原子而使原子电离。带电粒子不断与原子碰撞,则中性原子就不断地电离成带负电荷的电子和正离子。

电场作用下的电离实质上就是带电质点与中性原子相互碰撞而发生电离的过程。

(2)热电离

在高温下,由于气体原子受热的作用而产生的电离称为热电离。

热电离实质上是由于原子间的热碰撞而产生的一种电离。气体原子的运动与温度有关,气体温度越高,气体原子运动的速度也越高,它的动能也越大,由于气体原子的运动是无规则的,因此高速运动的原子间会发生频繁的碰撞,这就促使气体电离。焊接电弧中心的温度可达 6 000 K 以上(K 为热力学温度单位"开尔文"的代号,零度 K 称"绝对零度"为−273℃),所以在这部分的气体原子极易发生电离。

(3) 光电离

中性的气体原子会在强光的辐射下发生电离。

2) 电子发射

电子发射也就是指阴极电子发射。电极的两端,一端是正极(阳极),一端是负极(阴极),当阴极表面的分子或原子,吸收了外界的某种能量而发射出自由电子的现象,就称为阴极电子发射。一般情况下,电子是不能自由离开金属表面向外发射的,只有使它得到一定的能量,才能克服金属内部正电荷对它的静电引力,而离开金属表面。所加的能量越大,阴极电子发射的作用就越强,从而促使电弧燃烧的稳定。

电弧焊接时,根据阴极表面所吸收的能量不同而产生电子发射的有电场发射、热发射、撞击发射等。

(1) 电场发射

当电极金属表面空间存在一定强度的正电场时,金属内部的电子会受电场力的作用从金属表面发射出来,这种现象就称为电场发射。增大两电极间的电位差(电压)或减小电极间的距离都能增加电子的发射。

(2) 热发射

在焊接时,电极金属表面因受热能作用而产生的电子发射现象,称为热发射。这是因为阴极中电子运动的速度,受到高温的影响而加快了,当电子的动能大于金属内部正电荷对它的引力时,电子就会冲出表面产生热发射。电极加热温度越高,电子发射的能量就越大,从而促使两极间气体电离越剧烈,因此就越有利于电弧的稳定燃烧。

（3）撞击发射

高速运动的阳离子撞击金属表面时,将能量传给金属表面的电子,使它能量增加而逸出金属表面,这种现象称为撞击发射。

在电弧焊时,上述几种电子发射是同时存在而且相互促进的,只是在不同条件下有所侧重。如在建立电弧的引弧过程中,热发射和电场发射就起着主要作用;在电弧正常燃烧时,由于电极材料的不同也有所不同:采用熔点较高的材料(钨或碳等)作阴极,则以热发射作用为主,用铜或铝作阴极时,以撞击发射和电场发射为主,用钢作电极时,则上述三种电子发射都存在。

3）焊接电弧的引燃

焊接之初,造成两电极间气体发生电离及阴极电子发射而引起电弧燃烧的过程叫做电弧的引燃过程,简称引弧。

大自然"电弧"——闪电的形成,那是在云与云之间或云与地之间出现极大的电位差时形成的,当然它无法持久。如果将两个金属电极靠近到只有 1~2 mm 的间距,要使之产生电弧,那至少也得在两电极间加上不低于 1 000 V 的电压才能导致电子发射。在生产实践中采用这样的方法引弧就太危险了。

在生产中,引燃的方法是焊条(或埋弧焊中的焊丝)与母材金属(焊条和母材金属分别为两个电极)先相互接触,然后迅速拉开至 3~4 mm 的距离。这样引燃就不需要很高的电压,那是因为焊条末端与母材金属的表面都不是绝对平整的,它们的接触实际只有在几个突出点上。由于是短路,所以那些接触点上通过的电流非常大,此时产生的大量电阻热使金属表面发热、熔化,甚至蒸发、汽化,这就引起了相当强烈的热发射和热电离。随后在拉开焊条的瞬间,又由于电场作用的迅速增强,又促使产生了电场发射,从而使已经形成的带电质点在电场的作用下加速运动,并在高温的情况下相互碰撞,导致电场作用下的气体电离和阴极的撞击电子发射,大量的电子通过空间流向正极,电弧被引燃。同时,焊接电源又不断地供给电能,新的带电粒子不断得到补充,维持了电弧的稳定燃烧。焊接时电弧的引燃过程,如图 1-28 所示。

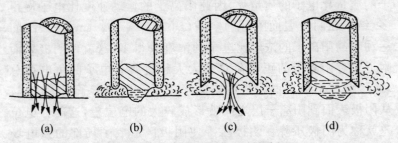

**图 1 - 28　焊接时电弧的引燃过程**

(a) 焊条与焊件接触；(b) 焊条与焊件接触处熔化、蒸发、汽化；
(c) 进一步熔化、蒸发、汽化、形成细颈；(d) 电弧引燃

## (二) 焊接电弧的构造与特性

### 1. 焊接电弧的构造及温度分布

焊接电弧是由阴极区、阳极区和弧柱三个部分组成的。我们以直流碳极(接焊接电源负极)电弧为例作一下分析。见图1 - 29。

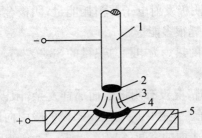

**图 1 - 29　焊接电弧的构造及温度分布**

1—碳极；2—阴极区(3 500 K)；3—弧柱(6 000 K)；
4—阳极区(4 200 K)；5—焊件

### 1) 阴极区

在电弧稳定燃烧的过程中,可以看到在阴极表面有一些明亮的斑点,那是阴极表面发射电子的微小区域,称为阴极斑点。在阴极斑点中,电子在热能和电场的作用下,得到足够的能量而逸出。因此,阴极斑点是一次电场发射的发源地,也是阴极区温度最高的部分。

从阴极斑点发射出来的电子,受电场的作用迅速向阳极移动,电弧中被电离的微粒——阳离子则向阴极移动,由于阳离

子的质量比电子的质量大，因此阳离子的运动速度比电子慢得多，结果在阴极表面附近的空间（约 $10^{-5}\sim10^{-6}$ cm）每一瞬间运动着的阳离子的浓度比电子的浓度大得多，这就使阴极表面附近所有阳离子的正电荷总和大大超过所有电子的负电荷总和，因此在阴极表面附近的空间形成了一层阳离子层。这样，从阴极表面到阳离子层之间就形成较大的电位差，这部分电位差就称为阴极压降。阴极压降使阴极区造成了局部的强电场（约为 $10^{7}\sim10^{8}$ V/m），加速了阴极表面的电子发射和加速了阳离子进入阴极。

阴极区的温度达 3 500 K。阴极区温度的高低主要取决于阴极的电极材料，一般都低于阴极金属材料的沸点。

阴极获得的能量主要有：阳离子到达阴极表面与电子复合成中性微粒时放出的能量；阴极区局部强电场使阳离子获得加速的动能，在撞击阴极表面时释放出来，这些都使阴极温度升高。但阴极也消耗能量：阴极发射电子要消耗能量；阴极金属材料的加热、熔化和蒸发要消耗很多能量。

阴极区放出的热量为电弧总热量的 38％左右。

2）阳极区

阳极表面的情况没有阴极表面那样复杂，阳极不能发射正离子，只能接受电子。电弧中的电子受阳极的吸引向阳极移动，运动着的电子在阳极表面的空间（约 $10^{-3}\sim10^{-4}$ cm），相应的浓度较大，也形成一个空间电场，造成电位差，这部分电位差称为阳极压降。由于电子质量小，运动速度快，所以它在阳极表面附近聚集的浓度相对较小，因此阳极压降通常低于阴极压降。

在阳极的表面上也有光亮的斑点，称阳极斑点，它是正电极表面上集中接受电子的微小区域。

阳极区的温度为 4 200 K。阳极区温度比阴极区温度稍高的原因是阳极不仅不能发射正离子，而且在电子撞击阳极时还接受能量；在电子与阳离子结合成中性微粒时还出能量。同时在一般情况下，阳极区只消耗用于材料加热、熔化以及蒸发的热量。

阳极区放出的热量为电弧总热量的 42% 左右。

3) 弧柱

弧柱是电弧阴极区和阳极区之间的区域,该区域占电弧长度的极大部分。由于阴极区与阳极区的长度极小,所以可以将弧柱长度看作弧长。

弧柱是自由电子和一些阴离子向阳极转移,以及阳离子向阴极转移的通路,也是发生电离作用及电子、离子在转移过程中发生相互复合的场所。

弧柱的中心温度较高,可达 6 000 K 以上,它在弧长方向上温度分布是均匀的,但在径向分布就不均匀,弧柱周围就低,因此放出的热量仅为总热量的 20%。不过要说明的是当电极是金属(如金属电焊条)时,由于焊条的性能、电流强度等许多因素的影响,可使弧柱的整体温度提高。

以上是直流电弧的温度和热量分布的情况,而对交流电弧来说,由于电源的极性是周期性地改变的,所以阴极区与阳极区的温度趋于一致(近似于它们的平均值)。

2. 电弧电压

电弧电压是由阴极压降、阳极压降及弧柱压降所组成的。当弧长一定时,电弧的电压分布如图 1-30 所示。电弧电压与电弧长

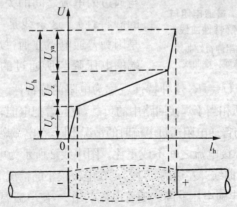

**图 1-30　焊接电弧的电压降**

度的关系,可用下式表示:

$$U_h = U_y + U_{ya} + U_z = a + bl_h$$

式中　$a = U_y + U_{ya}$;

$U_h$——电弧电压(V);

$U_y$——阴极压降(V);

$U_{ya}$——阳极压降(V);

$U_z$——弧柱压降(V);

$b$——单位长度的弧柱压降,一般为 $20\sim40$(V/cm);

$l_h$——电弧长度(cm)。

从上式可看出,电弧电压与弧长(弧柱长度)成正比关系。

3. 焊接电弧的静特性

焊接电弧的静特性是指在电极材料、气体介质和弧长一定的情况下,电弧稳定燃烧时,焊接电流与电弧电压变化的关系。一般也称伏-安特性。表示它们之间关系的曲线称为焊接电弧的静特性曲线,见图 1-31。

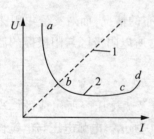

图中线 1(虚线)是表示普通电阻在通过电流时,该电阻两端的电压降与通过的电流之间的关系(普通电阻的静特性)。这条线是一条直线,那是因为普通电阻在通过电流时,其两端的电压降与所通过的电流始终是

图 1-31　普通电阻与
电弧的静特性曲线

1—普通电阻静特性曲线;
2—电弧静特性曲线

成正比的,即 $U = IR$,这种特性就称为电阻的静特性。

焊接电弧相当于焊接回路中的负载,它起着把电能转变为热能的作用。但它与普通电阻通过电流时的情况不同,在电弧燃烧时,其两端的电压降与焊接电流之间不成正比。图中线 2 所示为电弧静特性曲线,呈 U 形。曲线 2 左边的 $ab$ 段,是在电流很小的情况下的变化。当电流很小时,电弧电压就高。随着电流的增大,使电弧温度升高,结果气体电离和阴极电子发射就增强。此时维持电弧所需的电弧电压就随电流的增大而降低。

bc 段是正常焊接时,加大焊接电流只是增加电极材料的加热和熔化程度。这时的电弧电压随电极材料、弧中气体的成分、电弧长度而变化,见图 1－32。

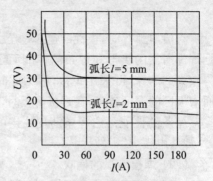

cd 段是焊接电流继续增加时,电极斑点的面积受电极端面积的限制,不能相

**图 1－32　不同电弧长度的电弧静特性曲线**

应地增大,从而使电极斑点的电流密度达到了极限值。因此要再增加焊接电流,就需在电极区有较大的电压降,此时维持电弧所需的电弧电压就随焊接电流的增加而增加。

一般的焊条电弧焊在焊接时所用的焊接电流范围控制在 bc 段(焊条电弧焊电源设备的额定电流值不大于 500 A),所以它的电弧静特性曲线为下降特性曲线(没有 cd 上升段)。

**(三) 极性及其接线法的应用**

**1. 焊接时的极性及接线法**

极性是指直流电弧焊或电弧切割时焊件的极性。焊件接电源正极称为正极性,接负极为反极性。

由此,焊件接电源正极,电极接电源负极的接线法就称正接;焊件接电源负极,电极接电源正极的接线法就称反接。如图 1－33 所示。

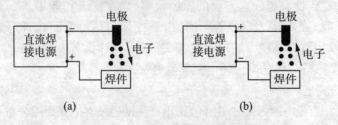

**图 1－33　焊件的极性与接线法**

(a) 正极性(正接);(b) 反极性(反接)

2. 焊接时极性的应用

直流电弧焊时,极性的选择是至关重要的,它的选择主要是根据焊件所需的热量和焊条的性能而定。直流弧焊时,为使焊件获得较大的熔深,可采用正接,因为此时的焊件处在电弧的阳极区,而阳极区的温度较高;在焊接薄板时,为了防止烧穿,可采用反接。

焊条的性能是由焊条药皮决定的,它对极性的需求将在第二章"焊条电弧焊"中叙述。

### (四) 焊接电弧的偏吹

在正常情况下的电弧焊,电弧的中心总是沿着焊条的轴线方向。随着焊条倾斜角度的变换,电弧的轴线也跟着焊条的轴线方向而改变,如图 1 - 34 所示。因此得以利用电弧的这一特性来控制焊缝的成形。

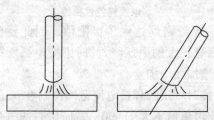

图 1 - 34 电弧的方向与焊条的轴线一致

但在实际操作中,由于气流的干扰、磁场的作用等,会出现使电弧中心偏离焊条轴线的现象,这就是焊接电弧的偏吹。焊接电弧的偏吹使焊接发生困难,甚至熄弧,更严重的是会影响焊接的质量。造成电弧偏吹的原因很多,一般有下面几种原因。

1. 电弧周围气体的急剧流动

电弧周围气体的急剧流动,有可能把电弧吹向一侧而影响电弧的稳定性。造成这方面的原因很多,如在露天作业中遇到大风的干扰;在焊接大口径管子时,由于气体的热对流而在管内形成"穿堂风";焊接较大坡口对接接头的第一层时,若又遇大间隙,也会因冷、热气体的对流使电弧发生偏吹。

2. 电磁场在电弧周围的不均匀分布

用直流电源焊接时,由于直流电产生的磁场在电弧周围分布不均匀,引起了电弧的偏吹,这种现象称为电弧的磁偏吹。如图 1 - 35 所示,由于接地线的位置不当,电流从正极流向负极时所产生的磁感应

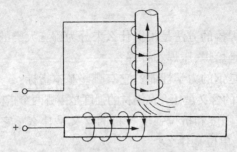

图 1-35　接地线位置不当引起的电弧偏吹

线,造成电弧两侧的分布极不均匀。电弧的右侧不通过焊接电流,不产生磁力线,因而电弧受到电场线较密一侧的作用力而产生了磁偏吹。

3. 焊条偏心度过大

手工焊所用的电焊条外面用一层药皮包裹着,但如果焊条药皮厚薄不均匀,就造成焊条的偏心。焊接时,药皮较薄的一边熔化很快,造成电弧外露,迫使电弧向外偏吹(见图1-36)。另外,如在焊接过程中,遇到焊条端一侧有药皮脱落也会出现同样情况。这些都与焊条质量有关。

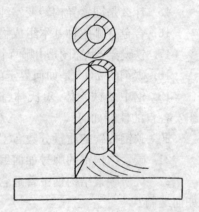

图 1-36　焊条偏心引起的电弧偏吹

# 复习思考题

1. 如何表述焊接的定义?
2. 为什么说焊接不是工件间的一般连接?
3. 什么是金属的晶体、晶格和晶胞? 金属晶体具有哪些特性?
4. 要解决阻碍固体金属间相互结合的因素,有哪些途径可选择?
5. 与其他连接的加工方法相比,焊接有哪些优点?
6. 焊接时为什么会产生内应力? 什么是焊接残余应力? 它有

什么危害？

7. 金属焊接的方法是根据什么来分为哪三大类的？

8. 什么是熔焊、压焊和钎焊？

9. 什么是钢的力学性能？它有哪些基本指标？

10. 强度的含义是什么？钢材的强度是由哪两个指标来反映的？

11. 屈服强度和抗拉强度各自的含义是什么？它们的数值是如何求得的？单位是什么？

12. 什么是钢材的塑性？主要有哪些衡量指标？

13. 钢材的硬度、韧性、疲劳各是什么含义？

14. 碳钢的主要成分是什么？它们以何种形式存在其中？

15. 什么是同素异构转变？纯铁有哪些同素异晶体？

16. 合金有哪三种基本组成物？它们各自的含义是什么？

17. 铁碳合金状态图是由哪两个坐标建立起来的？它有什么用途？

18. 碳钢的 $\omega(C)$ 是如何界定的？它的基本组成物有哪些？

19. 钢中的铁素体、奥氏体、渗碳体、珠光体各是什么样的组织？各自的性能如何？

20. 碳钢按碳的质量分数 $\omega(C)$、用途、质量如何分类？

21. 碳素结构钢的牌号如何编制？

22. 优质碳素结构钢中普通含锰量钢及较高含锰量钢的牌号如何编制？

23. 什么是合金钢？按合金元素的质量分数、用途，合金钢可分为哪些类？

24. 什么是电弧？一般电弧与焊接电弧有何区别？

25. 除了焊接电源持续提供一定的电压外，要形成焊接电弧还需哪两个重要条件？

26. 什么是气体的电离？在电弧焊的条件下，要使气体保持导电状态而使气体不断电离的方式有哪几种？

27. 什么叫阴极电子发射？在电弧焊的条件下，有哪几种电子发射的方式？

28. 什么叫做电弧的引燃过程？为什么说先用焊条末端与母

材短路,而后迅即将焊条拉开一段距离就能引燃电弧?

29. 焊接电弧是由哪几个部分组成的? 在用直流电源焊接时,它们的温度分布状况如何?

30. 什么是阴极斑点和阳极斑点? 它们的作用如何?

31. 电弧电压是由哪几个部分组成的? 为什么说电弧电压与弧长(弧柱长度)成正比的关系?

32. 什么是焊接电弧的静特性?

33. 电弧的静特性曲线呈何种形状? 焊条电弧焊的电弧静特性曲线如何?

34. 极性是在采用何种焊接电源时考虑的问题? 极性的含义是什么? 有哪两种接线法?

35. 什么是焊接电弧的偏吹? 造成电弧偏吹的主要原因有哪些?

# 第2章 焊条电弧焊

1. 焊条电弧焊电源的特性、维护及故障处理。

2. 焊条的分类、型号编制及牌号表示。

3. 焊接操作基础及各种空间位置的操作技术。

4. 焊接接头常见缺陷的产生原因及防止方法。

## 一、焊条电弧焊概述

焊条电弧焊是用手工操作焊条进行焊接的电弧焊方法,也是熔焊中最基本的操作方法(图2-1)。它是由弧焊电源、焊接电缆、焊钳、焊条、焊接电弧和焊件构成一个焊接回路进行操作的,其使用的设备简单、操作方便、灵活,能适应各种条件下的焊接。因此,焊条电弧焊仍然是目前应用最广的手工焊接方法。

## 二、焊条电弧焊电源

焊条电弧焊电源是一种为焊接电弧提供电能的设备,如弧焊变压器、弧焊发电机(其中弧焊电动发电机目前已停止生产)及弧焊整流器等。这些弧焊电源也可用于其他的以电弧为热源的焊接方法上,如埋弧焊、气体保护电弧焊等。

### (一)对焊条电弧焊电源的基本要求

为了保证获得优质的焊缝,除了人为因素外,弧焊电源必须保证

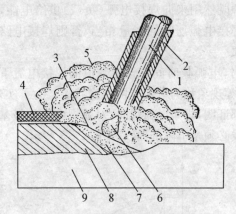

**图 2-1 焊条电弧焊的焊接过程**

1—焊芯；2—药皮；3—液体熔渣；4—固体渣壳；5—气体；
6—金属熔滴；7—熔池；8—焊缝；9—焊件

焊接电弧的稳定燃烧。因此，对弧焊电源要有以下几个基本要求。

1. 具有陡降的外特性

焊接电源的外特性，是指焊接电源在稳定的工作状态下，电源输出端的电压与输出电流之间的关系。图 2-2 所示为弧焊电源的外特性曲线。

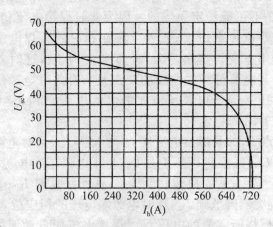

**图 2-2 弧焊电源的外特性曲线**

弧焊电源既然用来向焊接电弧(负载)供给电能,其所供给的能量必须与焊接电弧所需的能量相当,否则焊接电路会发生工作不稳定的现象。

电弧焊时,电弧长时间在选定数值的焊接电流下燃烧而不出现断弧、飘移等现象称为电弧焊的稳定状态。为了实现这一状态,理论和实践都证明,焊条电弧焊时,对弧焊电源的最基本的要求是其外特性曲线必须是下降的曲线,如图2-3所示。

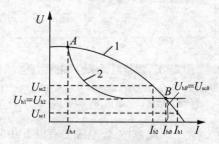

**图2-3 下降外特性曲线的电源及焊接过程分析**
1—外特性曲线;2—电弧静特性曲线

由图2-3可知,弧焊电源下降的外特性曲线必然与电弧静特性曲线有两个交点($A$与$B$)。在交点$A$对应的电流$I_{hA}$处,电弧是不可能稳定燃烧的。因为此时焊接电流稍有波动,如电流变小电弧就熄灭;或者电流在相应的弧焊电源输出端电压的作用下变得越来越大,一直增大到$I_{hB}$,这时对应的外特性曲线与电弧静特性曲线的交点是$B$。此时电源所提供的输出端电压又等于电弧所需要的电弧电压,即$U_{hB}=U_{scB}$,使电弧得到暂时的稳定。

在交点$B$,如果焊接电流从$I_{hB}$增大到$I_{h1}$,这时电源供给的端电压从$U_{scB}$减小到$U_{sc1}$,但是$U_{sc1}$小于电弧在该电流下所需要的电压$U_{h1}$,因此焊接电流就要减小,从而回复到$I_{hB}$;如果焊接电流从$I_{hB}$突然降低到$I_{h2}$,这时电源端电压的相应位置是$U_{sc2}$,大于电弧燃烧所需要的电压$U_{h2}$,焊接电流便自动增加并回复到$I_{hB}$的数值。

由此可见,电弧焊时,焊接电源的外特性曲线如果是下降的,则电弧将在 $B$ 点保持稳定的燃烧,焊接电流将能自动地长时间维持为一个定值,即交点 $B$ 所对应的电流 $I_{hB}$。而且理论和实际都证明了陡降的外特性比缓降的外特性能更快地使焊接电流恢复到稳定值,更有利于焊接电弧的稳定燃烧。

2. 适当的空载电压

为便于引弧,必须具有较高的空载电压。但空载电压越高对焊工操作越不安全,因此弧焊电源空载电压在满足工艺要求的前提下,一般不超过 80~90 V。

3. 良好的动特性

焊接过程中,电弧总是在不断地变化,电弧焊机的动特性,就是指弧焊电源对电弧瞬变的反应能力。动特性良好的焊机即是能在极短的时间内使输出电压、电流稳定或恢复在外特性曲线上的某一点。通常规定电压恢复时间不大于 0.05 s。

4. 均匀、灵活的调节特性

焊接时,根据母材的特性、厚度、几何形状,焊条的直径及焊缝位置的不同,需要选择不同的焊接电流。因此要求焊接电源能在较大范围内均匀、灵活地选择合适的电流值。

5. 弧焊电源的短路电流不应过大

过大的短路电流会引起电源设备的发热量剧增,破坏设备的绝缘,同时,过大的短路电流还会使熔化金属的飞溅和烧损都加剧。因而必须限制弧焊电源的短路电流,通常规定短路电流不大于工作电流的 50%。

**(二) 焊条电弧焊电源的型号编制**

所谓型号是技术文件中,对产品名称、形式及规格等所引用的一种代号。

1. 焊机型号的编制

我国焊机的型号是按 GB/T 10249—1988 规定编制的,它采用的是汉语拼音字母和阿拉伯数字。型号的编排次序及含义如下所示:

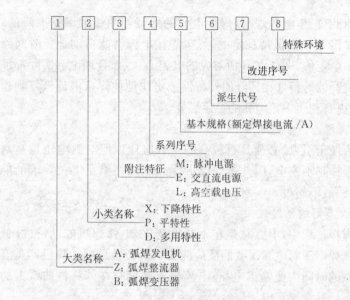

上述编排次序中，①、②、③、⑥各项用汉语拼音字母表示；④、⑤、⑦各项用阿拉伯数字表示；型号中②、③、④、⑥、⑦项如不用时，其他各项排紧。附注特征和系列序号用于区别同小类的各系列和品种，包括通用和专用产品。派生代号以汉语拼音字母的顺序编排。改进序号按生产改进次数连续编号。特殊环境用的产品在型号末尾加注代表字母，见表 2 - 1。可同时兼作两大类焊机使用时，其大类名称的代表字母按主要用途选取。

表 2 - 1　特殊环境名称代表字母

| 特殊环境名称 | 代表字母 |
| --- | --- |
| 热带 | T |
| 湿热带 | TH |
| 干热带 | TA |
| 高原 | G |

2. 焊机的主要技术指标

1）负载持续率　焊机负载的时间占选定工作时间的百分率称为负载持续率，用公式可表示为：

$$负载持续率 = \frac{在选定的工作时间周期内焊机负载时间}{选定的工作时间周期} \times 100\%$$

我国的有关标准规定,对于主要用作焊条电弧焊的焊机,选定的工作周期为 5 min(分),如果在 5 min 内,焊接的时间为 3 min,用于更换焊条和去除凝固的熔渣的时间为 2 min,那么焊机的负载持续率就是 60%。

焊机的负载持续率主要是基于焊机的发热状况考虑,严重的发热会使焊机烧毁。因此,不同负载持续率的焊机,有不同允许使用的最大焊接电流值。

2) 额定值　额定值是指对电源规定的使用限额,如对电压、电流及功率的限额,分别称为额定电压、额定电流、额定功率等。按照额定值使用焊机,既经济又安全可靠,既充分利用了焊机,又保证了焊机的正常使用寿命。超过额定值工作就称为过载,严重过载会损坏焊机。但如果焊机是一直用于低于额定值的焊接工作,使设备没能得到充分利用,也是不合理的。因此,在工作中应该根据实际情况合理选用焊机。

**(三) 弧焊变压器**

弧焊变压器也称交流弧焊机,它是一种为适应电弧焊需要的特殊的降压变压器。弧焊变压器是弧焊电源中最简单的一种,它具有材料省、成本低、效率高、使用可靠、维修容易、焊接时不产生磁偏吹等特点。

**1. 对弧焊变压器的特殊要求**

弧焊变压器的电源是使用我国工业用交流电,其频率为 50 Hz,周期为 0.02 s,在每个周期内有两次电流的数值为零,用它向电弧供电,在每秒内电弧将熄灭一百次。为此,要求弧焊变压器在每次焊接电弧熄灭时(焊接电流为零时),应能供给数值大于电弧恢复电压的输出电压,这样就能保证在用交流电焊接时,电弧不会发生间歇性燃烧。因此,在弧焊变压器的焊接回路中,也即弧焊变压器的二次绕组的电路中,接入电抗器(有铁心的电感线圈),使之产生足够数值的电感,以解决前述的问题(如图 2-4 所示),这就是对弧焊变压器的特殊要求。

从图 2-4 中可知,在变压器的二次绕组中如果接入了电感线圈,该电路中方程式为:

$$U_2 = U_h + I_h X_L$$

式中　$U_2$——变压器二次绕组的端电压(V)；

　　　$U_h$——电弧电压(即弧焊变压器输出的端电压)(V)；

　　　$I_h$——焊接电流(A)；

　　　$X_L$——电感的感抗(Ω)。

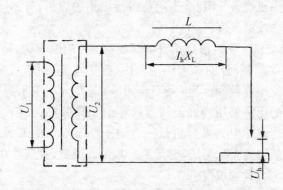

**图 2-4　独立电感式焊机的电路原理图**

这样，弧焊变压器输出的端电压为：

$$U_h = U_2 - I_h X_L$$

可见 $U_h$ 的数值是随焊接电流的增大而降低的，也就是说，它的外特性曲线是下降的。

2. 弧焊变压器的类型

弧焊变压器可分为串联电抗器式(同体式弧焊变压器)、增强漏磁式(动铁式及动圈式弧焊变压器)两类。

1) 同体式弧焊变压器　同体式弧焊变压器属于串联电抗器式弧焊变压器类，是由平特性降压变压器串联一个电抗器并置于一个铁心上，故称同体式弧焊变压器。BX2 型就属此类。

BX2 型弧焊变压器的铁心形状是一个"日"字形，并在上部装有可动铁心，可转动手柄改变铁心间气隙的大小，以达到调节电流的目的。在变压器铁心的下部绕有一次绕组Ⅰ和二次绕组Ⅱ，电抗线圈Ⅲ绕在铁心的上部，与二次绕组串联，如图 2-5 所示。

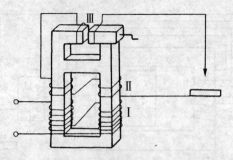

**图 2 - 5　BX - 500 型弧焊变压器结构原理图**

2）动铁式弧焊变压器　动铁式弧焊变压器是属于增强漏磁式弧焊变压器中的一种。它主要的工作原理是变压器在工作时会出现漏磁现象。我们知道变压器在一次绕组接上交流电源后，会在绕圈内部产生交变的磁感线，磁感线通过铁心传递到二次绕组，致使二次绕组产生感应电动势。但在此类焊机中还有一部分磁感线是通过空气闭合，而且仅与一次绕组及二次绕组相关联，这种情况就称作漏磁。线圈在漏磁的作用下会感应出一个电动势，它对电路的作用相当于在该电路串接了电抗线圈，以此获得下降外特性。BX1 - 330 型弧焊变压器就属此类，它的外形和结构如图 2 - 6 和图 2 - 7 所示。

**图 2 - 6　BX1 - 330 型弧焊变压器外形图**

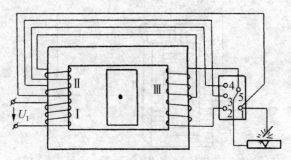

图 2-7 动铁式弧焊变压器的结构原理图

BX1-330 型弧焊变压器有两种调节焊接电流的方法。粗调是通过二次绕组不同的接线法,改变绕组的匝数来实现的。将图 2-7 中 3 与 2 连接起来时,焊接电流小,空载电压高;将 3 与 4 连接起来时,焊接电流大,空载电压低。细调是通过转动手柄来改变可动铁心与固定铁心之间的相对位置进行调节的。当可动铁心向外移动而离开主铁心时,漏磁减少,则焊接电流增大,反之减小。表 2-2 所列的 BX1-330 型弧焊变压器的主要技术数据。

表 2-2　BX1-330 型弧焊变压器的主要技术数据

| 一次电压 | (V) | 220/380 | |
|---|---|---|---|
| 接法 | | I | II |
| 空载电压 | (V) | 70 | 60 |
| 电流调节范围 | (A) | 50～180 | 160～450 |
| 额定负载持续率 | (%) | 65 | |
| 额定焊接电流 | (A) | 330 | |
| 额定工作电压 | (V) | 30 | |
| 220 V 时一次电流 | (A) | 96 | |
| 380 V 时一次电流 | (A) | 56 | |
| 效率 | (%) | 80 | |
| 功率因数 | | 0.50 | |

**（续　表）**

| 不同负载持续率时的焊接电流(A) | 100% | 265 |
| --- | --- | --- |
| | 65% | 330 |
| | 35% | 450 |

3）动圈式弧焊变压器　动圈式弧焊变压器也属于增强漏磁式类，BX3－300 型弧焊变压器就属此类。图 2－8 及图 2－9 分别是它的外形和结构图。

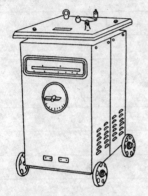

图 2－8　**BX3－300 型弧焊**
**变压器外形图**

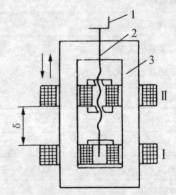

图 2－9　**BX3－300 型弧焊**
**变压器原理图**

1—手柄；2—调节螺杆；3—铁心
Ⅰ—一次绕组；Ⅱ—二次绕组(可动)

BX3－300 型弧焊变压器是一台动圈式弧焊变压器，它有一个高而窄的口形固定铁心，一次（Ⅰ）和二次（Ⅱ）绕组都分成两组匝数相等的绕组。一次绕组的两个部分固定在两垂直铁心柱的底部，二次绕组的两个部分则安装在铁心柱上部并固定在可上下移动的支架上。二次绕组可通过支架与垂直丝杆的连接，经手柄的转动可作上下移动，以此可改变二次绕组与一次绕组间的距离，从而借一、二次绕组间的漏磁作用使焊机获得陡降的外特性。

BX3－300 焊机的焊接电流调节方法：粗调是通过转换开关改变一、二次绕组的接线方法(必须在焊机切断电源的状态下进行)，调节焊接电流的大档、小档;细调则是转动焊机上部的手柄,改变一、二绕组的间距,当间距增大时,漏磁也增大,使焊接电流减小,反之则增大。

表2-3为BX3-300型弧焊变压器的技术数据。

表2-3　BX3-300型弧焊变压器主要技术数据

| 一次电压 | (V) | 220/380 | |
|---|---|---|---|
| 接法 | | Ⅰ | Ⅱ |
| 空载电压 | (V) | 80 | 65 |
| 电流调节范围 | (A) | 40～130 | 120～400 |
| 额定负载持续率 | (%) | 60 | |
| 额定焊接电流 | (A) | 300 | |
| 额定工作电压 | (V) | 30 | |
| 220 V时一次电流 | (A) | 93.5 | |
| 380 V时一次电流 | (A) | 54 | |
| 效率 | (%) | 82.5 | |
| 功率因数 | | 0.53 | |
| 不同负载持续率时的焊接电流(A) | | 100% | 232 |
| | | 60% | 300 |
| | | 35% | 390 |

部分动铁式及动圈式交流弧焊变压器主要技术数据见表2-4。

表2-4　部分动铁式、动圈式交流弧焊变压器主要技术数据

| 主要技术数据 | 动　铁　式 | | | 动　圈　式 | | |
|---|---|---|---|---|---|---|
| | BX1-160 | BX1-250 | BX1-400 | BX3-250 | BX3-400 | BX3-500 |
| 额定焊接电流(A) | 160 | 250 | 400 | 250 | 400 | 500 |
| 电流调节范围(A) | 32～160 | 50～250 | 80～400 | 36～360 | 50～500 | 60～612 |

| 主要技术<br>数据 | 动　铁　式 | | | 动　圈　式 | | |
|---|---|---|---|---|---|---|
| | BX1-160 | BX1-250 | BX1-400 | BX3-250 | BX3-400 | BX3-500 |
| 一次电压<br>(V) | 380 | 380 | 380 | 380 | 380 | 380 |
| 额定空载<br>电压(V) | 80 | 78 | 77 | 78/70 | 75/70 | 73/66 |
| 额定工作<br>电压(V) | 21.6～27.8 | 22.5～32 | 24～39.2 | 30 | 36 | 40 |
| 额定一次<br>电流(A) | — | — | — | 48.5 | 78 | 101.4 |
| 额定输入<br>容量(kVA) | 13.5 | 20.5 | 31.4 | 18.4 | 29.1 | 38.6 |
| 额定负载持<br>续率(%) | 60 | 60 | 60 | 60 | 60 | 60 |
| 重量(kg) | 93 | 116 | 144 | 150 | 200 | 225 |
| 用　途 | 适用于1～8mm厚低碳钢板的焊接、焊条电弧焊电源 | 适用于中等厚度低碳钢板的焊接、焊条电弧焊电源 | 适用于中等厚度低碳钢板的焊接、焊条电弧焊电源 | 适用于3mm厚度以下的低碳钢板焊接、焊条电弧焊电源 | 用于焊条电弧焊电源 | 用于手工钨极氩弧焊、焊条电弧焊、电弧切割电源 |

## (四) 弧焊整流器

弧焊整流器是一种将交流电通过整流转换为直流电的焊接电源。如硅弧焊整流器、晶闸管式整流器、逆变式弧焊整流器等多种。

### 1. ZXG 系列硅弧焊整流器

ZXG 系列硅弧焊整流器的产品有 ZXG-200,ZXG-300,ZXG-400,ZXG-500 型等,常用的是 ZXG-400 型。

ZXG-400 型硅弧焊整流器的结构如图 2-10 所示。它主要由三相主变压器、三相磁饱和电抗器、三相硅整流元件组、输出电抗器、通风机组以及控制系统等几部分组成。它的原理简图如图2-11 所示。

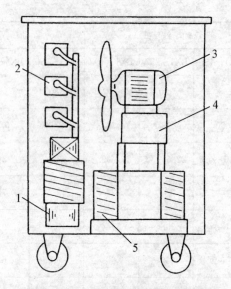

图 2 - 10　硅弧焊整流器结构简图

1—三相主变压器;2—三相硅整流元件组;3—通风机组;
4—输出电抗器;5—三相磁饱和电抗器

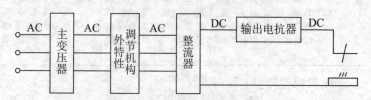

图 2 - 11　硅弧焊整流器原理简图

　　焊机中的硅整流元件是将经主变压器降压后的二次交流电转变为直流电。它的下降外特性是利用增大主变压器的漏磁或通过磁饱和放大器来获得的,同时也由此来调节空载电压和焊接电流。

　　输出电抗器是串联在直流焊接回路中的一个带铁心并有气隙的电磁线圈,它起到改善焊机动特性的作用,以保证电弧的稳定。

　　硅弧焊整流器与弧焊发电机相比的优点主要是电弧稳定、耗电少、噪声小、制造简单、维护方便以及防潮、防震性能好。其缺点是由于未采用电子线路来进行控制和调节,所以在焊接过程中可调节的焊接参数少,也不够精确,受电网电压的波动影响较大,所以一般用于质量要求不高的焊接产品的焊接上。

2. 晶闸管式弧焊整流器

晶闸管式弧焊整流器,它是以晶闸管为整流元件的弧焊直流电源。晶闸管具有良好的可控性,利用它可以获得可调的外特性,并且电流和电压的控制范围也大。该弧焊整流器的组成如图 2-12 所示,它是由主降压变压器、晶闸管整流器及反馈控制电路、输出电抗器等组成。在焊接过程中,反馈控制电路依据焊接电流变化的反馈信号,用很小的触发功率使晶闸管的整流输出得以控制,它还可用不同的反馈方式获得各种形状的外特性,因此焊接电流、电弧电压都可在很宽的范围内均匀、精确、快速的调节,达到焊接电流的无级调节,还容易对电网电压的波动实现电压补偿,它是目前应用很广的一种直流弧焊电源。表 2-5 所列为部分晶闸管式弧焊整流器的主要技术数据。

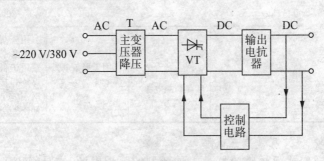

图 2-12　晶闸管弧整流器的组成

表 2-5　部分晶闸管式弧焊整流器主要技术数据

| | 主要技术数据 | ZX5-800 | ZX5-250 | ZX5-400 |
|---|---|---|---|---|
| 输出 | 额定焊接电流(A) | 800 | 250 | 400 |
| | 电流调节范围(A) | 100~800 | 50~250 | 40~400 |
| | 额定工作电压(V) | — | 30 | 36 |

(续 表)

| 主要技术数据 | | ZX5-800 | ZX5-250 | ZX5-400 |
|---|---|---|---|---|
| 输出 | 空载电压(V) | 73 | 55 | 60 |
| | 额定负载持续率(%) | 60 | 60 | 60 |
| | 额定输出功率(kVA) | — | — | — |
| 输入 | 电压(V) | 380 | 380 | 380 |
| | 额定输入电流(A) | — | 23 | 37 |
| | 相数 | 3 | 3 | 3 |
| | 频率(Hz) | 50 | 50 | 50 |
| | 额定输入容量(kVA) | — | 15 | 24 |
| 功率因素 | | 0.75 | 0.7 | 0.75 |
| 效率(%) | | 75 | 70 | 75 |
| 重量(kg) | | 300 | 160 | 200 |
| 用 途 | | 用于焊条电弧焊、钨极氩弧焊、碳弧切割电源 | 用于焊条电弧焊电源 | 用于焊条电弧焊电源,特别适用于低氢型焊条焊接低碳钢、中碳钢以及低合金结构钢 |

3. 逆变式弧焊整流器

逆变式弧焊整流器是一种新型的弧焊电源,它是经历了由晶闸管→晶体管→场效应晶体管(MOS-FET)→绝缘栅极双极晶体管(IGBT)逆变四代的发展。

"逆变"顾名思义,在弧焊整流器中对应于整流的逆向过程称为逆变。实现这种变换的装置称为逆变器。为焊接电弧提供电能,并具有弧焊方法所要求的性能的逆变器,就称为弧焊逆变器或逆变式弧焊电源。

逆变式弧焊电源的原理简图如图2-13所示,它的逆变过程是由电网供给的单相或三相工频(50 Hz)交流电→整流器整流、滤波成平滑的直流电→逆变器(晶闸管、晶体管、场效应晶体管等)的交替开关作用,将直流电变频为中频(几千赫~几万赫)交流电→中频变压器将电压降至适合于焊接的几十伏低电压的交流电→整流器(中频)第二次整流,将低电压中频交流电整流为低电压直流电,再经反馈电路等获得焊接时电源所需要的外特性及动特性。如果用交流电焊接,可以中频变压器变压后所获得的低压交流电作为焊接电源(也必须经反馈电路及焊接回路的阻抗,才能获得焊接所需的外特性及动特性)。

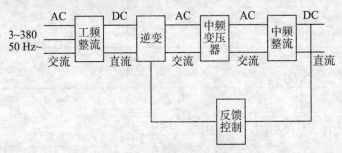

图 2 - 13  逆变焊机原理图

根据输出的电流不同,逆变式弧焊整流器又可分为交流逆变式弧焊整流器、直流逆变式弧焊整流器、脉冲逆变式弧焊整流器。表 2 - 6 所列为部分晶闸管、场效应管、IGBT 管逆变式弧焊整流器主要技术数据。

表 2 - 6  部分晶闸管、场效应管、IGBT 管逆变式弧焊整流器主要技术数据

| 主要技术数据 | 晶闸管 | | 场效应管 | | IGBT 管 | |
|---|---|---|---|---|---|---|
| | ZX7 - 300S/ST | ZX7 - 630S/ST | ZX7 - 315 | ZX7 - 400 | ZX7 - 160 | ZX7 - 630 |
| 电源 | 三相、380 V、50 Hz | | 三相、380 V、50 Hz | | 三相、380 V、50 Hz | |
| 额定输入功率(kVA) | — | — | 11.1 | 16 | 4.9 | 32.4 |

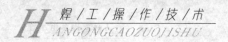

(续　表)

| 主要技术数据 | 晶闸管 | | 场效应管 | | IGBT 管 | |
|---|---|---|---|---|---|---|
| | ZX7-300S/ST | ZX7-630S/ST | ZX7-315 | ZX7-400 | ZX7-160 | ZX7-630 |
| 额定输入电流(A) | — | — | 17 | 22 | 7.5 | 49.2 |
| 额定焊接电流(A) | 300 | 630 | 315 | 400 | 160 | 630 |
| 额定负载持续率(%) | 60 | 60 | 60 | 60 | 60 | 60 |
| 最高空载电压(V) | 70~80 | 70~80 | 65 | 65 | 75 | 75 |
| 焊接电流调节范围(A) | I档:30~70 II档:90~300 | I档:60~210 II档:180~630 | 50~315 | 60~400 | 16~160 | 60~630 |
| 效率(%) | 83 | 83 | 90 | 90 | ≥90 | ≥90 |
| 重量(kg) | 58 | 98 | 25 | 30 | 25 | 45 |
| 性能及用途 | "S"为焊条电弧焊电源 "ST"为焊条电弧焊、氩弧焊两用电源 | | 具有电流响应速度快、静、动特性好,功率因数高、空载电压小、效率高等特点,用于各种低碳钢、低合金钢及不同类型结构钢的焊接 | | 采用脉冲宽度调制(PWM),20 kHz绝缘栅极双极晶体管(IGBT)模块逆变技术,具有引弧迅速可靠、电弧稳定、飞溅小、体积小、高效节能、焊缝成形好、可"防黏"等特点,用于焊条电弧焊、碳弧气刨电源 | |

## （五）焊条电弧焊电源的选用、维护及故障处理

### 1. 焊条电弧焊电源的选用

不同的弧焊电源,其结构、电气性能及主要技术数据是不同的,在不同场合下显现出来的工艺特点及其经济性也是有区别的。表 2-7 所示为交、直流弧焊电源特点的比较。

表 2 - 7 交、直流弧焊电源特点比较

| 项 目 | 交 流 | 直 流 | 项 目 | 交 流 | 直 流 |
|---|---|---|---|---|---|
| 电弧的稳定性 | 低 | 高 | 结构及维修 | 较 简 | 较复杂 |
| 磁偏吹 | 很 小 | 较 大 | 噪 声 | 不 大 | 较 小 |
| 极性可换性 | 无 | 有 | 成 本 | 低 | 较 高 |
| 空载电压 | 较 高 | 较 低 | 供 电 | 一般单相 | 一般三相 |
| 触电危险 | 较 大 | 较 小 | 重 量 | 较 轻 | 较 重① |

① 逆变式弧焊整流器重量较轻。

正确选用弧焊电源,对获得良好的焊接质量及提高焊接生产率都有很大作用。选用弧焊电源主要考虑电流的类型及电源的功率。

1) 电流类型 弧焊电源电流的选择并不是绝对的,一般来说用直流电源焊接时,电弧的稳定性比采用交流电源的高。但在实际工作中,当选用优质焊条以中等或大的焊接电流,用交流电源焊接时,电弧也同样有足够的稳定性。这是因为在这种情况下,电极间空间的电离程度得到改善,降低了电弧恢复电压的缘故。当然,焊接电源的选择还必须依据焊条皮的类型,看是否能用交流电源焊接来定(关于焊条药皮对焊接电流类型的要求,将在介绍焊条时详述)。

当需要用小电流焊接时(40~90 A),因为此时电极空间的电离程度较低,故以采用直流电源为宜,并且由于用直流电焊接还能通过选择正接、反接来改变电弧的热量分布,所以焊接薄板或有色金属采用直流电源更为有利。

从消耗电能、设备维修等经济性方面的考虑,一般交流弧焊电源具有结构简单、制造方便、使用可靠、维修容易、效率高及成本低等一系列优点,因此在满足技术要求的前提下,应优先考虑选用交流电源,再结合上述分析合理选用。

2) 焊接电源的功率 焊接电源的额定功率也是选用的一个

重要依据。一般焊条电弧焊的焊接工作是间断的,且焊件也不固定,因此必须根据产品选用合适额定功率的弧焊电源,以免选得过高会因利用率不高而造成浪费,过小则会造成焊机过载而损坏。

对弧焊变压器来说,如能改善它的散热条件,比如安装通风电扇,焊机使用的焊接电流一般允许增大 20%～40%。

2. 焊条电弧焊电源的维护及故障处理

保证焊接设备的完好,是获得优质焊接产品的前提,因此我们必须注重对焊接电源的日常维护和懂得一般故障的处理,如遇必须由专业电工处理的故障应及时报修。

1) 弧焊变压器的维护及故障处理　对弧焊变压器要经常注意除尘、防潮处理,保持良好的绝缘。可定期用干燥的压缩空气除尘,以及用干布擦净可以擦到的部分。注意连接导线的螺栓是否有松动(检查连接焊接回路及一次电源进入焊机的连接部位,必须切断一次电源),及时紧固所有连接部位,以免由于接触不良而引起发热、烧断事故。对弧焊变压器的电流调节机构应经常保持灵活,至少半年加油一次。在拆卸外壳时,应注意螺孔处的绝缘片不被丢失,复原时应按原样装妥,以免会因漏磁使焊机外壳发热。使用焊机还要注意避免过载,特别是长时间的过载。

弧焊变压器常见故障的排除方法见表 2-8。

表 2-8　弧焊变压器常见故障的排除方法

| 故障现象 | 可能产生的原因 | 排除方法 |
|---|---|---|
| 弧焊变压器过热 | 1. 变压器过载<br>2. 变压器绕组短路 | 1. 减小使用电流<br>2. 消除短路处 |
| 导线接线处过热 | 接线处接触电阻过大或接线处螺钉太松 | 将接线松开,用砂纸或小刀将接触导电处清理出金属光泽,然后旋紧螺钉 |
| 可动铁心在焊接时发生嗡嗡的响声 | 可动铁心的制动螺钉或弹簧太松 | 旋紧制动螺钉,调整弹簧,旋紧螺钉 |

| 故障现象 | 可能产生的原因 | 排 除 方 法 |
| --- | --- | --- |
| 焊接电流不稳定（忽大忽小） | 动铁心在焊接时位置不稳定 | 将动铁心调节手柄固定或将动铁心固定 |
| 焊接电流过小 | 1. 焊接导线过长，电阻大<br>2. 焊接导线盘成盘形，电感大<br>3. 电缆线有接头或与焊件接触不良 | 1. 减小导线长度或加大线径<br>2. 将导线放开，不使成盘形<br>3. 使接头处接触良好 |
| 焊机输出电流反常（过小或过大） | 1. 电路中起感抗作用的绕组绝缘损坏时，引起焊接电流过大<br>2. 铁心磁回路中由于绝缘损坏产生涡流，引起焊接电流变小 | 检查电路或磁路中的绝缘情况，排除故障 |

2）硅弧焊整流器的维护及故障处理　硅弧焊整流器的日常维护工作基本上与弧焊变压器相同，但要特别注意硅元件的保护和冷却，还要保持硅元件及有关电子线路的清洁、干燥。若硅元件损坏，要找出原因，并将故障排除后再调换新元件。

弧焊整流器常见故障的排除方法见表 2-9。

表 2-9　硅弧焊整流器常见故障的排除方法

| 故障现象 | 可能产生的原因 | 排 除 方 法 |
| --- | --- | --- |
| 机壳漏电 | 1. 电源接线误碰机壳<br>2. 变压器、电抗器、风扇及控制线路元器件等碰机壳<br>3. 未接安全地线或接触不良 | 1. 消除碰处<br>2. 消除碰处<br>3. 接妥接地线 |
| 空载电压过低 | 1. 电源电压过低<br>2. 变压器绕组短路 | 1. 调高电源电压<br>2. 消除短路 |
| 焊接电流调节失灵 | 1. 控制绕组短路<br>2. 控制回路接触不良<br>3. 控制整流回路元器件击穿 | 1. 消除短路<br>2. 使接触良好<br>3. 更换元器件 |

(续　表)

| 故障现象 | 可能产生的原因 | 排除方法 |
|---|---|---|
| 焊接电流不稳定 | 1. 主电路接触器抖动<br>2. 风压开关抖动<br>3. 控制回路接触不良,工作失常 | 1. 消除抖动<br>2. 消除抖动<br>3. 检修控制回路 |
| 工作中焊接电压突然降低 | 1. 主电路部分或全部短路<br>2. 整流元器件击穿短路<br>3. 控制回路断路或电位器未整定好 | 1. 修复线路<br>2. 更换元器件,检查保护线路<br>3. 检修调整控制回路 |
| 电扇电动机不转 | 1. 熔断器熔断<br>2. 电动机引线或绕组断线<br>3. 开关接触不良 | 1. 更换熔断器<br>2. 接妥或修复<br>3. 使接触良好 |
| 电表无指示 | 1. 电表或相应接线短路<br>2. 主电路出故障<br>3. 饱和电抗器和交流绕组断线 | 1. 修复电表<br>2. 排除故障<br>3. 排除故障 |

3) 晶闸管式弧焊整流器的维护及故障排除　晶闸管式弧焊整流器的日常维护工作基本上与硅弧焊整流器相同,但特别要注意电子元器件的保护,以及保证电子线路能在清洁、干燥的环境中运行。

晶闸管式弧焊整流器常见故障的排除方法见表 2-10。

表 2-10　晶闸管式弧焊整流器常见故障的排除方法

| 故　障 | 可能产生的原因 | 排除方法 |
|---|---|---|
| 焊机外壳带电 | 1. 电源线误碰机壳<br>2. 变压器、电抗器、电源开关及其他电器元件或接线碰箱壳<br>3. 未接接地线或接触不良 | 1. 检查并消除碰壳处<br>2. 消除碰壳处<br>3. 接妥接地线 |
| 不能起弧即无焊接电流 | 1. 焊机的输出端与焊件连接不可靠<br>2. 变压器次级线圈匝间短路<br>3. 主回路晶闸管(6 只)其中几个不触发导通<br>4. 无输出电压 | 1. 使输出端与焊件连接<br>2. 消除短路处<br>3. 检查并修复控制线路触发部分及其引线<br>4. 检查并修复 |

（续　表）

| 故　　障 | 可能产生的原因 | 排 除 方 法 |
|---|---|---|
| 焊接电流调节失灵 | 1. 三相输入电源其中一相开路<br>2. 近、远控选择与电位器不相对应<br>3. 主回路晶闸管不触发或击穿<br>4. 焊接电流调节电位器无输出电压<br>5. 控制线路有故障 | 1. 检查并修复<br>2. 使其对应<br>3. 检查并修复<br>4. 检查控制线路给定电压部分及引出线<br>5. 检查修复 |
| 无输出电流 | 1. 熔断丝(器)熔断<br>2. 风扇不转或长期超载使整流器内温升过高，从而使温度继电器动作<br>3. 温度继电器损坏 | 1. 更换熔断丝(器)<br>2. 修复风扇，使整流器不要超载运行<br>3. 更换 |
| 焊接时焊接电弧不稳定，性能明显变差 | 1. 线路中某处接触不良<br>2. 滤波电抗器匝间短路<br>3. 分流器到控制箱的两根引线断开<br>4. 主回路晶闸管其中一个或几个不导通<br>5. 三相输入电源其中一相开路 | 1. 使接触良好<br>2. 消除短路处<br>3. 应重新接上<br>4. 检查并修复控制丝路及主回路晶闸管<br>5. 检查修复 |
| 噪声变大振动变大 | 1. 风扇风叶碰风圈<br>2. 风扇轴承松动或损坏<br>3. 主回路晶闸管不导通或击穿<br>4. 固定箱壳或内部的某紧固件松动<br>5. 两组晶闸管输出不平衡 | 1. 整理风扇支架使其不碰<br>2. 修理或更换<br>3. 检查并修复控制线路<br>4. 拧紧紧固件<br>5. 调整触发脉冲，使其平衡 |
| 焊机内出现焦味或主电源熔断丝(器)熔断 | 1. 主线路部分或全部短路<br>2. 主回路有晶闸管击穿短路<br>3. 风扇不转或风力小 | 1. 修复线路<br>2. 检查阻容保护电路接触是否良好，更换同型号同规格的晶闸管元件<br>3. 修复风扇 |
| 风扇不转或风力很小 | 1. 熔断丝(器)熔断<br>2. 风扇电动机绕组断线<br>3. 风扇电动机起动电容接触不良或损坏<br>4. 三相输入其中一相开路 | 1. 更换熔断丝(器)<br>2. 修复电动机<br>3. 使接触良好或更换电容<br>4. 检查并修复 |

## 三、焊条

在焊条电弧焊中,焊条与母材之间产生的焊接电弧,不仅提供熔焊所必需的热量;同时,焊条又作为填充金属,以焊缝金属的主要成分加入到焊缝中去。因此,焊条的性质将会直接影响到焊缝金属的化学成分、力学性能和物理性能;另外,焊条对于焊接过程的稳定性,焊缝的外表质量,以及焊接生产率等也有很大影响。

### (一) 对焊条的要求

为了保证焊条在焊接过程中具有较好的工艺性能和焊后焊缝金属能达到确保质量的要求,必须对焊条提出如下要求:

1. 容易引弧,保证电弧稳定,在焊接过程中飞溅少,尽可能适合交直流电源两用。

2. 焊条药皮熔化速度应均匀,无整块脱落,且稍慢于焊条芯的熔化速度,以便造成喇叭状套管(套管长度小于焊条芯直径),有利于金属熔滴的过渡和造成保护气氛。

3. 熔渣的比重小于熔化金属的比重,凝固温度也稍低于金属的凝固温度,以覆盖在熔化金属的表面,造成良好的保护和美观的焊缝成形,凝固后易于去掉。

4. 能适于各种位置的焊接,且能保证焊缝质量。

5. 具有渗合金的作用。一是能填补母材金属在焊接过程中被烧损的合金元素;二是为达到对焊缝金属在力学和化学性能上的要求,添加某些必要的合金元素。

6. 具有对焊缝金属的冶金处理作用。在焊接过程中,通过焊条的冶金手段,能最大限度地去除焊缝金属中的有害杂质,如氧、氢、氮、硫、磷等,以提高焊缝中出现气孔和裂纹的可能性。

图 2-14 是焊条的构造图。其中焊条及其夹持端的长度都与焊芯直径有关。如按 GB/T 5117—1995 的规定,碳钢焊条的直径≤4 mm,夹持端长度为 10～30 mm;当直径≥5 mm,夹持端长度为 15～35 mm;焊条长度实际上就是焊芯的长度,表 2-11 所列是碳钢焊条为不同焊芯直径时的长度。

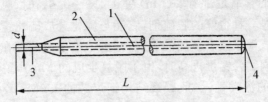

**图 2 - 14　焊条**

1—焊芯；2—药皮；3—夹持端；4—引弧端

**表 2 - 11　碳钢焊条长度与焊芯直径的关系**

| 焊芯直径(mm) | 1.6 | 2.0 | 2.5 | 3.2 | 4.0 | 5.0 | 5.6 | 6.0 | 6.4 | 8.0 |
|---|---|---|---|---|---|---|---|---|---|---|
| 焊条长度(mm) | 200～250 | 250～350 | | 350～450 | | | 450～700 | | | |

　　焊条长度之所以与焊芯直径有关，主要是要控制通过焊芯的电流密度，避免焊条在焊接过程中过度发热，造成焊条药皮脱落等一系列不良影响。对不同材料而言，由于材料性质不同，具有不同的物理性能，故有不同的焊芯直径与长度的关系。

**（二）焊芯**

　　焊芯即焊条的金属芯，它的作用是与焊件之间产生电弧并熔化为焊缝的填充金属。为保证焊缝的质量，故对焊芯金属各合金元素的含量有一定的限制，以保证在焊后焊缝金属各方面性能不低于母材。

　　焊芯中各合金元素对焊接的影响如下：

　　1. C　在焊接过程中碳是一种良好的脱氧剂，在高温下具有很强的还原作用，能与氧化合生成不溶于液态金属的 CO 气体，并可进一步氧化成 $CO_2$。它们都以气体形式从熔池中逸出，同时排开周围的空气，减少或防止空气中氧和氮的侵入。但含碳量过高，由于碳的还原作用剧烈反而会引起较大的飞溅和产生气孔。从力学性能考虑，焊缝金属如果含碳量过高，还会降低焊缝金属的塑性。所以一般焊芯的含碳量 $w(C)$ 被限制在 0.2% 以下，常用的低碳钢焊条的焊芯则限制在 0.1% 以下。

　　2. Mn　在焊接过程中，锰也是一种较好的脱氧剂，能减少焊缝金属中的含氧量。当 $w(Mn)$ 在 $0.4\%\sim0.6\%$ 时,脱氧效果最佳。锰还是一种很好的脱硫剂,它能与硫化合成硫化锰($MnS$)以熔渣的形式浮于液态金属的表面,减少了由于硫的存在而产生热裂纹的倾向。含锰量再高时,由于脱氧生成的 $MnO$ 增多,会提高焊接熔渣的流动性,一般碳素结构钢焊芯的 $w(Mn)$ 为 $0.3\%\sim0.55\%$,低合金或合金结构钢焊芯的 $w(Mn)$ 可达 $0.8\%\sim1.1\%$ 或更高些。可见锰是一种很好的合金元素。

3. Si 在焊接过程中,硅具有较强的脱氧能力,它的脱氧能力比锰还强,与氧形成二氧化硅($SiO_2$)。二氧化硅在高温下成渣。由于它的熔点较高,会使熔渣变稠,增加黏度,造成脱渣困难。当含硅量和二氧化硅过多时,在焊接时会引起飞溅,并容易造成二氧化硅的非金属夹渣和降低焊缝的塑性。所以,一般在焊芯中含硅量应尽量少,要求 $w(Si)$ 控制在 $0.03\%$ 以下(合金钢例外)。

4. S 在焊接过程中硫在高温的条件下能与铁化合成硫化亚铁($FeS$),这是一种低熔点的化合物,能与其他化合物形成熔点更低的低熔点共晶体(熔点 $985℃$),集结在晶粒边界,使焊缝在高温下产生裂纹(热裂)。因此,硫在焊芯中也是极为有害的杂质,所以,在一般焊芯中规定 $w(S)$ 不大于 $0.04\%$,高级优质焊芯中的不大于 $0.03\%$。

5. P 在焊接过程中,磷由于与铁化合生成磷化铁($Fe_3P$),使熔化金属的流动性增大,而当金属凝固后,使金属变脆,焊缝产生冷脆现象。另外,磷化铁还能和其他物质形成低熔点共晶体,致使产生热裂纹。因此,磷在焊接过程中同样是一种有害杂质,所以,在一般焊芯中规定 $w(P)$ 不大于 $0.04\%$,高级优质焊芯中不大于 $0.03\%$。

**(三) 焊条药皮**

1. 焊条药皮的作用

1) 稳弧作用 在焊条药皮中加入能降低气体电离电位的物质,使气体越易电离,电弧就越稳定。

2) 保护熔池作用 在焊条药皮中加入造气剂,在焊条药皮熔化后产生大量的气体笼罩着电弧和熔池,将熔化金属与空气隔绝开来。这些气体中绝大部分是还原性气体,如 CO、$H_2$ 等,能防止熔池金属氧化。另外,在焊条药皮中含有造渣剂,在药皮熔化后形成熔渣,覆盖在焊缝表面,既保护焊缝金属不被有害杂质侵入,又能使焊缝金属减缓冷却速度,促进了焊缝金属中气体的排出,减少了生成气孔的可能性。同时,药皮熔化后的熔渣还起着美观焊缝成形的作用。

3) 脱氧和渗合金的冶金作用　在焊条药皮中加入脱氧剂和合金剂,通过熔渣与熔化金属的化学反应,根据不同的脱氧方式,减少氧对焊缝金属的危害。加入铁合金或纯合金元素,随着药皮的熔化渗入焊缝金属,以弥补合金元素的烧损,提高焊缝金属的力学性能,使焊缝金属合金元素的含量及力学性能与母材相匹配。

4) 改善焊接工艺性能及提高生产率的作用　通过调整药皮的成分,使焊条药皮的熔点稍低于焊芯的熔点(约低 100～250℃),但因焊芯处于电弧的中心区,温度较高,所以还是焊芯先熔化,药皮稍晚一些熔化,这就使焊条端头形成一小段喇叭形套管。这样,在电弧吹力的作用下加强了焊芯金属熔滴射向熔池的速度,减少了飞溅,热量也更集中,也有利于实施仰焊和立焊,焊接生产率也提高了。

2. 焊条药皮的类型

为了适应各种工作条件下材料的焊接,对不同的焊芯和焊缝的要求,必须要有一定特性的药皮。根据药皮材料中主要成分的不同,焊条药皮可分为八种类型。

1) 氧化钛型(钛型、高钛型)　焊条药皮中含有多量的氧化钛,焊条工艺性能良好,由于药皮套管端部具有导电性,所以再引弧容易。这类药皮的焊条熔深较浅,渣覆盖良好,脱渣容易,飞溅少,焊波特别美观,适用于全位置焊接,特别适用于薄板焊接和短焊缝、断续焊缝的焊接。但熔敷金属塑性及抗裂性能较差。随药皮中钾、钠及铁粉等用量的变化,可分为高钛钾型、高钛钠型及铁粉钛型等几类。可采用交流或直流电源。

2) 钛钙型　焊条药皮中氧化钛的质量分数在 30% 以上,钙、镁的碳酸盐的质量分数在 20% 以下。焊条工艺性能良好,熔渣流动性好,熔深一般,电弧稳定,焊缝美观,飞溅小,脱渣方便,各种位置焊接均能得到满意的焊缝。E4303(J422)焊条即属此类型,它是目前碳钢焊条中使用最广的一种焊条,可交、直流两用。该类型药皮中加入一定量的铁粉,则成了铁粉钛钙型。

3) 钛铁矿型 焊条药皮中含钛铁矿的质量分数≥30%。熔渣流动性良好,电弧稍强,熔深较深,渣覆盖良好,脱渣容易,飞溅一般,焊波整齐,适用于全位置焊接。熔敷金属具有优良的抗裂性能,可交、直流两用。

4) 氧化铁型 药皮中含有多量氧化铁及较多的锰铁脱氧剂。此种焊条熔化速度快,焊接生产率较高。并且电弧稳定,再引弧容易,熔深较深,飞溅稍多,最适宜中厚度以上钢板的平焊工作,立焊及仰焊操作性能较差,而熔敷金属抗裂性较好。可交、直流两用。

5) 纤维素型 药皮中含质量分数为 15% 以上的有机物及 30% 左右的氧化钛。焊接时,有机物在电弧区分解产生大量气体,保护熔敷金属。这种焊条具有电弧强,熔深深,熔化速度快,熔渣少,脱渣容易,飞溅一般,适用于全位置焊接,特别是立焊和仰焊,也可进行向下立焊,并可用作深熔焊接。随药皮中稳弧剂、黏结剂含量变化,具体可分为高纤维素钠型(采用直流反接)和高纤维素钾型(交流或直流反接)两类。

6) 低氢型 药皮的主要组成物是碳酸盐矿石和萤石。熔渣流动性好,焊接工艺性能一般,适用于全位置焊接。焊接时对焊条药皮的干燥程度要求较高,并要求短弧操作。熔敷金属的抗裂性和力学性能较好,适用于焊接重要的焊接结构。由于药皮中稳弧剂量、铁粉量和黏结剂的不同,具体分为低氢钠型(采用直流反接)、低氢钾型和铁粉低氢型(均可采用交流或直流反接)等。

7) 石墨型 焊条药皮中含有较多量石墨。采用低碳钢焊芯时,工艺性差,飞溅较多,烟雾较大,熔渣较少,适用于平焊;采用有金属焊芯时,工艺性能好,飞溅较少,熔深较浅,熔渣少,适用于全位置焊接。此外,该药皮使焊条引弧容易,但药皮强度及抗裂性差,焊接时焊条尾部易发红,故宜用于小电流焊接。石墨型药皮主要用于铸铁焊条和堆焊焊条。交、直流两用。

8）盐基型　焊条药皮中以氯化物、氟化物为主。吸潮性强,焊前必须烘熔。熔点低,熔化速度快,工艺性能较差,要求短弧操作。熔渣具有一定的腐蚀性,焊后要及时清洗。适用于铝及铝合金焊条。采用直流电源。

**(四) 焊条的分类、型号与牌号**

1. 焊条的分类

1）按焊条的用途分　焊条在目前可分为十类。

（1）结构钢焊条　包括低碳钢及低合金高强度钢焊条,这类焊条的熔敷金属在自然的气候环境中具有一定的力学性能。主要用于强度等级较低的低碳钢、低合金钢及低合金高强度钢的焊接。

（2）钼和铬钼耐热钢焊条　这类焊条的熔敷金属具有不同程度的高温工作能力。主要用于铬和铬钼耐热钢的焊接。

（3）不锈钢焊条　这类焊条的熔敷金属,在常温、高温或低温中具有不同程度的耐大气或腐蚀性介质腐蚀的能力和一定的力学性能。主要用于不锈钢及铬钼耐热钢的焊接。

（4）堆焊焊条　这类焊条的熔敷金属,在常温或高温中具有耐不同类型的磨耗或腐蚀等性能。用于金属表面层的堆焊。

（5）低温钢焊条　这类焊条的熔敷金属,在不同的低温介质条件下,具有一定的低温工作能力。用于低温钢的焊接。

（6）铸铁焊条　专用于铸铁的补焊及焊接。

（7）镍及镍合金焊条　用于镍及镍合金材料的焊接、补焊及堆焊。其中某些焊条还可用于铸铁的补焊及异种金属的焊接。

（8）铜及铜合金焊条　这类焊条用于铜及铜合金的焊接、补焊及堆焊。其中某些焊条还可用于铸铁的补焊及异种金属的焊接。

（9）铝及铝合金焊条　专用于铝及铝合金材料的焊接,以及补焊与堆焊。

（10）特殊用途焊条　种类较多,有的尚在开发中。现有的有用于水下焊接及切割的焊条,管状焊条、高硫堆焊焊条、铁锰铝焊条等。

按用途分类的焊条型号与牌号的代号,见表 2 - 12。

表 2 - 12　按用途分类的焊条型号与牌号的代号

| 焊条型号 | | | 类别 | 焊条牌号 | | |
|---|---|---|---|---|---|---|
| 国家标准 | 名　称 | 代号 | | 名　称 | 代号 | |
| | | | | | 字母 | 汉字 |
| GB/T 5117—1995 | 碳钢焊条 | E | 一 | 碳素结构钢焊条 | J | 结 |
| GB/T 5118—1995 | 低合金钢焊条 | E | 一 | 低合金结构钢焊条 | J | 结 |
| | | | 二 | 钼和铬钼耐热钢焊条 | R | 热 |
| | | | 三 | 低温钢焊条 | W | 温 |
| GB/T 983—1995 | 不锈钢焊条 | E | 四 | 不锈钢焊条 | A/G | 奥/铬 |
| GB/T 984—2001 | 堆焊焊条 | ED | 五 | 堆焊焊条 | D | 堆 |
| GB/T 10044—1988 | 铸铁焊条 | EZ | 六 | 铸铁焊条 | Z | 铸 |
| GB/T 13814—1992 | 镍及镍合金焊条 | E | 七 | 镍及镍合金焊条 | Ni | 镍 |
| GB/T 3670—1995 | 铜及铜合金焊条 | E | 八 | 铜及铜合金焊条 | T | 铜 |
| GB/T 3669—2001 | 铝及铝合金焊条 | E | 九 | 铝及铝合金焊条 | L | 铝 |
| | | | 十 | 特殊用途焊条 | TS | 特 |

2) **按熔渣的性质分**　按熔渣的性质可分为酸性和碱性焊条两类。

（1）酸性焊条　酸性焊条熔渣的成分主要是酸性氧化物（如 $SiO_2$，$TiO_2$，$Fe_2O_3$）及其他在焊接时易放出氧的物质，药皮里的造气剂为有机物，焊接时产生保护气体。由于它的药皮里有各种氧化物，所以有较强的氧化性，会使合金元素氧化，而且酸性熔渣脱氧不完全，也不能有效地清除硫、磷等有害杂质，其焊后焊缝金属的冲击韧度一般。所以，酸性焊条一般只宜用在焊接低碳钢和不太重要的钢结构中。

但此类焊条也有其长处，用它焊接可减少氢离子对熔化金属的溶入，从而减少氢气孔的产生（氢是使钢产生冷裂纹——延迟裂纹——的主要原因），这是因为氧在电弧中电离成氧的负离子与氢离子有极强的亲和力，化合成不溶于金属的氢氧根离子（OH）。所以它对铁锈不敏感（铁锈中含有 10.7% 的结晶水）。从工艺上来说也有它的优点。它可以交、直流两用,电弧稳定,焊接电流较大,可以长弧操作,焊接时烟尘较少,熔渣冷却后凝固成玻璃状的焊渣,脱渣方便,而且焊缝成型美观。目前这类焊条经改善后也可用于相应钢种较重要的结构中,如 E4303(J422),E5515 - $B_2$ - VNb(R332)等。

(2)碱性焊条　碱性焊条熔渣成分主要是碱性氧化物(如大理石含有 95% 以上的 $CaCO_3$,在分解后产生碱性氧化物 CaO),且很少有氧化性较强的氧化铁,故还原性强。在熔渣中还含有较多的铁合金作为脱氧剂和合金剂,$CaCO_2$ 分解产生的 $CO_2$ 成为保护气体。由于焊接时放出的氧少,合金元素很少氧化,焊缝金属合金化的效果较好。另外,碱性熔渣脱氧较完全,又能有效地清除焊缝中的硫。由于电弧中含氧量少,若遇焊件或焊条存在铁锈和水分,就容易出现氢气孔,为此在药皮中加入了一定量的氟石($CaF_2$),在焊接过程中与氢化合生成氟化氢(HF),从而排除了氢。氟石本身还是稀渣剂能降低熔渣的黏度。焊缝金属的抗裂性及力学性能很好。

但是氟石的存在不利于电弧的稳定,必须采用交流电源焊接。若在药皮中加入起稳定电弧作用的碳酸钾、碳酸钠等,焊条便可交、直流两用,如 E4316,E5016 焊条等。不过碱性焊条还要求短弧焊接,以避免有害杂质侵入引起气孔。焊接电流也比规格相同的酸性焊条小 10% 左右,但焊缝成形尚好,熔深较深,容易堆高。在有坡口的接头上焊接时,第一层打底焊后脱渣较困难,以后各层逐层好转。焊接时的烟层较多,焊接时要注意防护。由于碱性焊条存在多种优点,故其主要用于合金钢和重要碳钢结构的焊接。

酸、碱性焊条的分类结合药皮的分类,如图 2-15 所示。

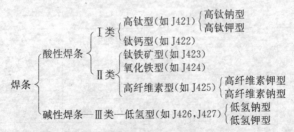

**图 2-15　酸、碱性焊条的分类**

2. 焊条型号的编制方法

焊条型号的编制,这里主要介绍碳钢焊条、低合金钢焊条及不锈钢焊条三种常用焊条的编制方法。

1) 碳钢焊条型号

根据 GB/T 5117—1995《碳钢焊条》标准中的规定,碳钢焊条型号的表示方法为:

$$E\ x_1\ x_2\ x_3\ x_4$$

其中: E——表示电焊条。

$x_1\ x_2$——表示熔敷金属抗拉强度的最小值。

$x_3$——表示焊条适用的位置,"0"和"1"表示焊条适用于全位置焊接,即平、立、横、仰焊皆可;"2"表示焊条适用于平焊及平角焊;"4"表示焊条适用于立向下焊。

$x_3\ x_4$ 的组合——表示焊条药皮类型及电流种类,见表2-13。

在 $x_4$ 后面有时附加"R"表示耐吸潮焊条;附加"M"表示耐吸潮和力学性能有特殊规定的焊条;附加"-1"表示冲击韧度有特殊规定的焊条。

表 2-13　碳钢焊条型号中 $x_3\ x_4$ 的含义

| 焊条型号 | 第三位数字代表的焊接位置 | 第三和第四位数字组合代表的 | |
|---|---|---|---|
| | | 药皮类型 | 焊接电流种类 |
| Exx00 | 各种位置<br>(平、立、横、仰) | 特殊型 | 交流或直流正、反接 |
| Exx01 | | 钛铁矿型 | |
| Exx03 | | 钛钙型 | |
| Exx10 | | 高纤维素钠型 | 直流反接 |
| Exx11 | | 高纤维素钾型 | 交流或直流反接 |
| Exx12 | 各种位置<br>(平、立、横、仰) | 高钛钠型 | 交流或直流正接 |
| Exx13 | | 高钛钾型 | 交流或直流正、反接 |
| Exx14 | | 铁粉钛型 | 交流或直流正、反接 |

**(续 表)**

| 焊条型号 | 第三位数字代表的焊接位置 | 第三和第四位数字组合代表的 | |
|---|---|---|---|
| | | 药皮类型 | 焊接电流种类 |
| Exx15 | 各种位置<br>（平、立、横、仰） | 低氢钠型 | 直流反接 |
| Exx16 | | 低氢钾型 | 交流或直流反接 |
| Exx18 | | 铁粉低氢型 | |
| Exx20 | 平角焊 | 氧化铁型 | 交流或直流正接 |
| Exx22 | 平 | | 交流或直流正、反接 |
| Exx23 | 平、平角焊 | 铁粉钛钙型 | 交流或直流正、反接 |
| Exx24 | | 铁粉钛型 | |
| Exx27 | | 铁粉氧化铁型 | 交流或直流正接 |
| Exx28 | | 铁粉低氢型 | 交流或直流反接 |
| Exx48 | 平、立、仰、立向下 | 铁粉低氢型 | 交流或直流反接 |

## 焊条型号举例

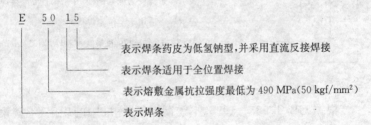

2) 低合金钢焊条型号

根据 GB/T 5118—1995《低合金钢焊条》标准中的规定，低合金钢焊条型号编制方法与碳钢焊条相同，只是在四位数字后添加了后缀字母和附加化学成分记号。其型号表示方法为：

$$E\ x_1\ x_2\ x_3\ x_4 - x_5 - x_6$$

与碳钢焊条型号表示内容的区别为：

（1）前两位数字 $x_1$ $x_2$——表示焊条系列有 50、55、60、70、75、85 六种，分别表示熔敷金属抗拉强度的最小值为 490 MPa(50 kgf/mm²)、540 MPa(55 kgf/mm²)、590 MPa(60 kgf/mm²)、690 MPa(70 kgf/mm²)、740 MPa(75 kgf/mm²)、830 MPa(85 kgf/mm²)。

（2）$x_5$——后缀字母，表示熔敷金属的化学成分分类代号。A1 表示碳钼钢焊条；B1、B2、B3、B4、B5 表示铬钼钢焊条；D1、D2、D3 表示锰钼钢焊条；G、M、M1、W 表示其他合金钢焊条。

（3）$x_6$——附加的化学元素符号，如不具有附加化学成分时，该项省略。

（4）对于 E 50x x －x、E 55x x －x、E 60x x －x 型低氢焊条的熔敷金属化学成分分类后缀字母，或附加化学成分后面加字母"R"时，表示耐吸潮焊条。

焊条型号举例

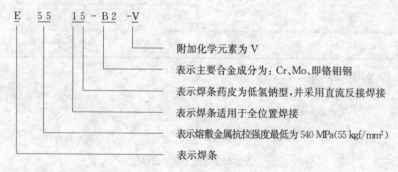

E 55 15-B2 -V

附加化学元素为 V

表示主要合金成分为：Cr、Mo、即铬钼钢

表示焊条药皮为低氢钠型，并采用直流反接焊接

表示焊条适用于全位置焊接

表示熔敷金属抗拉强度最低为 540 MPa(55 kgf/mm²)

表示焊条

3）不锈钢焊条型号

根据 GB/T 983—1995《不锈钢焊条》标准中的规定，不锈钢焊条型号的表示方法为：

$$E\ x_1\ x_2\ x_3\ x_4 － x_5\ x_6$$

其中：E——表示焊条。

$x_1$ $x_2$ $x_3$——表示熔敷金属化学成分分类代号。

$x_4$——用符号表示熔敷金属中含有一种或多种具有特殊要求的化学元素，如果没有，该项省略。

$x_5$ $x_6$——表示药皮类型、焊接位置与电流种类，见表 2-14。

**表 2-14 不锈钢型号中 $x_5$ $x_6$ 的含义**

| $x_5$ $x_6$ 代号 | 焊接电流 | 焊接位置 | 药皮类型 |
|---|---|---|---|
| 15 | 直流反接 | 全位置 | 碱性药皮 |
| 25 | | 平焊、横焊 | |
| 16 | 交流或直流反接 | 全位置 | 碱性或其他类型药皮 |
| 17 | | | |
| 26 | | 平焊、横焊 | |

在 $x_3$ 后面或 $x_4$ 后面有时附加字母 L 或 H 或 R,分别表示含碳量较低,或含碳量较高,或含硫、磷、硅量较低。

焊条型号举例

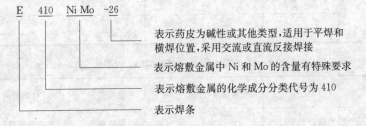

3. 焊条牌号的表示方法

焊条的牌号是我国各企业沿用多年的焊条区分用途、性能的编排方式,已为大家所熟悉,故虽然我国已参照国际标准制订了国家标准的焊条型号,但为便于适应对照使用,这里还是介绍一些常用焊条牌号的表示方法。

1) 结构钢焊条 结构钢焊条牌号采用如下方法表示。结构钢焊条不仅包括所有的碳钢焊条,同时也包括低合金钢焊条中的低合金高强度钢焊条。

$$J\ x_1\ x_2\ x_3$$

其中:J——表示结构钢焊条,也可用"结"表示。

$x_1$ $x_2$——表示熔敷金属抗拉强度的最小值,共 9 个等级,见表 2 - 15。

$x_3$——表示药皮的类型和焊接电源的种类,见表 2 - 16。

数字后面的字母符号表示焊条的特殊性能和用途,见表 2 - 17。

**表 2 - 15　结构钢焊条牌号中 $x_1$ $x_2$ 代表含义**

| 牌号 | 熔敷金属抗拉强度等级(MPa)($kgf/mm^2$) | 熔敷金属屈服强度等级(MPa) | 牌号 | 熔敷金属抗拉强度等级(MPa)($kgf/mm^2$) | 熔敷金属屈服强度等级(MPa) |
|---|---|---|---|---|---|
| J42x | 420(43) | 330 | J75x | 740(75) | 640 |
| J50x | 490(50) | 410 | J80x | 780(80) | — |
| J55x | 540(55) | 440 | J85x | 830(85) | 740 |
| J60x | 590(60) | 530 | J90x | 980(100) | — |
| J70x | 690(70) | 590 | | | |

**表 2 - 16　结构钢焊条牌号中 $x_3$ 代表含义**

| 牌号 | 药皮类型 | 焊接电源种类 | 牌号 | 药皮类型 | 焊接电源种类 |
|---|---|---|---|---|---|
| xx0 | 不属已规定类型 | 不规定 | xx4 | 氧化铁型 | 直流或交流 |
| xx1 | 氧化钛型 | 直流或交流 | xx5 | 纤维素型 | 直流或交流 |
| xx2 | 氧化钛钙型 | 直流或交流 | xx6 | 低氢钾型 | 直流或交流 |
| xx3 | 钛铁矿型 | 直流或交流 | xx7 | 低氢钠型 | 直流 |

**表 2 - 17　各字母符号的意义**

| 字母符号 | 表示的意义 | 字母符号 | 表示的意义 |
|---|---|---|---|
| D | 底层焊条 | R | 压力容器用焊条 |
| DF | 低尘焊条 | RH | 高韧性超低氢焊条 |

**（续 表）**

| 字母符号 | 表示的意义 | 字母符号 | 表示的意义 |
|---|---|---|---|
| Fe | 铁粉焊条 | SL | 渗铝钢焊条 |
| Fe13 | 铁粉焊条、焊条名义熔敷效率130% | X | 向下立焊用焊条 |
| Fe18 | 铁粉焊条，焊条名义熔敷效率180% | XG | 管子用向下立焊焊条 |
| G | 高韧性焊条 | Z | 重力焊条 |
| GM | 盖面焊条 | Z15 | 重力焊条，焊条名义熔敷效率150% |
| GR | 高韧性压力容器用焊条 | CuP | 含 Cu 和 P 的耐大气腐蚀焊条 |
| H | 超低氢焊条 | CrNi | 含 Cr 和 Ni 的耐海水腐蚀焊条 |
| LMA | 低吸潮焊条 | | |

## 焊条牌号举例

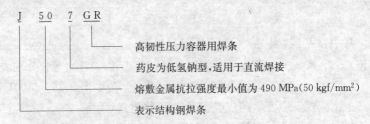

2）其他常用焊条

（1）耐热钢焊条牌号表示方法

$$R\ x_1\ x_2\ x_3$$

其中：R（或热）——表示耐热钢焊条。

　　　$x_1$——表示熔敷金属化学成分组成类型，见表 2-18。

　　　$x_2$——表示同一化学成分组成类型中的不同编号。

　　　$x_3$——表示药皮类型及电源种类。

焊条牌号类例

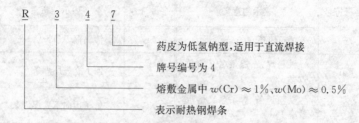

R 3 4 7

药皮为低氢钠型,适用于直流焊接

牌号编号为 4

熔敷金属中 $w(Cr) \approx 1\%$、$w(Mo) \approx 0.5\%$

表示耐热钢焊条

**表 2-18 耐热钢焊条牌号中第一位数字 $x_1$ 的含义**

| $x_1$ | $\omega(Cr)(\%)$ | $\omega(Mo)(\%)$ | $x_1$ | $\omega(Cr)(\%)$ | $\omega(Mo)(\%)$ |
|---|---|---|---|---|---|
| 1 | — | $\approx 0.5$ | 5 | $\approx 5$ | $\approx 0.5$ |
| 2 | $\approx 0.5$ | $\approx 0.5$ | 6 | $\approx 7$ | $\approx 1$ |
| 3 | $\approx 1$ | $\approx 0.5$ | 7 | $\approx 9$ | $\approx 1$ |
| 4 | $\approx 2.5$ | $\approx 1$ | 8 | $\approx 11$ | $\approx 1$ |

（2）低温钢焊条牌号表示方法

$$W \ x_1 \ x_2 \ x_3 \ x_4$$

其中：W 或"温"——表示低温钢焊条。

$x_1 \ x_2$——表示工作温度等级，有 40、70、90、100 等。分别表示工作温度等级为：$-40℃$、$-70℃$、$-90℃$、$-100℃$等。

$x_3$——表示药皮类型及电源种类。

$x_4$——元素符号，只在强调某元素作用时标明。

焊条牌号举例

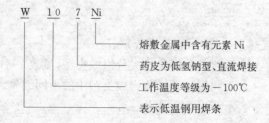

W 10 7 Ni

熔敷金属中含有元素 Ni

药皮为低氢钠型、直流焊接

工作温度等级为 $-100℃$

表示低温钢用焊条

（3）不锈钢焊条牌号表示方法

$$\Box \ x_1 \ x_2 \ x_3$$

其中：□——铬不锈钢焊条用"G"或"铬"表示。奥氏体不锈钢焊
条用"A"或"奥"表示。

x₁——表示熔敷金属主要化学成分组成等级。铬不锈钢焊
条见表 2-19，奥氏体不锈钢焊条见表 2-20。

x₂——表示同一熔敷金属主要化学成分组成等级中的不同
牌号，按 0、1、2、……9 顺序排列。

x₃——表示药皮的类型和电源的种类。

焊条牌号举例

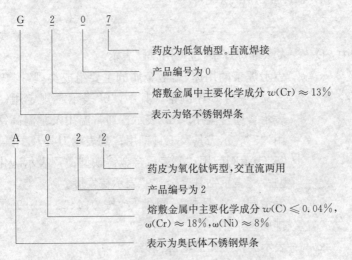

药皮为低氢钠型。直流焊接

产品编号为 0

熔敷金属中主要化学成分 $w(\mathrm{Cr}) \approx 13\%$

表示为铬不锈钢焊条

药皮为氧化钛钙型，交直流两用

产品编号为 2

熔敷金属中主要化学成分 $w(\mathrm{C}) \leqslant 0.04\%$，
$w(\mathrm{Cr}) \approx 18\%$，$w(\mathrm{Ni}) \approx 8\%$

表示为奥氏体不锈钢焊条

表 2-19　铬不锈钢焊条化学成分组成等级

| 牌　　　号 | 熔敷金属主要化学成分（质量分数，%） |
|---|---|
| 铬 2xx | Cr≈13 |
| 铬 3xx | Cr≈17 |
| 铬 4xx | Cr≈25 |

表 2 - 20　奥氏体不锈钢焊条化学成分组成等级

| 牌　号 | 熔敷金属主要化学成分（质量分数，%） | 牌　号 | 熔敷金属主要化学成分（质量分数，%） |
|--------|--------|--------|--------|
| 奥 0xx | C≤0.04 Cr≈18 Ni≈8 | 奥 5xx | Cr≈16 Ni≈25 |
| 奥 1xx | Cr≈18 Ni≈8 | 奥 6xx | Cr≈15 Ni≈35 |
| 奥 2xx | Cr≈18 Ni≈12 | 奥 7xx | Cr－Mn－N 不锈钢 |
| 奥 3xx | Cr≈25 Ni≈13 | 奥 8xx | Cr≈18 Ni≈18 |
| 奥 4xx | Cr≈25 Ni≈20 | | |

（4）堆焊焊条牌号表示方法

$$D\ x_1\ x_2\ x_3$$

其中：D——表示堆焊焊条，也可用"堆"表示。

$x_1$——表示焊条的用途，熔敷金属的主要组成类型，按 0、1、2、3、……9 顺序编排。其中，"0"表示不规定用；"1"表示普通常温用。"2"表示普通常温用及常温高锰钢用；"3"表示刀具及工具钢用；"4"表示刀具及工具用；"5"表示阀门用；"6"表示合金铸铁型；"7"表示碳化钨型；"8"表示钴基合金；"9"表示待发展。

$x_2$——表示同一牌号的不同编号，按 0、1、2、……9 顺序排列。

$x_3$——表示药皮类型的电源种类。

焊条牌号举例

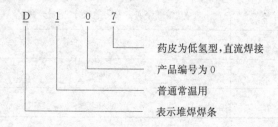

（5）铸铁焊条牌号表示方法

$$Z\ x_1\ x_2\ x_3$$

其中：Z——表示铸铁焊条，也可用"铸"来表示。

　　$x_1$——表示熔敷金属主要化学成分组成类型，见表 2-21。

　　$x_2$——表示同一熔敷金属主要化学成分组成类型中的不同编号，按 0、1、2、……9 顺序排列。

　　$x_3$——表示药皮类型和电源种类。

**表 2-21　铸铁焊条牌号编排规定**

| 牌号 | 焊缝金属主要化学成分组成类型 | 牌号 | 焊缝金属主要化学成分组成类型 |
|---|---|---|---|
| Z1xx | 碳钢或高钒钢 | Z5xx | 镍铜 |
| Z2xx | 铸铁（包括球墨铸铁） | Z6xx | 铜铁 |
| Z3xx | 纯镍 | Z7xx | 待发展 |
| Z4xx | 镍铁 | | |

**焊条牌号举例**

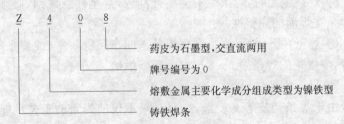

（6）有色金属焊条的牌号表示方法　如：镍（或铜、铝）及镍（或铜、铝）合金焊条分别用其元素符号字母 Ni、Cu、Al 表示

$$\square\ x_1\ x_2\ x_3$$

其中：$\square$——有色金属焊条，如 Ni（或 Cu、或 Al）。

　　$x_1$——表示熔敷金属化学成分组成类型。

　　$x_2$——表示同一熔敷金属化学成分组成类型中的不同编号。

　　$x_3$——表示药皮类型和电源种类。

焊条牌号举例

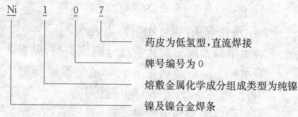

药皮为低氢型,直流焊接

牌号编号为0

熔敷金属化学成分组成类型为纯镍

镍及镍合金焊条

## (五) 焊条的保管与烘焙

### 1. 焊条的保管

1) 各类焊条必须分类、分型号(牌号)存放,避免混乱。

2) 焊条应存放在干燥而且通风良好的仓库内,室内温度不应低于5℃,相对湿度应小于60%。

3) 各类焊条储存时,必须离地300 mm以上,同时必须堆放在离开墙面300 mm以外处,防止焊条受潮变质。

4) 焊工领取烘焙过的焊条,有条件的放入保温筒内,不同型号的焊条不能混放在一起,以免造成质量事故。

5) 焊接施工时,焊条绝不能随处乱放,甚至任意踩踏,必须保证焊条在焊前的完整性。

6) 焊工在下班后,要将剩余焊条送回车间材料室(或焊条间)保管,需烘焙的焊条逾6~8 h,必须重新烘焙。

### 2. 焊条的烘焙

由于焊条药皮容易受潮,一旦受潮不仅使焊条的工艺性能变坏,而且会因水分中的氢易使焊缝产生气孔、裂纹等缺陷。尤其碱性低氢型焊条焊前必须高温烘焙。

1) 碱性低氢型焊条,焊前必须经过300~400℃烘焙1~2 h。

2) 结构钢的酸性焊条,如未受潮,一般无需烘焙,如果需要烘焙,只要对含纤维素的70~80℃烘焙0.5~1 h;对其他的可经100~150℃烘焙0.5~1 h。

3) 对铸铁焊条,酸性的一般经150℃烘焙1 h;碱性的要经300~350℃烘焙1 h。

4) 对堆焊焊条和不锈钢焊条,酸性的需经 150℃烘焙 0.5～1 h;碱性的经 250℃烘焙 1～2 h。

5) 对低温钢焊条需经 350℃烘焙 1～1.5 h。

处在烘焙温度的焊条应避免突然受冷,以免药皮裂开。故经烘干的碱性焊条最好放入另一个温度控制在 100～150℃的烘箱内或专用的焊条保温筒内,以便随用随取。

要注意的是,焊条不宜多次反复烘焙。

## 四、焊条电弧焊工具及劳动保护用品

为保证焊条电弧焊焊接过程的顺利进行,保障焊工的施工安全,以获得较高质量的焊缝,应该备有必需的工具和辅助工具。

### (一) 焊钳与焊接电缆

1. 焊钳

焊条电弧焊的焊钳是夹持焊条和传导电流的专用工具,它的构造见图 2-16。焊钳主要由上下钳、弯臂、弹簧、直柄、胶布手柄及固定销等组成。对焊钳的要求是导电性能好、不易发热,重量轻、夹持焊条要牢及夹装焊条方便等。

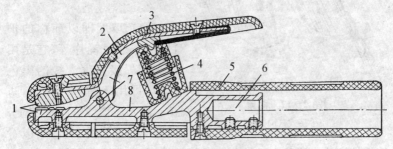

**图 2-16 焊钳的构造**

1—钳口;2—弯臂;3—弯臂罩壳;4—弹簧;5—胶布手柄;
6—焊接电缆固定处;7—固定销;8—直柄

焊钳有 300 A 及 500 A 两种,常用型号为 G-352,能安全通过 300 A 电流,连接焊接电缆的孔径为 14 mm,适用焊直径为 2～5 mm,其具体规格见表 2-22。

表2-22　G-352型焊钳的规格

| 使用电流(A) | 电缆孔径(mm) | 焊条直径(mm) | 重量(kg) | 外形尺寸(mm) |
|---|---|---|---|---|
| 300 | 14 | 2~5 | 0.5 | 250×80×40 |

2.焊接电缆

焊接电缆是构成焊接回路的重要导电工具,焊接电缆一般要求用多股紫铜软线制成,具有足够的导电截面积,以免因截面过小,不堪通过大电流而导致发热,破坏导线绝缘。因此对不同截面及长度的焊接电缆规定允许通过的电流值,即所谓导线的安全载流量。另外,导线通过电流时的电压降,对焊接电弧焊的焊接回路来说不应大于4 V。

**(二)面罩与滤光玻璃**

1.面罩

为防止焊接时的飞溅、弧光及其他辐射对焊工面部及颈部损伤的一种遮盖工具,有手持式和头盔式两种。如图2-17所示。

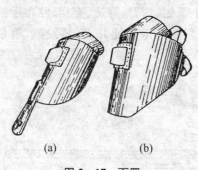

(a)　　　　(b)

图2-17　面罩

(a)手持式;(b)头盔式

2.滤光玻璃

滤光玻璃即以前称的护目玻璃、护目镜片等,它是用以遮蔽焊接有害光线的黑色玻璃,可用于焊接或切割防护。滤光玻璃镶嵌在面罩上,可以减弱弧光的强度,用以看清焊接熔池成形状态及熔渣流动情况,以保证焊缝的质量;同时可以吸收大部分由电弧发射出来的紫外线和红外线,以保护焊工的眼睛免受弧光灼伤。滤光玻璃可以根据焊接电流的大小来选择,当然也要考虑到焊工自身的适应状态,所以滤光玻璃对于在不同焊接电流的情况下,一般都设置了两个色号(深、浅色差异),以供焊工选用。参见表2-23。

表 2-23 滤光玻璃的选用

| 编 号 | 颜 色 深 浅 | 适用焊接电流(A) |
|---|---|---|
| 11～12 | 较深 | ＞350 |
| 9～10 | 中等 | 100～350 |
| 7～8 | 较浅 | ＜100 |

　　要说明的是焊工往往在焊完一根焊条,要更换焊条时,总要将面罩移开面部,在重新引弧时必须看清下一根焊条的引弧处,此时由于面罩未及时遮住脸部而发生盲目引弧的现象并不少见,使焊工的眼睛受到弧光的强烈刺激。因此现有面罩镶嵌滤光玻璃的办法尚有不足之处。为了解决这一问题,现在经科研部门研究已有多种光控面罩问世。光控面罩的工作过程是:当焊接未引弧时,面罩的光电控制系统是处在待控状态,具有光阀的滤光玻璃呈亮态,有最大的透光度,能清晰地看见焊接表面。引弧时,由于光敏件接受了光强的变化,触发了控制光阀,使滤光玻璃由亮态瞬间自动完成调光遮光。熄弧时,光阀滤光玻璃自动返回待控状态,从而焊工可以戴着面罩更换焊条、续焊及清除焊渣工作。

　　在现用的黑玻璃外面,还应加上一块无色透明的玻璃,这是为保护黑玻璃不受焊接飞溅的损坏。这种防护白玻璃在被飞溅物黏到一定的程度而影响视线,或受损开裂时,应及时更换。

**(三) 辅助工具**

　　焊工常用的辅助工具有焊条保温筒、敲渣锤(清除焊渣的尖头锤)、钢丝刷及凿子等。

**(四) 劳动保护用品**

　　为防止焊工在施焊过程中被弧光及飞溅物灼伤身体及防止触电等,焊接时应穿戴白帆布工作服和工作帽;戴上保护焊工的手和手腕不受损伤及防止触电的专用焊工手套;系上保护焊工的脚和脚腕不受损伤的护脚,以及穿上焊工专用的绝缘鞋。另外,在清除焊渣时为保护焊工的眼睛不致被飞起的焊渣损伤,必须配备平光眼镜。

其他的劳动保护措施,按特种作业人员安全技术的规定及有关的劳动保护规定实施。

## 五、焊条电弧焊操作技术

### (一) 焊接接头、坡口与焊缝的形式

1. 焊接接头的形式

焊接接头是指用焊接方法连接的接头。由于焊件的厚度、结构的形状及使用条件的不同,接头形式也不同。据 GB/T 3375—1994 标准规定接头形式有对接接头、T 形接头、角接接头、搭接接头、十字接头、端接接头、套管接头、卷边接头、锁底接头、槽焊及塞焊搭接接头等多种。

在众多的焊接接头中,最常用的有四种焊接接头的形式,即对接接头、T 形接头、角接接头、槽焊及塞焊搭接接头。如图 2-18 所示。

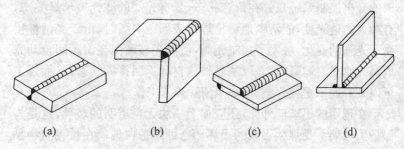

(a)       (b)       (c)       (d)

**图 2-18 焊接接头的基本形式**
(a) 对接接头;(b) 角接接头;(c) 搭接接头;(d) T 形接头

2. 坡口的形式

坡口是根据设计或工艺需要、在焊件的待焊部位加工并装配成的一定几何形状的沟槽。在焊件待焊部位开坡口的目的很简单,一是利于焊透,二是易于焊接,使焊件间能达到完美的结合和连接。有关坡口几何尺寸的名称及标注,见图 2-19。

有关焊接接头及坡口的各种形式见附录一(摘自 GB/T 3375—1994);有关焊条电弧焊、气焊及气体保护焊的焊缝坡口基本形式与尺寸,详见附录二(摘自 GB/T 985—1988)。

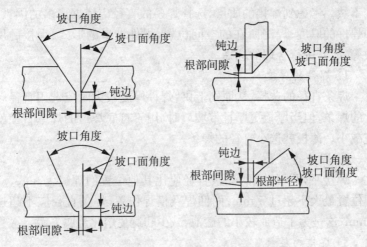

图 2‑19  坡口几何尺寸的名称及标注

3. 焊缝的形式

焊缝按不同分类方法可分为下列几种形式：

1）按焊缝在空间位置的不同可分为平焊缝、立焊缝、横焊缝及仰焊缝四种形式。

2）按焊缝结合形式不同可分为对接焊缝、角焊缝及塞焊缝三种形式。

3）按焊缝断续情况可分为连续焊缝和断续焊缝两种，断续焊缝又可分为交错式焊缝和并列式焊缝两种。断续焊缝只适用于对强度要求不高，以及不需要密闭的焊接结构。

有关焊缝符号的表示法，详见附录三（摘自 GB/T 324—1988）。

**（二）焊条电弧焊的焊接参数**

焊接参数是指在焊接时，为保证焊接质量而选定的各项参数的总称。焊条电弧焊的焊接参数主要是指焊条直径、焊接电流、电弧电压、焊接速度等。

1. 焊条直径

焊条的直径，从提高生产率的角度考虑，似乎是越大越好，其实不然。考虑到焊接的质量,选择焊条的直径应依据诸多的因素,如焊件的厚度、焊缝所在的空间位置,焊件坡口的形式、焊接的层数等,才能进行合理的选择。

1) 焊件的厚度

焊条直径的选择,从原则上讲,焊件厚度较大时应选用直径较大的焊条,但当厚板更厚且带坡口时,用于打底焊道的焊条直径就应减小。薄板就选小直径的焊条。

2) 焊缝的位置

焊接平焊焊缝用的焊条直径应比其他位置的焊缝大一些,立焊位置最大不超过 5 mm;而仰焊及横焊位置,焊条直径应不超过 4 mm,这是为了造成较小的熔池,减少和避免熔化金属下淌。

3) 焊接的层数

多层焊时,为防止焊接接头根本未焊透,其第一层焊道应采用小直径焊条焊接,以后各层可逐渐增大。但在焊接中厚钢板的低碳钢及一些普低钢的多层焊缝时,每层焊缝厚度不宜过大,否则会对焊缝金属的塑性稍有不利影响,故每层厚度最好不大于 4～5 mm。

在一般情况下,焊条直径与焊件厚度的关系的参考数据,如表 2-24 所示。

表 2-24　焊条直径选择的参考数据　　　　　　　(mm)

| 焊件厚度 | ≤1.5 | 2 | 3 | 4～5 | 6～12 | ≥13 |
|---|---|---|---|---|---|---|
| 焊条直径 | 1.5 | 2 | 3.2 | 3.2～4 | 4～5 | 5～6 |

2. 焊接电流

增大焊接电流可提高生产率,但电流过大易造成咬边、烧穿等缺陷。同时电流过大对某些金属材料来说也会因过热而发生变化;而电流过小也易造成夹渣、未焊透等缺陷,降低了焊接接头的力学性能,所以应适当地选择电流。焊接时决定电流的因素很多,如焊条类型、焊条直径、焊件厚度、接头形式、焊缝位置和层数等。但是主要的是焊条直径和焊缝位置。

1) 焊接电流与焊条直径的关系

焊条直径的选择是取决于焊件的厚度和焊缝的位置,当焊件厚度较小时,焊条直径要选小些,焊接电流也应小些,反之,则应选择较大直径的焊条。焊条直径越大,熔化焊条所需要的电弧热能也越大,电流也相应要大。焊接电流与焊条直径的关系,一般可根据下面的经验公式来选择:

$$I=Kd$$

式中　$I$——焊接电流(A);

　　　$d$——焊条直径(mm);

　　　$K$——经验系数,查表 2-25。

表 2-25　焊条直径与经验系数的关系

| 焊条直径 $d$(mm) | 1~2 | 2~4 | 4~6 |
|---|---|---|---|
| 经验系数 $K$ | 25~30 | 30~40 | 40~60 |

2) 焊接电流和焊缝位置的关系

在焊接平焊缝时,由于运条和控制熔池中的熔化金属都比较容易,因此可以选择较大的电流进行焊接。但在其他位置焊接时,为了避免熔化金属从熔池中流出,要使熔池尽可能小些,所以电流相应要比平焊时小。另外,一般在使用碱性焊条时,焊接电流要比使用酸性焊条时小一些。

在实际工作中,可以从以下几个方面来判断焊接电流是否选择得合适:

(1) 看飞溅　电流过大时,电弧吹力大,可看到较大颗粒的铁水向熔池外飞溅,焊接时爆裂声大;电流过小时,电弧吹力小,熔渣和铁水不易分清。

(2) 看焊缝成形　电流过大时,熔深大、焊缝低、两边易产生咬边;电流过小时,焊缝窄而高,且两侧与基本金属熔合不好;电流适中时,焊缝两侧与焊件金属熔合得很好。

(3) 看焊条熔化状况　电流过大时,当焊条烧了大半根时,其余部分均已发红;电流过小时,电弧燃烧不稳定,焊条容易黏在焊件上。

### 3. 电弧电压

电弧电压是由电弧长度来决定的。电弧长,电弧电压高;电弧短,电弧电压低。在焊接过程中,电弧不宜过长,否则会出现电弧燃烧不稳定,增加熔化金属的飞溅,减小熔深以及产生咬边等缺陷,而且还易使焊缝产生气孔。因此,在焊接时尽可能使用短弧。

### 4. 焊接速度

焊接速度就是焊条沿焊接方向移动的速度,它直接影响焊接生产率。所以应该在保证焊缝质量的基础上采用较大的焊条直径和焊接电流,同时根据具体情况适当加大焊接速度,以保证在获得焊缝的高低和宽窄一致的条件下,提高焊接生产率。

焊条电弧焊时的焊接参数见表 2-26。表中的数据仅供参考,焊接时应根据具体工作条件及技术熟练程度合理选用。

**表 2-26  焊条电弧焊适用的焊接参数**

| 焊缝横断面形式 | 焊件厚度或焊脚尺寸(mm) | 第一层焊缝 | | 其他各层焊缝 | | 封底焊缝 | |
|---|---|---|---|---|---|---|---|
| | | 焊条直径(mm) | 焊接电流(A) | 焊条直径(mm) | 焊接电流(A) | 焊条直径(mm) | 焊接电流(A) |
| 对接平焊缝 | | | | | | | |
| | 2 | 2 | 55~60 | — | — | 2 | 55~60 |
| | 2.5~3.5 | 3.2 | 90~120 | — | — | 3.2 | 90~120 |
| | 4~5 | 3.2 | 100~130 | — | — | 3.2 | 100~130 |
| | | 4 | 160~200 | — | — | 4 | 160~210 |
| | | 5 | 200~260 | — | — | 5 | 220~250 |
| | 5~6 | 4 | 160~210 | — | — | 3.2 | 100~130 |
| | | | | | | 4 | 180~210 |
| | ≥6 | 4 | 160~210 | 4 | 160~210 | 4 | 180~210 |
| | | | | 5 | 220~280 | 5 | 220~260 |

**(续　表)**

| 焊缝横断面形式 | 焊件厚度或焊脚尺寸(mm) | 第一层焊缝 | | 其他各层焊缝 | | 封底焊缝 | |
|---|---|---|---|---|---|---|---|
| | | 焊条直径(mm) | 焊接电流(A) | 焊条直径(mm) | 焊接电流(A) | 焊条直径(mm) | 焊接电流(A) |
| | ≥12 | 4 | 160～210 | 4 | 160～210 | — | — |
| | | | | 5 | 220～280 | — | — |
| 对接立焊缝 | | | | | | | |
| | 2 | 2 | 50～55 | — | — | 2 | 50～55 |
| | 2.5～4 | 3.2 | 80～110 | — | — | 3.2 | 80～110 |
| | 5～6 | 3.2 | 90～120 | — | — | 3.2 | 90～120 |
| | 7～10 | 3.2 | 90～120 | 4 | 120～160 | 3.2 | 90～120 |
| | | 4 | 120～160 | | | | |
| | ≥11 | 3.2 | 90～120 | 4 | 120～160 | 3.2 | 90～120 |
| | | 4 | 120～160 | 5 | 160～200 | | |
| | 12～18 | 3.2 | 90～120 | 4 | 120～160 | — | — |
| | | 4 | 120～160 | | | | |
| | ≥19 | 3.2 | 90～120 | 4 | 120～160 | — | — |
| | | 4 | 120～160 | 5 | 160～200 | | |
| 对接横焊缝 | | | | | | | |
| | 2 | 2 | 50～55 | — | — | 2 | 50～55 |
| | 2.5 | 3.2 | 80～110 | — | — | 3.2 | 80～110 |
| | 3～4 | 3.2 | 90～120 | — | — | 3.2 | 90～120 |
| | | 4 | 120～160 | — | — | 4 | 120～160 |

(续　表)

| 焊缝横断面形式 | 焊件厚度或焊脚尺寸(mm) | 第一层焊缝 | | 其他各层焊缝 | | 封底焊缝 | |
|---|---|---|---|---|---|---|---|
| | | 焊条直径(mm) | 焊接电流(A) | 焊条直径(mm) | 焊接电流(A) | 焊条直径(mm) | 焊接电流(A) |
| | 5~8 | 3.2 | 90~120 | 3.2 | 90~120 | 3.2 | 90~120 |
| | | | | 4 | 140~160 | 4 | 120~160 |
| | ≥9 | 3.2 | 90~120 | 4 | 140~160 | 3.2 | 90~120 |
| | | 4 | 140~160 | | | 4 | 120~160 |
| | 14~18 | 3.2 | 90~120 | 4 | 140~160 | — | — |
| | | 4 | 140~160 | | | | |
| | ≥19 | 4 | 140~160 | 4 | 140~160 | — | — |
| 对接仰焊缝 | | | | | | | |
| | 2 | — | — | — | — | 2 | 50~65 |
| | 2.5 | — | — | — | — | 3.2 | 80~110 |
| | 3~5 | — | — | — | — | 3.2 | 90~110 |
| | | | | | | 4 | 120~160 |
| | 5~8 | 3.2 | 90~120 | 3.2 | 90~120 | — | — |
| | | | | 4 | 140~160 | | |
| | ≥9 | 3.2 | 90~120 | 4 | 140~160 | — | — |
| | | 4 | 140~160 | | | | |
| | 12~18 | 3.2 | 90~120 | 4 | 140~160 | — | — |
| | | 4 | 140~160 | | | | |
| | ≥19 | 4 | 140~160 | 4 | 140~160 | — | — |

**(续 表)**

| 焊缝横断面形式 | 焊件厚度或焊脚尺寸(mm) | 第一层焊缝 | | 其他各层焊缝 | | 封底焊缝 | |
|---|---|---|---|---|---|---|---|
| | | 焊条直径(mm) | 焊接电流(A) | 焊条直径(mm) | 焊接电流(A) | 焊条直径(mm) | 焊接电流(A) |
| 平角焊缝 | | | | | | | |
| | 2 | 2 | 55～65 | — | — | — | — |
| | 3 | 3.2 | 100～120 | — | — | — | — |
| | 4 | 3.2 | 100～120 | — | — | — | — |
| | | 4 | 160～200 | | | | |
| | 5～6 | 4 | 160～200 | — | — | — | — |
| | | 5 | 220～280 | | | | |
| | ≥7 | 4 | 160～200 | 5 | 220～230 | — | — |
| | | 5 | 220～280 | | | | |
| | | 4 | 160～200 | 4 | 160～200 | 4 | 160～220 |
| | | | | 5 | 220～280 | | |
| 立角焊缝 | | | | | | | |
| | 2 | 2 | 50～60 | — | — | — | — |
| | 3～4 | 3.2 | 90～120 | — | — | — | — |
| | 5～8 | 3.2 | 90～120 | — | — | — | — |
| | | 4 | 120～160 | | | | |
| | 9～12 | 3.2 | 90～120 | 4 | 120～160 | — | — |
| | | 4 | 120～160 | | | | |
| | — | 3.2 | 90～120 | 4 | 120～160 | 3.2 | 90～120 |
| | | 4 | 120～160 | | | | |

(续　表)

| 焊缝横断面形式 | 焊件厚度或焊脚尺寸(mm) | 第一层焊缝 | | 其他各层焊缝 | | 封底焊缝 | |
|---|---|---|---|---|---|---|---|
| | | 焊条直径(mm) | 焊接电流(A) | 焊条直径(mm) | 焊接电流(A) | 焊条直径(mm) | 焊接电流(A) |
| 仰角焊缝 | | | | | | | |
| | 2 | 2 | 50～60 | — | — | | |
| | 3～4 | 3.2 | 90～120 | — | — | | |
| | 5～6 | 4 | 120～160 | — | — | | |
| | ≥7 | 4 | 140～160 | 4 | 140～160 | — | — |
| | — | 3.2 | 90～120 | 4 | 140～160 | 3.2 | 90～120 |
| | | 4 | 140～160 | | | 4 | 140～160 |

### (三) 焊条电弧焊熔滴过渡及其原理

焊条电弧焊熔滴过渡是形成焊缝的重要条件之一。

#### 1. 焊条电弧焊的熔滴过渡

电弧焊时,在焊条端部形成的,并向熔池过渡的液态金属称为熔滴。在电弧高温的作用下,熔化的焊条金属熔滴通过电弧空间向熔池转移的过程称为熔滴过渡。

熔滴过渡分为粗滴过渡、短路过渡和喷射过渡三种形式。

1) 粗滴过渡　粗滴过渡也称颗粒过渡。指焊条电弧焊时,焊条金属(焊芯)熔化成的熔滴呈粗大颗粒状向熔池自由过渡的形式。当焊条金属开始熔化,先附着在金属端部,因金属液体表面张力的作用,熔滴开始长大。如果此时的电弧长度相对较长,而熔滴长大到最大尺寸时还不至于与熔池接触发生短路,那时的熔滴就会在重力和电磁压缩力(见图 2 - 20)的作用下,脱离金属端部而落入熔池,形成粗滴过渡。

粗滴过渡对焊接过程中的焊接电流、电弧电压的波动会造成一定程度的影响,故希望能细滴过渡,因粗滴过渡时的飞溅也很大,使电弧不稳定。细滴过渡就是使熔滴细化,单个熔滴的质量小,过渡频率高,对焊接电流、电弧电压波动的影响也小。

熔滴过渡与焊条直径、焊接电流、极性及药皮成分等因素都有关。

2) 短路过渡　当焊条端部的熔滴与熔池短路接触,由于强烈过热和磁收缩的作用使其爆断,直接向熔池过渡的形式,就称短路过渡。这种过渡形式由于有短路过程,因此会造成焊接

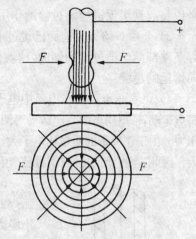

图 2-20　磁感线在熔滴上的压缩作用
F—电磁压缩力

电流和电弧电压的极大波动,电弧就在熄灭和重新点燃的过程中变化着。熔化的金属颗粒和熔渣向周围飞散的现象(飞溅)也更严重。

3) 喷射过渡　指熔滴呈细小颗粒并以喷射状态快速通过电弧空间向熔池过渡的形式。

喷射过渡的特点是熔滴细,过渡频率高,熔滴沿焊条轴向以高速向熔池过渡,飞溅小、焊接过程稳定,熔深大、焊缝成形美观。

产生喷射过渡除了要有一定电流密度外,还要有一定的电弧长度。熔滴从粗滴过渡转变为喷射过渡时的电流称为临界电流,不同的焊条直径和焊芯材料的临界电流值是不一样的。各种不同的弧焊方法也不相同。

2. 影响熔滴过渡的作用力

1) 表面张力　前面已经提到过表面张力,它是一种物理现象,液体在没有外力作用的情况下,液体的表面张力会使其表面积趋向减小,缩成球形,因此焊条金属熔化后,在表面张力的作用下会形成球滴状悬挂在焊条末端,当其他作用力超过表面张力时,便促使熔滴过渡到熔池中去。

2) 熔滴重力　由于熔滴重力有使其下垂的倾向,因而对平焊

来说是起到了促进熔滴过渡的作用。

3）电磁压缩力　前面已说过电磁压缩力有促使熔滴很快脱离焊条端部向熔池过渡的倾向,这就保证了在任何位置焊接时,熔滴向熔池的过渡。

4）斑点压力　指在电弧中电子向阳极斑点运动,正离子向阴极斑点运动,带电质点的高速运动对两极表面斑点的撞击对斑点产生的压力。由于正离子的质量比电子大,所以正离子流的压力要比电子流大。因此,当直流反接时,就容易产生细滴过渡,正接时则不容易。

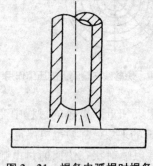

**图 2-21　焊条电弧焊时焊条
末端形成的套管**

5）电弧气体的吹力　在焊条电弧焊时,在焊条药皮的末端会形成一小段尚未熔化的"喇叭"形套管,如图2-21所示。套管内有大量的由药皮造气剂分解产生的气体,这些气体由于受到高温,体积急剧膨胀,便顺着未熔化套管的方向,以挺直而稳定的气流冲出,把熔滴吹送到熔池中去。因此,这种气流对熔滴过渡是极为有利的,无论焊缝的空间位置如何都一样。

不同的弧焊方法,在熔滴过渡时基本上是受到上述几种力的作用。但也有像等离子弧焊时,在熔滴过渡时还受到等离子流力等。

**（四）焊条电弧焊的引弧与运条方法**

1. 引弧的方法

1）划擦法　动作似划火柴,先将焊条末端对准焊缝,然后将手腕扭转一下,使焊条在焊件表面上轻微划擦一下（划擦长度为 20 mm 左右,并应落在焊缝范围内）,然后手腕扭平,并将焊条提起 3～4 mm 左右,电弧引燃后应立即使弧长保持在与所用焊条直径相适应的范围内。

2）直击法　先将焊条末端对准焊缝,然后将手腕放下,轻轻碰一下焊件,随后即将焊条提起 3～4 mm,产生电弧后迅速将手腕放平,使弧长也保持在与所用焊条的直径相适应的范围内。

对初学者来说,划擦法易于掌握,但掌握不当时,容易损坏焊件表面,特别是在狭窄的地方焊接或焊件表面不允许损伤时,就不如直击法好。引弧时手腕的动作必须灵活、准确,要避免出现电弧瞬间燃烧就熄灭或焊条与焊件短路黏在一起的现象,并注意防止弧光刺伤眼睛。

在使用碱性焊条时,一般采用划擦法,这是由于用直击法引弧易产生气孔。焊接时,引弧点应选在离焊缝起点 8～10 mm 的焊缝上,待电弧引燃后,再引向焊缝起点进行施焊,这样可以避免在焊缝起点产生气孔,并因再次熔化引弧点而将已产生的气孔消除。

引弧时,如果发生焊条黏住焊件,这时不要慌乱,只要将焊条左右摆动几下,就可以脱离焊件。这时如果焊条还不能脱离焊件,就应该即使焊钳脱离焊条,待焊条冷却后,用戴着焊工专用手套的手将焊条扳下,以免烫伤。图 2-22、图 2-23 分别为划擦法、直击法引弧的示意图。

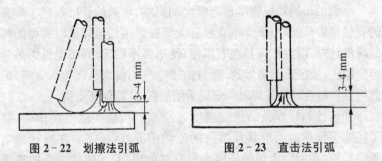

图 2-22　划擦法引弧　　　　图 2-23　直击法引弧

为了要熟练掌握引弧的技巧,初学者必须要在实践中勤于练习,直至在引弧时不出现断弧和黏住焊条的现象。一般熟练的焊工,可以在第一根焊条焊完后熔池已凝固,但还显暗红色的状态下,立即接上第二根焊条,便能即刻引燃电弧。

2. 运条的方法

当电弧引燃后,焊条要有三个基本方向的运动才能使焊缝成形良好。这三个方向的运动是:朝着熔池方向作逐渐送进动作;作横向摆动;沿着焊接方向逐渐移动,如图 2-24 中 1、2、3 所示的方向。

焊条朝着熔池方向作逐渐送进,主要是用来维持所要求的电弧长度。为了达到这个目的,焊条送进的速度应该与焊条熔化的

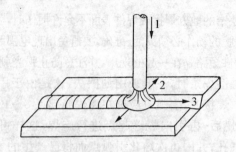

**图 2 - 24 焊条的三个基本运动方向**
1—焊条送进；2—焊条摆动；3—焊条沿焊接方向移动

速度相适应。如果焊条送进速度比焊条熔化的速度慢，则电弧的长度增加；如果焊条送进速度太快，则电弧长度迅速缩短，使焊条与焊件接触，造成短路。

电弧的长短对焊缝质量有极大的影响，电弧的长度超过了焊条的直径称为长弧，小于焊条直径称为短弧。用长弧焊接时所得的焊缝质量较差，因为长弧易左右飘摆，使电弧不稳定，同时电弧的热量容易散失，使接头不易熔透，而且由于空气的侵入易产生气孔等，因此特别在碱性焊条施焊时一定要采用短弧，才能保证质量。

如何控制好焊条的送进速度，经验表明，在实际的操作中，除了需要关注熔池的形状及熔渣的流动情况外，还需要注意观察电弧的长短，控制住电弧的长短。只有熟能生巧，才能使焊条的送进速度与焊条的熔化速度相适应。

焊条的横向摆动，主要是为了获得一定宽度的焊缝。焊条摆动的范围与焊缝所要求的宽度、焊条直径有关。摆动的范围越宽，得到的焊缝宽度也就越大。

焊条沿焊接方向逐渐移动，焊条移动速度，对焊缝的质量也有很大的影响。焊条移动速度太快，电弧来不及熔化足够的焊条和母材，造成焊缝断面太小及形成未熔合等缺陷。如移动速度太慢，则熔化金属堆积过多，加大了焊缝的断面，降低了焊缝强度；此外焊条移动速度慢，金属加热温度过高，还会使焊缝金属组织发生变化，在焊较薄的焊件时容易造成烧穿现象。所以焊条沿着焊接方向移动的速度,应根据电流大小、焊条直径、焊件厚度、装配间隙以及焊缝位置来适当掌握。

在焊接生产实践中,根据不同的焊缝位置,不同的接头形式,以及考虑焊条直径、焊接电流、焊件厚度等各种因素,可采用不同的摆动手法。下面介绍几种常用的运条方法及适用范围。

1) 直线形运条法　直线形运条法在焊接时,保持一定的弧长,并沿着焊接方向作不摆动的前移,如图 2 - 24 中"3"箭头所示。这种运条法,电弧比较稳定,能获得较大的熔池深度。但限于不作横向摆动,其焊缝宽度一般不超过焊条直径的 1.5 倍。所以,直线形运条法适用于板厚为 3~5 mm 的 I 形坡口的对接平焊,以及多层焊的第一层焊道和多层多道焊。

2) 直线往返形运条法　如图 2 - 25 所示,焊条末端沿焊缝的纵向作来回直线形摆动。这种运条方法的特点是焊接速度快、焊缝窄、散热也快,所以适用于薄板焊接和接头间隙较大的焊缝。

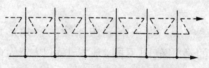

**图 2 - 25　直线往返形运条法**

3) 锯齿形运条法　如图 2 - 26 所示,将焊条末端作锯齿形连续摆动而向前移动,并在两边稍停片刻,停留时间视操作时的实际情况而定,以防止产生咬边。焊条摆动的目的主要是控制焊缝熔化金属的流动和得到必要的焊缝宽度,以获得较好的焊缝成形。由于这种方法容易操作,所以在实际生产中应用较广,多用于较厚钢板的焊接,其具体应用范围是:平焊、立焊、仰焊的对接接头和立焊的角接接头。

**图 2 - 26　锯齿形运条法**

4) 月牙形运条法　在生产上应用也比较广泛,这种运条如图 2-27 所示,将焊条末端沿着焊接方向作月牙形的左右摆动,摆动 的速度要根据焊缝的位置、接头形式、焊缝宽度和焊接电流来决 定。同时,还应注意焊条在两边的适当位置作片刻停留,这样做既 是为了防止焊缝边缘未熔合,也防止产生咬边的现象出现。

图 2-27　月牙形运条法

月牙形运条法的适用范围与锯齿形运条法基本相同,不过用 此法所焊的焊缝余高较高。月牙形运条法的优点是使金属熔化良 好,有较长的保温时间,容易使在熔池中的气体析出,以及使熔渣 浮至焊缝表面,避免产生气孔及可能的夹渣,对提高焊缝质量有 好处。

5) 三角形运条法　焊条末端作连续的三角形运动,并不断向 前移动,根据它的适用范围不同,基本上可以分为两种形式,如图 2-28 所示。

图 2-28(a)所示的斜三角形运条法适用于焊接 T 形接头的仰 焊缝和有坡口的横焊缝。它的优点是能够借焊条的摆动来控制熔 化金属,促使焊缝成形良好。

图 2-28(b)所示的正三角形运条法,只适用于开坡口的对接 接头和 T 形接头的立焊。它的特点是一次能焊出较厚的焊缝断 面,焊缝不易产生夹渣等缺陷,有利于提高生产率。

(a)　　　　　　　　　　　　　　(b)

图 2-28　三角形运条法

(a) 斜三角形运条法;(b) 正三角形运条法

上述两种运条方法在实际应用时，应根据焊缝的具体情况而定，不过立焊时，在三角形折角处要稍作停留，斜三角形转角部分的运条速度要慢些，如果对这些动作掌握得协调一致，就能得到成形良好的焊缝。

6）圆圈形运条法　如图 2-29 所示，焊条末端连续作圆圈形运动，并不断前移。

(a)　　　　　　　　　　　　　　(b)

**图 2-29　圆圈形运条法**

(a) 正圆圈形运条法；(b) 斜圆圈形运条法

图 2-29(a)所示为正圆圈形运条法，只适用于焊接较厚焊件的平焊缝。它的优点是能使熔化金属有足够高的温度，促使溶解在熔池中的氧、氮等气体有机会析出，同时便于熔渣上浮。

图 2-29(b)所示为斜圆圈形运条法，适用于平、仰位置的 T 形接头焊缝及对接接头的横焊缝。它的特点是有利于控制熔化金属不受重力的影响而出现下淌的现象，有助于焊缝成形。

此外还有如图 2-30 所示的几种运条法，它们的特点是能保证焊边缘得到充分的加热，使之熔化均匀，保证熔透。这些方法适用于开坡口的厚板对接接头。

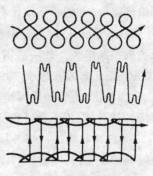

**图 2-30　增加边缘停留时间的运条法**

以上介绍的几种运条法仅是几种最基本的方法，在实际生产中，同一接头形式的焊缝，焊工们根据自己的习惯及经验，会有各不相同的运条方法。但是根本的经验是一条，那就是在施焊过程中，能牢牢控制住焊接熔池的状态及熔池与焊缝边缘的结合状况。一些技艺精湛的焊工还能控制住熔池表面的形状和大小,即使在横焊、立焊,甚至是仰焊,都能焊出具有形状、大小、厚薄一致,层次分明的"鱼鳞片"极其美观的焊缝来。

### (五) 焊缝的起头、收尾与连接

在焊接过程中,焊缝的起头、收尾及连接关系到焊缝的质量,也关系到在盖面焊后焊缝的外表美观。

#### 1. 焊缝的起头

焊缝的起头就是指刚开始焊接的部分,在一般情况下这部分焊缝略高些,这是因为焊件在未焊之前温度较低,而引弧后又不能迅速使这部分金属温度升高,所以起点部分的熔透程度较浅。为了减少这种现象的产生,应该在引弧后先将电弧稍微拉长,对焊缝端头进行必要的预热,然后适当缩短电弧长度进行正常的焊接。

#### 2. 焊缝的收尾

在一条焊缝焊完时,应把收尾处的弧坑填满,如果收尾时立即拉断电弧,则会形成低于焊件表面的弧坑。过深的弧坑使焊缝收尾处强度减弱,并容易造成应力集中而产生裂纹。因此在焊缝收尾时不允许有较深的弧坑存在。焊缝的收尾动作不仅是熄弧,还要填满弧坑,一般收尾动作有以下几种:

1) 划圈收尾法 焊条移至焊缝终点时,作圆圈运动,直到填满弧坑再拉断电弧。此法适用于厚板收尾。

2) 反复断弧收尾法 焊条移至焊缝终点时,在弧坑处反复熄弧、引弧数次,直到填满弧坑为止。此法一般适用于薄板和大电流焊接,但碱性焊条不宜使用此法,因为容易产生气孔。

3) 回焊收尾法 焊条移至焊缝收尾处即停住,并且改变焊条角度回焊一小段。此法适用于碱性焊条。

#### 3. 焊缝的连接

焊条电弧焊时,由于受焊条长度的限制,不可能一根焊条焊完一条焊缝,因而出现了焊缝的接头问题。如何使后焊的焊缝和先焊的焊缝均匀连接,避免产生接头过高、脱节和宽窄不一致的缺陷,这就要求焊工在前后衔接时选择恰当的连接方式。

焊缝的连接一般有四种情况,如图 2-31 所示。

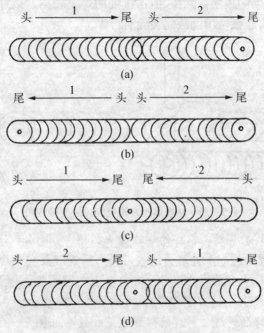

**图 2-31 焊缝的连接方式**

1—前焊的焊缝;2—后焊的连接焊缝

1) 后焊的焊缝与前焊的焊缝头尾相接 焊接顺序与焊接方向一致,如图 2-31(a)所示。

这是使用得最多的一种连接方式。具体方法如图 2-32 所示,在弧坑前约 10 mm 处引弧,电弧可稍长些(低氢型碱性焊条除外),然后将电弧后移到原弧坑的 2/3 处,如图中(a)带箭头线条所示填满弧坑后,即可向焊接方向移动。这种连接方式要注意的是电弧后移量不能过大,否则会造成焊缝接头过高;也不能过小而造成接头脱节。这种连接方式常用于单层焊及多层焊的表层焊缝。在多层焊的根部焊接时,也可采用这种连接方式。如图中(b)所示,当电弧引燃后,为了保证根部接头处焊透,先将电弧后移到 1 处,使坡口的钝边部分焊透并形成新的熔池,再续焊即可。如果原弧坑存有缺陷时,电弧引燃后应移到图(b)的2处,使整个弧坑重新熔化,将弧坑中的缺陷消除掉,但连接处的焊缝较高。最好的办法是用凿子先将原弧坑中的缺陷去除后再焊。

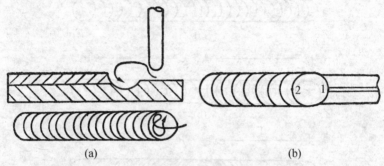

(a)                          (b)

**图 2-32  从前焊缝末尾处起焊的连接方式**

2)后焊的焊缝与前焊的焊缝头头相接  如图 2-31(b)所示,要求在前焊缝的起头处略为低些,这样,后焊缝要在前焊缝起头的略前处引弧,并稍微拉长电弧,将电弧引向起头处,并覆盖前焊缝的端头处,待起头处焊缝焊平台,再向焊接方向移动。

3)后焊的焊缝与前焊的焊缝尾尾相接  如图 2-31(c)所示,当后焊缝焊到前焊缝的收尾处时,焊接速度应略慢些,以填满前焊缝的弧坑,然后以较快的焊接速度再略向前焊一些熄弧。

4)后焊的焊缝与前焊的焊缝头尾相接  如图 2-31(d)所示,焊接顺序与焊接方向不一致。连接方法与图 2-31(c)的情况基本相同,只是前焊缝的起头处与图 2-31(b)的情况一样,应略为低些。

**(六)各种空间位置焊接的操作技术**

1. 焊接的工作位置

焊接时,焊件接缝所处工作位置,根据 GB/T 16672—1996 规定,是以与平行于车间地面的水平基准面之间的相对位置而定的。焊接的主要位置可分为平焊位置、平角焊位置、横焊位置、仰焊位置、仰角焊位置、向上立焊位置、向下立焊位置等,如图 2-33 所示。

对接焊缝及角焊缝主要位置的示例见图 2-34。

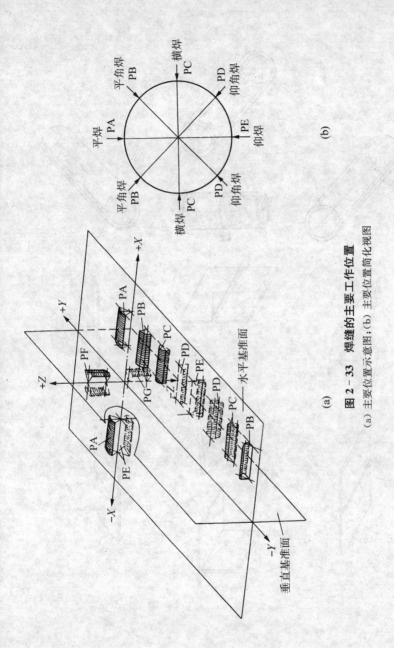

(a)

(b)

**图 2 - 33 焊缝的主要工作位置**

(a) 主要位置示意图;(b) 主要位置简化视图

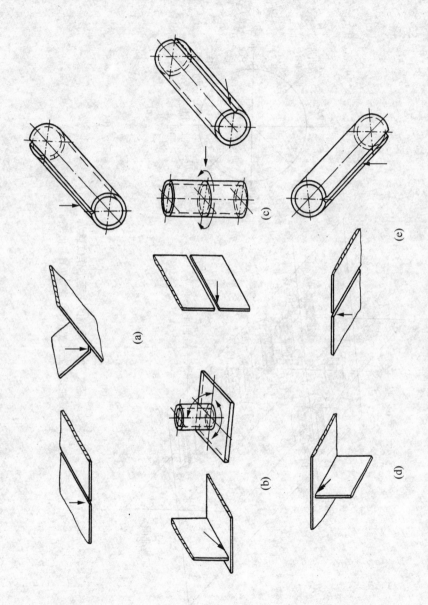

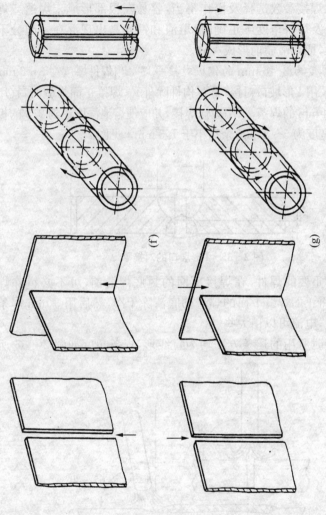

图 2 - 34  对接焊缝及角接焊缝主要位置示例

(a) PA 平焊位置；(b) PB 平角焊位置；(c) PC 横焊位置；(d) PD 仰角焊位置；(e) PE 仰焊位置；
(f) PF 向上立焊位置；(g) PG 向下立焊位置

2. 平焊位置的焊接

平焊时,由于焊缝处在水平位置,熔滴主要靠自重自然过渡,所以操作比较容易,允许用较大直径的焊条和较大的电流,生产率高。如果焊接参数选择及操作不当,容易在根部形成未焊透或焊瘤。运条及焊条角度不正确时,熔渣和铁水易出现混在一起分不清的现象,或熔渣超前形成夹渣。

1) 厚度为 3~6 mm 的钢板对接平焊  当焊件厚度在 3~6 mm时,一般采用 I 形坡口对接(重要构件除外)。焊接正面焊缝时,宜用直径 3~4 mm 的焊条,采用短弧焊接,并应使熔池深度达到 2/3 的板厚,焊缝宽度为 5~8 mm,余高小于 1.5 mm。见图 2-35。

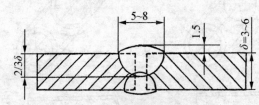

图 2-35  I 形坡口的对接平焊

对不重要的焊件,在焊接反面的封底焊缝前,可不必铲除焊根,但应将正面焊缝下面的焊渣彻底清除干净,然后用 3 mm 焊条进行焊接,电流可以稍大些。

焊接时所用的运条方法均为直线形,焊条角度如图 2-36 所

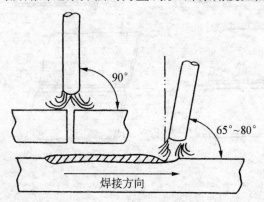

图 2-36  对接平焊的焊条角度

示。在焊接正面焊缝时,运条速度应慢些,以获得较大的熔深和宽度。焊反面封底焊缝时,则运条速度要稍快些,以获得较小的焊缝宽度。

运条时,若发现熔渣和铁水混合不清,即可把电弧稍微拉长一些,同时将焊条向前倾斜,并作往熔池后面推送熔渣的动作,随着这个动作,熔渣就被推送到熔池后面去了,见图2-37。

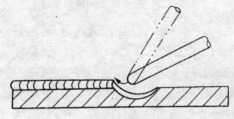

图2-37　焊接过程中推送熔渣的方法

2)厚度大于6 mm的钢板对接平焊　当焊件厚度等于或大于6 mm时,因为电弧的热量很难使焊缝的根部焊透,所以应开带钝边的V形或X形坡口。这种形式的平焊,可采用多层焊法或多层多道焊法,如图2-38所示。

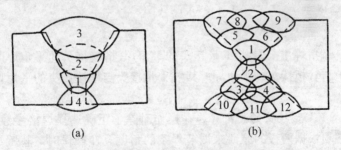

图2-38　(带钝边)V形及X形坡口的对接平焊

(a) V形坡口的对接多层焊;(b) X形坡口的对接多层多道焊

多层焊时,对第一层的打底焊道应选用直径较小的焊条,运条方法应以间隙大小而定,当间隙小时可用直线形,间隙较大时则采用直线往返形,以免烧穿。当间隙很大而无法一次焊成时,就采用三点焊法(图2-39)。先将坡口两侧各焊上一道焊缝(如图2-39

中1、2),使间隙变小,然后再进行图中焊缝3的敷焊,从而形成由焊缝1、2、3共同组成的一个整体焊缝。

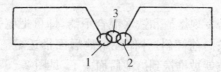

图 2-39　三点焊法的施焊顺序

在焊第二层时,先将第一层焊渣清除干净,随后用直径较大的焊条和较大的焊接电流进行焊接。用直线形、幅度较小的月牙形或锯齿形运条法,并应采用短弧焊接。以后各层焊接,均可采用月牙形或锯齿形运条法,不过其摆动幅度应随焊接层数的增加而逐渐加宽。焊条摆动时,必须在坡口两边稍作停留,否则容易产生边缘未熔合及夹渣等缺陷。为了保证质量和防止变形,应使层与层之间的焊接方向相反,焊缝接头也应相互错开。

多层多道焊的焊接方法基本上与多层焊相似,所不同的是因为一道焊缝不能达到所要求的宽度,而必须由数条窄焊道并列组成,以达到较大的焊缝宽度,见图2-38(b)。焊接时宜采用直线形运条法。

3. 平角焊位置的焊接

平角焊主要是指T形接头的平角焊、搭接接头的平角焊以及管子与管板接头的平角焊。其中T形接头与搭接接头的平角焊相类似。

1) T形接头的平角焊　在操作时除了正确选择焊接参数外,还必须根据两板的厚薄来调节焊条的角度。在操作时,电弧要偏向厚板的一边,使焊接处两板的受热均匀。常用的焊条角度如图2-40所示。

(1) 单层焊　焊脚尺寸小于8 mm的焊缝,通常用单层焊(一层一道焊缝)来完成,焊条直径根据钢板厚度不同在3~5 mm范围内选择。

焊脚尺寸小于5 mm的焊缝,可采用直线形运条法和短弧进行

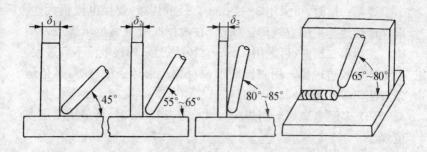

**图 2-40　T 形接头平角焊时的焊条角度**

$\delta_1 > \delta_2 > \delta_3$

焊接,将焊条端头的套管边缘靠在焊缝上,并轻轻地压住它,借焊条的熔化逐渐沿着焊接方向移动,焊接速度要保持均匀,焊条角度与水平板成 45°,与焊接方向成 65°~80°的夹角。

　　焊脚尺寸在 5~8 mm 时,可采用斜圆圈形或反锯齿形运条法进行焊接。正确的运条方法按图 2-41 所示,在图中 $a$ 至 $b$ 点运条速度要慢点,以保证熔化金属与水平板很好熔合;$b$ 至 $c$ 点的运条速度要稍快些,以防止熔化金属

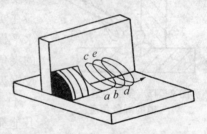

**图 2-41　T 形接头平角焊的斜圆圈形运条法**

下淌,但运条到 $c$ 点要稍作停留,以保证熔化金属与垂直板很好熔合,并且还能避免咬边现象;$c$ 至 $b$ 的运条速度又要慢些,才能避免夹渣现象及保证根部焊透;$b$ 至 $d$ 的运条速度与 $a$ 至 $b$ 一样又要稍慢些;同样,$d$ 至 $e$ 与 $b$ 至 $e$ 一样,在 $e$ 点要稍作停留。整个运条过程就是不断地重复上述过程。同时在整个过程中,都应采用短弧焊接。操作时还应注意焊缝的宽窄一致,高低平整,避免咬边、夹渣等缺陷。

　　(2) 多层焊　焊脚尺寸在 8~10 mm 时,可采用两层两道的焊法。

焊第一层时,可采用3~4 mm直径的焊条,焊接电流稍大些,以保证熔透。采用直线形运条法,在收尾时应把弧坑填满或略高些。在焊第二层时,可采用4 mm直径的焊条,焊接电流不宜过大,以免产生咬边现象。用斜圆圈形或反锯齿形运条法施焊,具体运条方法与单层焊相同。

(3) 多层多道焊　当焊脚尺寸大于10 mm时,可采用多层多道焊。

焊脚尺寸在10~12 mm时,一般用两层三道来完成。焊第一层(第一道)时,可采用较小直径的焊条及较大焊接电流,用直线形运条法,收尾与多层焊的第一层相同。

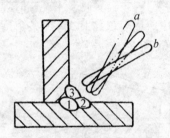

图2-42　多层多道焊各焊道的焊条角度

焊第二道焊缝时,应覆盖不小于第一层焊缝的2/3,焊条与水平板的角度要稍大些(如图2-42中2),一般在45°~55°之间,以使熔化金属与水平板很好熔合。焊条与焊接方向的夹角仍为65°~80°,用斜圆圈形或反锯齿形运条,运条速度除了在图2-41中的$c$、$e$点上不需停留之外,其他都一样。

焊接第三道焊缝时,应覆盖第二道焊缝的1/3~1/2。焊条与水平板的角度为40°~45°(如图2-42中3),因为角度太大易产生焊角偏斜的现象。一般采用直线形运条法,焊接速度要均匀,不宜太慢。

在实际生产中,如果焊件能翻动时,应尽可能把焊件放成船形位置进行焊接,如图2-43所示。这样能大大提高生产率,且焊缝成形美观。运条采用月牙形或锯齿形运条法。焊接第一层采用小直径焊条及稍大焊接电流,其他各层与开坡口平对接焊相似。

如果焊接焊脚尺寸大于12 mm以上的焊件时,可采用三层六道、四层十道来完成、焊脚尺寸越大,焊接层数、道数就越多,如图2-44所示。

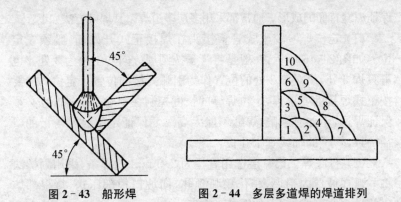

图 2-43 船形焊          图 2-44 多层多道焊的焊道排列

2）管子管板接头的平角焊　按接头形式可分为插入式和骑坐式管板接头两类，如图 2-45 所示。

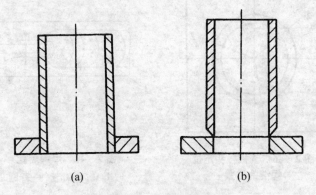

(a)                    (b)

图 2-45 管子管板接头

(a) 插入式管板接头；(b) 骑坐式管板接头

这两类管板接头实质上可视为 T 形接头的特殊状态，其操作要领与 T 形接头的平角焊相似，其不同点是管板接头在管子的圆周部位，因此在焊接时要不断地转动手臂和手腕的位置，才能防止管子产生咬边和焊脚不对称的情况。

插入式管板接头的焊接，首先要保证根部有一定熔深，外表焊脚尺寸一致，无缺陷。一般可采用单层单道焊。

骑坐式管板接头的焊接，除了保证焊缝外观成形符合要求外，还要保证焊缝背面的成形。通常都采用多层多道焊。其焊接方法如下：

（1）定位焊　骑坐式管板接头在焊接正式开始前，必须先定位。如图 2-46 所示，一般是将管子按圆周方向均匀分为 3 处。也可只焊 2 处，而在第 3 处的位置作为引弧开始的位置。定位焊缝要按正式焊接的要求焊，定位焊缝的长度控制在 10 mm 左右，且必须保证焊透，不能有缺陷，焊缝不能太高。要保证定位时管与板的口径一致，管子的轴线垂于孔板。

（2）打底焊　第一层选用直径为 2.5 mm 的焊条，采用划擦法将电弧在坡口内引燃，稍作稳弧预热，向坡口根部压送，待根部熔化并被击穿形成熔孔，如图 2-47 所示。

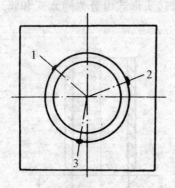

图 2-46　管板接头定位
焊缝的位置

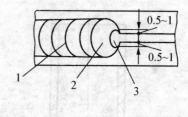

图 2-47　焊缝熔孔
1—熔孔；2—熔池；3—焊缝

熔孔形成后，稍提起焊条，保持短弧，并作小幅度横向摆动，并略作停留，连弧施焊，焊条角度如图 2-48 所示。

焊接过程中应灵活转动手臂和手腕，保持匀速运动，焊接电弧的 1/3 在熔孔处，2/3 覆盖在熔池上。

焊缝中间接头在更换焊条前，电弧回拉并熄弧，使弧坑处呈斜坡状。在距缓坡底 10～15 mm 处引弧，电弧移至弧坑前沿，重新形成熔孔后，再继续焊接。封闭接头，应采用冷接法接头。

（3）填充焊　选用直径为 3.2 mm 的焊条。在焊第二层前，将打底焊道上的局部凸起处打磨平整。焊接时坡口两侧要熔合良好,保证孔板侧和管子侧加热均衡,填充层焊缝要平整,不能凸起过高,也不能过宽。其焊条角度如图 2-49 所示。

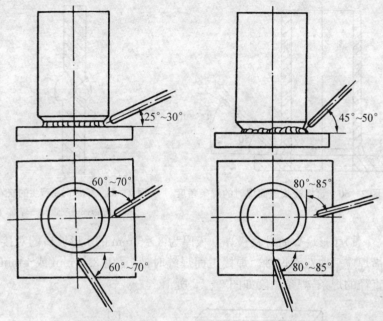

图 2-48  管板接头打底焊时的焊条角度        图 2-49  管板接头填充焊时的焊条角度

（4）盖面焊  盖面焊可采用两条焊道,先焊下面焊道,第二条焊道应覆盖第一条焊道上面的 1/2 或 2/3。必要时,还可以在上面用直径为 2.5 mm 的焊条再加焊一圈。盖面焊时的焊条角度如图 2-50 所示。盖面焊焊脚应对称并符合要求,避免在管子一侧发生咬边,焊道不要出现凹槽或凸起。

如果焊脚尺寸要求大于 6 mm 以上的焊件,焊接时可增加焊接层数,道数也作相应调整。

4. 横焊位置的焊接

横焊时,由于熔化金属受重力的作用,容易下淌而产生咬边、焊瘤及未焊透等缺陷（图 2-51）。因此,应采用短弧、较小直径的焊条,以及适当的焊接电流和运条方法。由于熔滴过渡时力的作用,横焊还是有利于焊缝成形的。

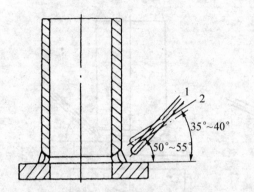 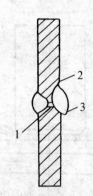

**图 2-50  管板接头盖面焊时的焊条角度**　　**图 2-51  横焊时易产生的缺陷**
1—未焊透;2—咬边;3—焊瘤

1)Ⅰ形坡口的对接横焊　板厚为 3~5 mm 的Ⅰ形坡口的对接横焊应采取双面焊接。焊接正面焊缝时,宜采用 3.2 mm 或 4 mm 直径的焊条,焊条角度如图 2-52 所示。

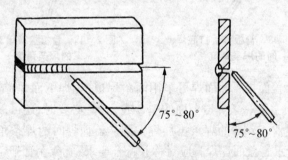

**图 2-52  Ⅰ形坡口对接横焊的焊条角度**

较薄焊件采用直线往返形运条法焊接,可以利用焊条向前移动的机会使熔池得到冷却,以防止熔滴下淌及产生烧穿等缺陷。

较厚焊件,可采用直线形(电弧尽量短)或斜圆圈形运条法。焊接速度应稍快些,而且要均匀,避免熔滴过多地熔化在某一点上而形成焊瘤和造成焊缝上部咬边而影响焊缝成形。

封底焊的焊条直径一般为 3.2 mm,焊接电流可稍大些,采用直线形运条法。

2)V 形或双单边 V 形坡口的对接横焊 横焊时,V 形坡口下板坡口面角度小于上板坡口面的角度,这样有利于焊缝成形,见图 2-53(a);同样,单边 V 形及双边 V 形坡口,如图 2-53(b、c)的下板为 I 形坡口,也是有利于焊缝成形的。

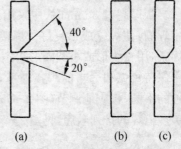

**图 2-53 对接横焊的接头坡口形式**

(a) V 形;(b) 单边 V 形;(c) 双单边 V 形

上述两种对接横焊的坡口形式,可采用多层焊,如图 2-54(a)所示。焊第一层时,焊条直径一般为 3.2 mm。间隙较小时,用直线形短弧焊接;间隙较大时,可用直线往返形运条法焊接。第二层焊缝用 3.2 mm 或 4 mm 直径的焊条,采用斜圆圈形运条法焊接,如图 2-54(b)所示。

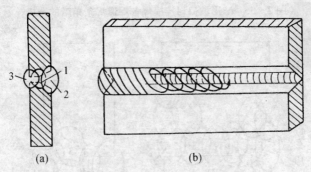

**图 2-54 V 形坡口对接横焊**

(a) 多层焊顺序;(b) 运条方法

在焊接过程中,应保持较短的电弧和均匀的焊接速度。为防止焊缝上部边缘产生咬边和下部熔化金属下淌每个斜圆圈形与焊缝中心的斜度不大于 45°。当焊条末端运动到斜圆圈形上面时,电弧应更短些,并稍作停留,使较多量的熔化金属过渡到焊缝上去,然后慢慢地将电弧引到熔池下边,即原先电弧停留点的旁边,这样往复循环的运条,才能有效地避免各种缺陷的产生,以获得成形良好的焊缝。

当板厚超过 8 mm 时,应采用多层多道焊,这样能更好地防止产生焊瘤,使焊缝成形良好。焊接时,选用 3.2 mm 或 4 mm 直径的焊条,用直线形或小圆圈形运条法,并根据各道焊缝的具体情况始终保持短弧和适当的焊接速度,焊条角度也应根据各层和各道位置的不同,相应地调节(图 2-55)。双单边 V 形坡口对接横焊时多层多道焊的排列顺序,见图 2-56。

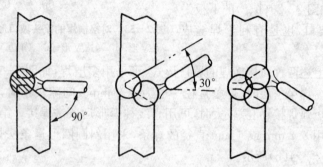

图 2-55　V 形坡口对接横焊各焊道焊条角度的选择

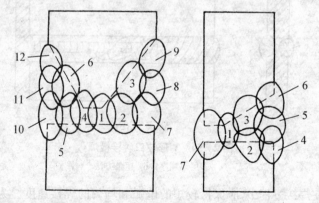

图 2-56　双单边 V 形坡口对接横焊时多层多道焊的排列顺序

5. 立焊位置的焊接

立焊有两种方式,一种是由下向上施焊,即向上立焊,是目前生产中常用的方法。另一种是由上向下施焊,即向下立焊。这里介绍的是向上立焊。

立焊时,由于熔化金属受重力的作用容易下淌,造成焊缝成形困难。为解决这一问题,在施焊时可采取以下措施:

(1) 在对接立焊时,焊条与焊件的角度左右方向各为 90°,向下与焊缝成 60°～80°,而角接立焊时,焊条与两板之间各为 45°,而与焊缝成 60°～90°,如图 2-57 所示。

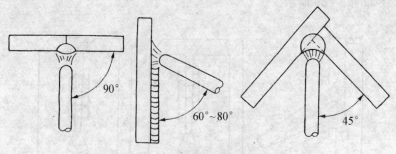

**图 2-57 对接立焊时的焊条角度**

(2) 用直径＜4 mm 的焊条和较小的焊接电流。焊接电流一般比平焊小 12％～15％,目的是减小熔池的体积,也有利于熔滴的过渡。

(3) 采用短弧焊接,以减小熔滴过渡到熔池的距离。

(4) 根据焊件接头形式的特点及焊接过程中熔池温度的情况,灵活运用适当的运条法。

此外,为有利于上述措施的实施,夹持焊条的形式应如图 2-58 所示,即焊条与焊钳成一条直线。这样,在熔滴过渡受力作用之下,使之减少了熔化金属受重力的影响而下淌的趋势,保证了焊缝的成形。

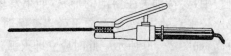

**图 2-58 立焊位置焊接时夹持焊条的形式**

1）I形坡口的对接立焊　常用于薄件的焊接,焊接时除采取上述措施外,还可以适当的采取跳弧法、灭弧法以及幅度较小的锯齿形或月牙形运条法。

（1）跳弧法　跳弧法就是当熔滴脱离焊条末端过渡到熔池后,立即将电弧向焊接方向提起,最大弧长不超过 6 mm。当从滤光玻璃观察到熔池中白亮的熔化金属迅速凝固缩小时,随即将提起的电弧拉回熔池。当熔滴过渡到熔池后,再提起电弧。具体运条方法如图 2-59 所示。

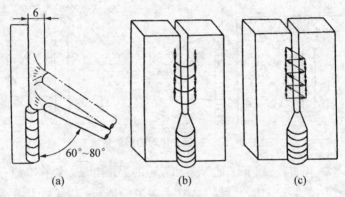

**图 2-59　对接立焊的跳弧法**

(a) 直线形跳弧法;(b) 月牙形跳弧法;(c) 锯齿形跳弧法

（2）灭弧法　灭弧法就是当熔滴从焊条末端过渡到熔池后,立即将电弧熄灭,使熔化金属有瞬时凝固的机会,随后重新在弧坑引燃电弧,这样交错地进行。灭弧的时间在开始焊接时可以短些,这是因为在开始焊接时,焊件还是冷的,随着焊接时间的增长,灭弧时间也要稍增加,才能避免烧穿及产生焊瘤。一般灭弧法在立焊缝的收尾时用得比较多,这样可以避免收尾时熔池宽度增加和产生烧穿及焊瘤等现象。

在焊接过程中,要特别关注熔池的形状,如果发现原来呈椭圆形的熔池下部比较平直的边缘,渐渐向下鼓出变圆时,表示熔池温度已稍高或过高,如图 2-60 所示。此时应立即灭弧,让熔池降温,以免产生焊瘤。待瞬时冷却,从滤光玻璃中尚能清晰看到熔池形状时,即在熔池引弧(此时因熔池及焊条末端温度均很高,焊条在不触及熔池的情况下,电弧也能恢复燃烧)继续焊接。

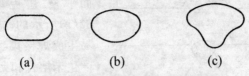

**图 2-60 熔池形状与熔池温度的关系**
(a) 温度正常;(b) 温度稍高;(c) 温度过高

要注意的是,在对接立焊时焊缝的连接是比较关键的,如果换焊条动作过于迟缓,那么再次引弧很容易产生夹渣或者焊瘤等缺陷。因此,更换焊条动作一定要迅速,采用"热接法"即趁熔池处在高温状态下极易引弧。

在焊接反面封底焊缝时,适当增大焊接电流,以保证焊透。运条可以采用月牙形或锯齿形跳弧法。

再次提请注意的是:用灭弧法焊接,要使电弧复燃必须在熔池金属完全变暗之前。

2) V 形坡口的对接立焊 钢板厚度大于 6 mm 时,为了保证熔透,一般都采用 V 形坡口。施焊时采用多层焊,焊接层数可根据焊件厚度来决定。

(1) 根部焊法 应选用直径为 3.2 mm 或 4 mm 的焊条。焊接时,在熔池上端要熔穿一小孔,以保证熔透。运条方法有如下几种情况:对厚板焊件用小三角形运条法,注意每到转角处须作停留;对中等厚度或稍薄的焊件,可用小月牙形、锯齿形或跳弧法(图 2-61)。无论采用什么方法运条,关键

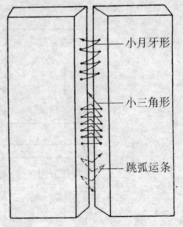

**图 2-61 V 形坡口对接立焊的运条法**

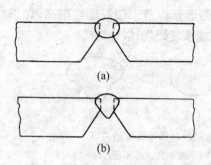

**图 2-62  V 形坡口对接立焊的根部焊缝**

(a) 根部焊缝良好;(b) 根部焊缝不良

是在焊接第一层时避免产生各种缺陷,要求焊缝表面平整,避免呈如图 2-62(b)所示的凸形,否则极易生成焊接第二层焊缝时产生未熔合和夹渣。

(2) 其余各层焊法  在焊第二层之前,应将第一层的焊渣清除干净,铲平焊瘤。焊接时可采用锯齿形或月牙形运条法。在进行表面层焊接时,应根据焊缝表面的要求选用适当运条法,如要求焊缝表面稍高的可用月牙形;若要求焊缝表面平整的可用锯齿形。为了获得平整美观的表面焊缝,除了要保持较薄的焊缝厚度外,应适当减小焊接电流(防止焊瘤和咬边);运条速度应均匀,横向摆动时(图 2-63),在 $a$、$b$ 两点应将电弧进一步缩短并稍作停留,以防止咬边。从 $a$ 摆动至 $b$ 时应稍快些,以防止产生焊瘤。

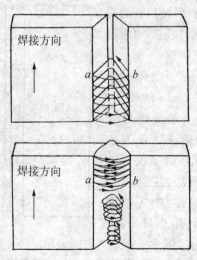

**图 2-63  V 形坡口对接立焊表层焊接运条法**

3) T形接头的立角焊 焊接时容易产生的缺陷是焊缝根部（角顶）未焊透和焊缝两旁咬边。因此，在焊条向下与焊缝成 60°～90°，与左右成 45°，焊条运至焊缝两边应稍作停留，并采用短弧焊接。T 形接头立角焊时，其采用的运条法（图 2-64）及其操作要点均与 V 形坡口对接立焊相似。

6. 仰焊位置的焊接

仰焊位置是各种焊接位置中最难的，由于熔池倒悬在焊件下面，使焊缝成形困难。而且在焊接过程中，往往会出现熔渣流到熔池前面

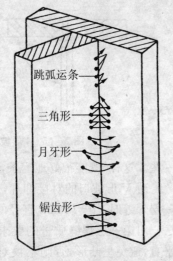

图 2-64 T形接头的立
角焊运条法

跳弧运条

三角形

月牙形

锯齿形

的现象，所以在控制焊条的运条方式上要比立焊还要难些。

仰焊必须保持最短的电弧长度，以保证在最短的时间完成熔滴过渡，并能很快在表面张力的作用下与熔池液体金属汇合，促使焊缝成形。焊条直径及焊接电流均应小于平焊，以减小熔池体积，减少熔池金属下淌的可能；但焊接电流不宜过小，否则易产生根部未焊透及夹渣和焊缝成形不良等缺陷。另外，在仰焊时气体的吹力和电磁力的作用，都是有利于熔滴过渡的。

1) I 形坡口的对接仰焊 焊件厚度在 4 mm 左右时，一般采用 I 形坡口对接。焊条直径为 3.2 mm，焊条与焊接方向的夹角为 70°～80°，与焊缝中心线两侧角度均为 90°（图 2-65）。焊接时保持短弧并均匀地运条。间隙小的可用直线形运条法；间隙较大的用直线往返形运条法。

2) V 形坡口的对接仰焊 焊件厚度大于 5 mm 的对接仰焊，一般都用 V 形坡口。坡口及接头的形状尺寸对于仰焊缝的质量有很大的影响，为了便于焊条在坡口内自由摆动和变换位置，故仰焊缝的坡口角度要比平焊和立焊都大，但钝边厚度较小；而间隙要大

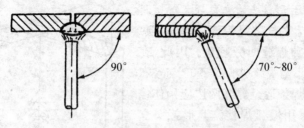

**图 2-65  I 形坡口对接仰焊的焊条角度**

一些。这样,既能很好地运条,又能获得熔合良好的焊缝。

对 V 形坡口的对接仰焊,应采用多层焊或多层多道焊。焊第一层焊缝时,用 3.2 mm 直径的焊条,用直线形或直线往返形运条法。对第一层焊缝质量的要求与对立焊时相似,即焊缝表面要求平直,避免呈凸形,否则不仅对下一层焊接操作带来困难,且极易造成未熔合、夹渣、焊瘤等缺陷。

在焊接第二层前,应先将第一层焊后的焊渣、飞溅金属等清除干净,同时要凿平可能存在的焊瘤才能施焊。第二层以后的匀条法均可采用月牙形或锯齿形(图 2-66),运条时在两侧应稍停一下,中间可快一些,以便形成较薄的焊道。

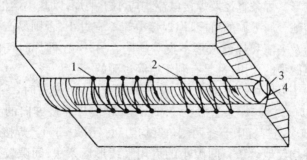

**图 2-66  V 形坡口对接仰焊的运条法**
1—月牙形运条;2—锯齿形运条;3—第一层焊道;4—第二层焊道

用多层多道焊时,其操作比多层焊容易掌握,宜采用直线形运条法。各层焊缝的排列顺序与其他位置的焊缝一样,焊条角度应根据每道焊缝的位置作相应的调整(图 2-67),以利于熔滴的过渡和获得较好的焊缝成形。但在焊接过程中,要注意观察熔池的形状,以免熔池下坠。

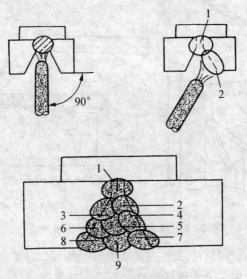

图 2-67　V 形坡口对接仰焊的多层多道焊

7. 仰角焊位置的焊接

仰角焊的焊接要比对接仰焊容易。我们以 T 形接头的仰角焊和骑坐式管子管板接头的仰角焊为例,介绍一下仰角焊的焊接过程。

1) T 形接头的仰角焊　当焊角尺寸小于 6 mm 的 T 形接头仰角焊时,可用单层焊;当要求焊角尺寸大于 6 mm 时,就要用多层焊或多层多道焊。由于电弧两侧都有钢板"支撑",所以焊接电流可以稍大些,以提高生产率。焊接时的运条和焊条角度,见图 2-68 所示。

在多层焊时,第一层焊缝采用直线形运条法,电流可稍大些,但要避免焊缝表面出现凸形,以利于第二层的焊接。第二层或盖面焊时可采用斜圆圈形或斜三角形运条法,焊条与焊接方向的夹角为 $70° \sim 80°$,如图 2-68(b)所示,并且采用短弧,以免产生咬边及熔化金属下淌的缺陷。

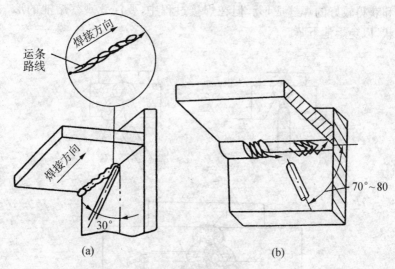

**图 2-68　T 形接头仰角焊的运条方法**

多层多道焊时有关要注意的事项与 V 形坡口对接仰焊时相同。

2) 骑坐式管子管板接头的仰角焊　在焊第一层打底焊时,与横焊相似,那是因为在管子接头处有单边 V 形坡口托着熔池。在焊接过程中要注意电弧在管壁及孔板的停流时间,避免熔池下淌,同时要尽量压低电弧,利用电弧力及气体吹力将熔敷金属送入熔池。

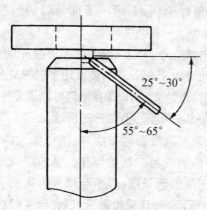

**图 2-69　打底焊的焊条角度**

（1）打底焊　第一层焊缝在焊接时,用直径为2.5 mm 的焊条,用划擦法在坡口内引弧,在稍作稳弧预热后即移向坡口根部,将根部熔化并形成熔孔。熔孔形成后,用小幅度锯齿形运条法焊接,焊条的角度如图 2-69 所示。正常焊接时,电弧要短些,并在孔板和管子坡口处稍有停顿且让电弧稍偏向孔板,以免烧穿管壁。

接头的收弧也与板状横焊相似。每当更换焊条后的引弧点必须在熔孔前,然后利用电弧回焊加热后转入正常焊接。在最后焊缝接头连接前,必须将第一根焊条的起始焊接处修磨成斜坡状,便于将原起始焊缝头部可能存在的缺陷,在末尾焊条与之连接时去除掉。

(2)填充焊  即焊第二层时,先清除打底焊道上的飞溅和焊渣,施焊时的焊条角度、运条方式,电弧在坡口两侧的控制与打底焊相同。焊条直径可选用与打底层时相同或稍大些均可,但其摆动幅度与速度稍大些,以确保焊道两趾熔合良好,表面平整,如图 2-70 所示。

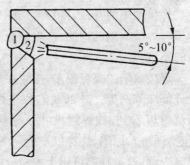

**图 2-70  填充焊焊条角度**

(3)盖面焊  盖面焊分两道焊,先焊下面焊道,后焊上面焊道,采用直线小圆圈运条,其运条角度如图 2-71 所示。焊道由下至上排列,后一道焊缝覆盖前焊道的 1/2 至 1/3,并且确保焊脚尺寸,焊道的堆叠须防止环形凹槽或局部凸起。还应避免管子侧产生咬边。

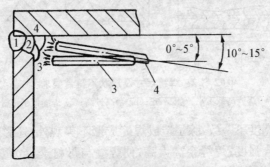

**图 2-71  盖面焊焊条角度**

　　本书至此已经介绍了常见焊接位置焊接的操作技术,为了要扎实掌握这些焊接的基本操作技术,必须在实践中勤学苦练,在实践中不断总结经验、掌握技术要领、提高操作水平。这样就能适应各种复杂的焊接结构的焊接任务,成为一名优秀的焊工。

## 六、焊接接头常见缺陷的产生原因与防止方法

　　焊接缺陷的存在,将直接影响焊接结构的安全使用。因此,必须了解焊接缺陷的性质、产生的原因和防止方法,从而保证焊接产品的质量。

　　焊接缺陷的类型很多,按它在焊缝中的位置,可分为内部缺陷及外部缺陷两类。外部缺陷位于焊缝外表面,用肉眼或低倍放大镜就可以看到,如焊缝尺寸及形状不符合要求、咬边、焊瘤、凹坑(包括弧坑)、塌陷、烧穿以及表面气孔、表面裂纹等;内部缺陷位于焊缝内部,这类缺陷可用无损检测或破坏性检验的方法来发现,如未焊透、未熔合、夹渣以及内部气孔、内部裂纹等。

### (一) 焊缝尺寸与形状不符合要求

　　焊缝外表形状高低不平,波形粗劣;焊缝宽度不齐,太宽或太窄;焊缝余高过高或高低不均;角焊缝焊脚尺寸不均等都属于焊缝尺寸及形状不符合要求如图 2-72 所示。

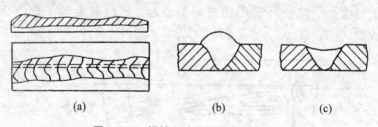

**图 2-72　焊缝尺寸及形状不符合要求**

(a) 焊缝高低不平、宽度不齐;(b) 余高过高;(c) 焊缝低于母材

　　焊缝宽度不一致,除了造成焊缝成形不美观外,还影响焊缝与母材的结合强度;焊缝余高太高,使焊缝与母材交界突变,形成应力集中,而焊缝低于母材,就不能得到足够的接头强度;角焊缝的

焊脚尺寸不均,且无圆滑过渡也易造成应力集中。

**1. 产生的原因**

焊接坡口角度不当或装配间隙不均匀;焊接电流过大或过小;焊接速度不当或运条手法不正确;焊条角度选择不合适。

**2. 防止的方法**

选择适当的坡口角度和装配间隙;正确选择焊接参数,特别是焊接电流值;要熟练掌握运条方法及运条速度,随时适应焊件装配间隙的变化,以保持焊缝形状尺寸的均匀;在角焊缝时要注意保持正确的焊条角度、运条速度及手法。

**(二) 咬边**

咬边是沿焊趾的母材部位产生的沟槽或凹陷,咬边有连续咬边和间断咬边。咬边如图 2-73 所示。

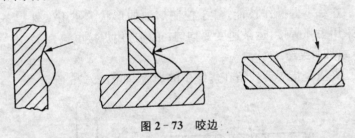

**图 2-73 咬边**

咬边不仅减弱了母材的有效面积,降低了焊接接头的强度,而且在咬边处形成应力集中,承载后有可能在咬边处产生裂纹。

**1. 产生的原因**

平焊时焊接电流太大以及运条速度不合适;角焊缝时焊条角度或电弧长度不适当。

**2. 防止的方法**

选择适当的焊接电流、保持运条均匀;角焊缝时焊条要采用合适的角度和保持一定的电弧长度。

**(三) 焊瘤**

焊瘤是在焊接过程中,熔化金属流淌到焊缝之外未熔化的母材上,所形成的金属瘤如图 2-74 所示。

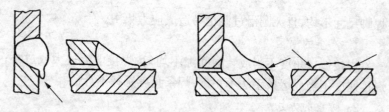

图 2-74　焊瘤

　　焊瘤不仅影响了焊缝的成形,而且在焊瘤的部位,往往还存在夹渣和未焊透。

　　1. 产生的原因

　　操作不熟练和运条不当,电弧过长;立焊时焊接电流过大且操作不当。

　　2. 防止的方法

　　熟练掌握操作技能,善于控制熔池的形状。使用碱性焊条时宜采用短弧焊接,运条速度要均匀;正确选用焊接电流。

　　**(四) 夹渣**

　　夹渣是指焊后残留在焊缝中的焊渣,如图 2-75 所示。

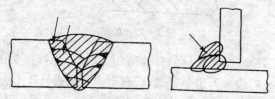

图 2-75　夹渣

　　夹渣削弱了焊缝的有效断面,降低了焊缝的力学性能;夹渣还会引起应力集中,易使焊接结构在承载时遭受破坏。

　　1. 产生的原因

　　焊件边缘及焊道、焊层之间清理不干净;焊接电流太小,焊接速度太快,使熔渣残留而来不及浮出熔池;运条不当,熔渣和金属熔液分离不清,以致阻碍了熔渣上浮。

　　2. 防止的方法

　　采用具有良好性能的焊条,焊条直径必须与焊接接头的坡口、深度相适应,坡口角度不宜过小,并选择适当的焊接参数;焊前做好焊层之间的清理工作,清除残留的锈皮和焊渣等。此外,在焊接过程中一定要注意熔渣的流动方向,特别是在采用酸性焊条焊接时,必须使熔渣在熔池的后面,若熔渣流到熔池的前面,就极易产生夹渣,尤其是在横角焊时更为严重。当使用碱性焊条焊接立角焊时,要正确选择焊接电流,并采用短弧焊接,同时运条要均匀,避免产生焊瘤,这是因为在立角焊的焊瘤下面往往有夹渣产生。

**(五) 凹坑与弧坑**

凹坑是焊后在焊缝表面或焊缝背面形成的低于母材表面的局部低洼部分,如图 2-76(a)。弧坑也是凹坑的一种,它是指弧焊时,由于断弧或收弧不当,在焊道末端形成的低洼部分,如图 2-76(b)。

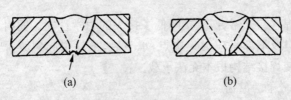

(a)                    (b)

**图 2-76 凹坑与弧坑**

(a) 凹坑;(b) 弧坑

凹坑与弧坑均使焊缝的有效断面削弱,降低了焊缝的承载能力。对弧坑来说,由于全身内杂质集中,会导致弧坑裂纹。

1. 产生的原因

操作技能不熟练,不善于控制熔池形状;焊表面焊缝时,焊接电流过大,焊条又未作适当摆动,熄弧过快;过早进行盖面焊,或盖面焊时中心偏移等都会导致凹坑。

2. 防止的方法

必须熟练掌握操作技能,如避免弧坑,在焊条电弧焊时,焊条必须在收尾处作短暂停留或作几次环形运条。

**(六) 未焊透与未熔合**

未焊透是指焊接时接头根部未完全熔透的现象;未熔合则是

指熔焊时,焊道与母材之间或焊道与焊道之间,未完全熔化结合的部分(图2-77)。

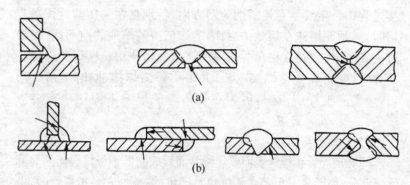

**图2-77 未焊透与未熔合**

(a)未焊透;(b)未熔合

未焊透与未熔合,直接降低了接头的力学性能。同时,未焊透处的缺口及端部是应力集中点,承载后,最易引起裂纹;严重的未熔合会使焊接结构根本无法承载。

1. 产生的原因

焊接电流太小,焊接速度太快;坡口角度太小、钝边太厚、间隙太窄;焊条直径选择不当、焊条角度不对以及电弧偏吹、电弧热能散失或偏于一边等。未熔合的产生原因除焊接电流太小和焊接速度太快外,焊件表面或前一焊道表面有氧化皮或焊渣存在,以及焊件边缘加热不充分,而熔化金属却已覆盖在上面,这样,焊件边缘和焊缝金属未能熔合在一起而造成"假焊"。另外,对一定直径的焊条,使用过大的焊接电流,导致焊条发红而造成焊条熔化太快,也会出现未熔合现象。

2. 防止的方法

正确选用坡口形式和装配间隙;注意坡口两侧及焊层之间的清理;正确选择焊接电流的大小;运条中随时注意调整焊条角度,使熔化金属之间及熔化金属与母材之间充分熔合。同时要认真操作,防止焊偏。

### （七）下塌与烧穿

下塌是指单面熔焊时，由于焊接参数不当，造成焊缝金属过量透过背面，而使焊缝正面塌陷，从背面凸起的现象，如图 2‑78(a)；烧穿即是在焊接过程中，熔化金属自坡口背面流出的现象，形成穿孔的缺陷，如图 2‑78(b)。

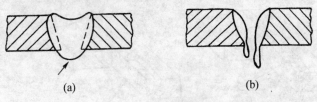

**图 2‑78 下塌与烧穿**

(a) 下塌；(b) 烧穿

下塌和烧穿是焊条电弧焊和埋弧焊中常见的一种缺陷。前者削弱了焊接接头的承载能力；后者则可能使焊接接头完全失去了承载能力，是一种绝对不允许存在的缺陷。

1. 产生的原因

焊接时的热输入过大。如焊接电流过大，焊接速度过慢以及电弧在焊缝某处停留时间过长。另外，若焊件间隙太大，而操作又不当，则也会产生上述缺陷。

2. 防止的方法

正确选择焊接电流和焊接速度；减少熔池在每一部位的停留时间；严格控制焊件的装配间隙。

### （八）气孔

焊缝中的气孔，就是焊接时熔池中的气体在凝固时未能逸出而残留下来所形成的空穴。它是焊接时常见的一种缺陷。气孔的位置可能在焊缝内部，也可能暴露在焊缝表面。气孔的分布状态有单个的、密集的，还有与焊缝轴线平行的链状气孔及均匀分布在整个焊缝金属中的均布气孔，如图 2‑79 所示。

气孔会影响焊缝的致密性，且减少了焊缝的有效面积，因而降低了焊缝的力学性能。少量小气孔对焊缝的力学性能无明显影

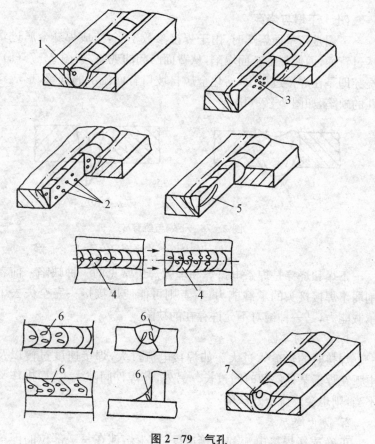

**图 2-79  气孔**

1—球形气孔；2—均布气孔；3—密集气孔；4—链状气孔；
5—条形气孔；6—虫形气孔；7—表面气孔

响,但随着气孔尺寸和数量的增大,焊缝的力学性能就明显下降。另外,气孔对焊接结构的动载强度、疲劳强度也有明显影响。

**1. 产生的原因**

焊缝中形成气孔的气体主要是氢气和一氧化碳。故气孔一般分为氢气孔和一氧化碳气孔两大类。

**1) 氢气孔**

(1) 特征  对于低碳钢来讲,这种气孔大多出现在焊缝的表面上,气孔断面形状为螺旋状,在焊缝表面看呈喇叭口状,在气孔内四周有光滑的内壁。

如果焊条药皮的组成物中有含结晶水的,焊接时会使焊缝中的含氢量过高,这类气孔也会残留在焊缝内部,并以小圆球状存在。对于有色金属,氢气孔常出现在焊缝内部。

(2) 形成的原因　在电弧高温的作用下,氢气分子 $H_2$ 分解为氢原子,并以原子或正离子的形式溶解在金属熔池中,而且温度越高,金属溶解气体的量越多,一直到饱和为止。但是在金属冷凝结晶过程中,温度不断下降,原在金属液体中呈饱和状态的氢的溶解度也急剧下降。此时呈过饱和状态的氢有部分析出积聚形成气泡,并猛烈从金属熔液中向外排出。可是随着金属不断地冷却、凝固,终究还是有部分氢来不及浮出而形成气孔。

2) 一氧化碳气孔

(1) 特征　一氧化碳气孔通常出现在焊缝内部,并沿柱状晶结晶方向分布,呈长条状,有的像条虫状,内壁光滑。

(2) 形成的原因　在铁碳合金的焊接时,电弧气氛中一氧化碳的含量是较高的,它主要来自焊条药皮、焊芯及焊接熔池。那是因为碳会被空气中的氧以及与氧化亚铁(FeO)的冶金反应直接氧化成一氧化碳,这些都是一种吸热反应。所以随着温度的升高,这种反应就越强烈,在熔池和熔滴过渡的过程中都能进行。不过由于一氧化碳是不熔解于液体金属的,而且都是在高温状态下生成的,距液态金属凝固还有一段时间,因此大部分一氧化碳还来得及从液态金属中排出到空气中去的。

但是当熔池开始结晶或在结晶过程中,钢中的碳和氧化亚铁容易偏析(集中在柱状晶的边界中),在这些局部地区的碳和氧化亚铁的含量增多,因此虽然是处在冷却过程中,但由于二者浓度的增加会使上述反应继续进行而生成一氧化碳,此时的一氧化碳就难以排出了,那是因为由于温度的下降,液态金属的黏度大了,而且上述反应又是吸热反应,加速了液态金属冷却凝固的速度,这就导致一氧化碳气泡来不及排出而形成了气孔。

2. 防止的方法

针对产生氢气孔和一氧化碳气孔的原因,可以提出如下防止的方法:

1) 消除产生气孔的各种来源

(1) 仔细清除焊件表面的脏物,在焊缝两侧 20～30 mm 范围内都要进行除锈。

(2) 焊条(包括埋弧焊的焊剂)要清洁,并按规定的温度烘干,含水分不超过 0.1%(埋弧焊的焊丝不能生锈)。

(3) 焊条(埋弧焊焊剂)要合理存放,防止受潮。

2) 加强熔池保护

(1) 焊条药皮不能脱落。

(2) 采用短弧焊接,电弧不得随意拉长,操作时适当配合动作,以利气体逸出,注意正确引弧;操作时如发现焊条偏心(焊芯中心与焊条轴心相偏离),要及时倾斜以保持电弧稳定,或立即更换焊条。

(3) 装配间隙不要过大,避免空气侵入。

3) 正确执行焊接工艺规程

(1) 选择适当的焊接参数,运条速度不得太快。

(2) 对导热快、散热面积大的焊件,若周围环境温度低时,应进行预热。

**(九) 裂纹**

裂纹是焊接结构最危险的一种缺陷,不仅会使产品报废,而且还可能引起严重的事故。

在焊接生产中出现的裂纹形式是多种多样的,有的裂纹出现在焊缝表面,肉眼就能观察到;有的隐藏在焊缝内部,不通过探伤检查就不能发现。有的产生在焊缝中;有的则产生在热影响区中。不论是在焊缝或热影响区上的裂纹,平行于焊缝的称为纵向裂纹,垂直于焊缝的称为横向裂纹,而产生在焊缝收弧弧坑处的裂纹称为弧坑裂纹(图 2-80)。根据裂纹产生的条件,可把焊接裂纹归纳为热裂纹、冷裂纹、再热裂纹和层状撕裂。在下主要讨论热裂纹和冷裂纹。

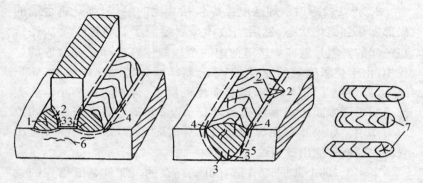

**图 2-80　焊接接头裂纹分布形态示意图**

1—纵向裂纹；2—横向裂纹；3—根部裂纹；4—焊趾裂纹；
5—焊道下裂纹；6—层状撕裂；7—弧坑裂纹

1. 热裂纹

1) 热裂纹的特点

（1）产生的温度和时间　热裂纹一般产生在焊缝结晶的过程中，所以又叫结晶裂纹。在金属凝固之后的冷却过程中，还可能继续发展。但总的说来，它的发生和发展都处在高温下，因此，从时间上说，它是产生在焊接过程中。

（2）产生的部位　热裂纹绝大多数产生在焊缝金属中，有的是纵向的，有的是横向的。发生在弧坑中的热裂纹往往是星状的。有时热裂纹也会发展到母材金属中去。

（3）外观特征　热裂纹或者处在焊接中心，或者处在焊缝两侧，其方向与焊缝的波纹线相垂直，露在焊缝表面的有明显的锯齿形状；也常有不明显的锯齿形状。凡是露出焊缝表面的热裂纹，由于氧在高温下进入裂纹内部，所以裂纹断面上都可以发现明显的氧化色彩。

（4）金相结构上的特征　当我们将产生热裂纹处的金属断面作宏观分析时，发现热裂纹都发生在晶界上，因此不难理解，热裂纹的外形之所以是锯齿形的，是因为晶界就是交错生长的晶粒的轮廓线，故不可能是平滑的。

2）产生的原因　焊条电弧焊包括其他的熔焊，都是将金属的局部加热到熔化状态，然后当液体金属凝固了就将被焊金属连接在一起的。但是就在焊接熔池中的金属液体在冷却结晶凝固的过程中，由于热胀冷缩的原理，焊缝金属从液体转变成固体时，体积缩小，即使到了固体状态，随着温度的降低，体积更是缩小。这些都受到了周围固体金属的阻碍，因此焊缝金属是受到了一定的拉应力作用。如果此时在焊缝金属中有薄弱环节，则在结晶过程中它的内部就可能出现裂纹。

事实上，那个薄弱环节是有可能存在的。那就是低熔点的共晶体。当焊缝金属开始结晶并逐渐长成柱状晶体的过程中，那些凝固比较晚的低熔共晶都被推到柱状晶体的晶界处，形成了"液体夹层"（如图 2-81 所示）。此时焊缝金属受到的拉应力已经发展得很大了，在拉应力的作用下，使"液体夹层"所处在的空隙增大，而低熔点的液体金属又不足以填满增大了的空隙，这样裂纹就形成了。

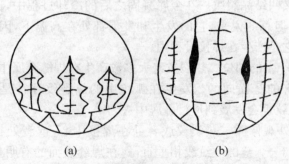

(a)　　　　　　　　(b)

**图 2-81　焊缝中液体夹层形成情况**
（a）结晶初期；（b）结晶后期

形成低熔共晶的主要原因是混入钢材中的硫，它与铁能形成 FeS，而 FeS 与 Fe 以及 FeS 与 FeO 都能形成低熔共晶。所以可以认为硫这个有害杂质是影响形成热裂纹的主要因素。另外，当碳钢或低合金钢的含碳量增加时，热裂纹产生的可能性也会增大，因为碳也会与一些元素形成低熔共晶。

3）防止的方法

（1）从冶金方面考虑，首先是要尽可能限制母材金属中的硫、磷等有害杂质的含量。降低焊缝金属中的含碳量，也是一个方面，这可在焊芯中降低含碳量，适当提高含锰量。另外，还可以向焊缝金属中加变质剂，调整焊缝金属的化学成分，打乱焊缝金属结晶方向，使低熔点共晶体不能集中分布。

（2）选择合理的焊接顺序和焊接方向。这主要是使整个焊件的刚度逐步加大，使焊缝有收缩的可能，以减小焊接应力。

（3）采用碱性焊条（包括埋弧焊焊剂），由于这类药皮（或埋弧焊焊剂）的熔渣有较强的脱硫能力，故具有较强的抗热裂的能力。

（4）采用引出板，将弧坑移至引出板上，避免了产生弧坑热裂纹的可能。

2. 冷裂纹

冷裂纹一般发生在低合金结构钢、中碳钢、合金钢等的热影响区上。根据钢材种类、含氢量、应力状态和结构形式的不同，冷裂纹可以分为延迟裂纹、淬火裂纹、低塑性脆化裂纹。由于这种裂纹都是在焊接接头冷却到较低温度的情况下产生的，故称之为冷裂纹。

所谓的热影响区，是指焊接或切割过程中，材料因受热的影响（但未熔化）而发生金相组织和力学性能变化的区域。图 2-82 所示为低碳钢焊接热影响区相对铁碳合金图的一个分段示意图。

1）冷裂纹的特点

（1）产生的温度和时间　冷裂纹发生在焊接之后，一般温度在 $A_3$ 以下的冷却过程中或冷却以后产生，形成裂纹的温度约在 $200\sim300\ ℃$ 以下，即马氏体转变范围。

冷裂纹可以在焊接后立即出现，但也有些可以延迟至几小时、几天、几周甚至一二个月之后，所以冷裂纹又叫延迟裂纹。大的冷裂纹不是一下子就生成的，它的生成规律是先发生几处小的（或显微的）裂纹，然后逐步向长度或深度上发展，几个小裂纹陆续连接起来。某些焊接结构，当小裂纹发展到一定程度后，可能在瞬时内迅速扩大，引起结构整体的突然断裂，甚至同时产生较大的声响

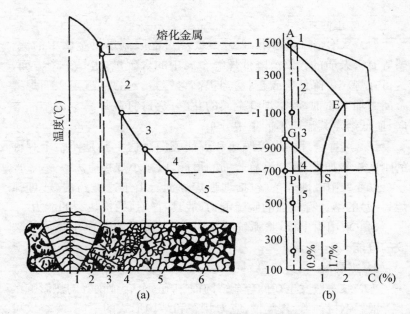

**图 2-82  低碳钢热影响区分段示意图**
1—熔合区；2—过热区；3—正火区；4—不完全重结晶区；6—母材

和机械振动。

（2）产生的部位和方向　冷裂纹大多数产生在母材上或母材与焊缝交界的熔合线上。最常见的部位和方向见图 2-80，它们大多数是纵向裂缝，在少数情况下，也可能有横向裂纹。

（3）外观特征　显露在接头金属表面的冷裂纹断面上没有明显的氧化色彩，所以裂口发亮。

（4）金相结构　冷裂纹可能发生在晶界上，也可能贯穿晶粒内部。

2）产生的原因

（1）淬硬倾向　对低合金钢来说，在热影响区被加热到高温然后冷却，它的金相组织也随之发生变化。那些淬火倾向小的低合金钢，在冷却后的组织与低碳钢相似，而淬火倾向大的，就会出现马氏体一类组织。马氏体是一种硬脆的组织，在一定的应力变形的条件下,由于它变形能力低而容易发生脆性断裂,从而形成裂纹。焊接接头的淬硬倾向主要与钢的化学成分、焊接工艺、结构板厚以及冷却条件有关。

(2) 氢的作用　在焊接时,如果焊缝金属溶解了很多氢,由于焊接熔池冷却很快,氢来不及全部析出,一部分就留在焊缝金属内,当焊缝金属凝固后还在高温的状态下,那时氢在奥氏体中的溶解度还是很大的。如果焊缝金属的含碳量低,奥氏体在高温下就会析出铁素体,由于铁素体的氢溶解度比奥氏体小,氢在铁素体中的扩散能力却比较大,那么多余的氢就向还处在奥氏体状态中的热影响区扩散,使热影响区的含氢量增加。当热影响区的奥氏体也析出铁素体时,很多过剩的氢就会聚集在热影响区熔合线附近,形成一个富氢带。

如果焊接的是低合金高强度钢,那么奥氏体在冷却过程中转变为马氏体,而氢在马氏体中的溶解度也比奥氏体小得多。经过同样的扩散等过程,在热影响区内会聚集相当多的氢,达到了过饱和的状态。当那里存在显微缺陷,如原子空位、空穴等时,氢原子就会在这些地方结合成分子状态的氢,在局部地区造成很大的压力。加上奥氏体组织在转变为马氏体组织时,体积膨胀了,产生了极大的组织应力,就促使钢内部被破坏,而形成裂纹。

(3) 焊接应力　它的来源是焊接接头内部存在的应力,包括由于温度分布不均匀造成的温度应力和由于相变(特别是马氏体转变)形成的组织应力;二是外部应力,包括刚性约束条件、焊接结构的自重、工作载荷等引起的应力。

总之,氢、淬硬组织及应力这三个因素是导致冷裂纹的主要原因。

3) 防止的方法

(1) 从冶金方面考虑,一是选用碱性低氢型焊条,以减少带入焊缝的含氢量;二是选用奥氏体焊条。对于淬硬倾向高的高强度钢,可采用不锈钢焊条或奥氏体镍基合金焊条,由于这些焊芯合金的塑性好,可抵消马氏体转变时产生的一部分应力;另一方面奥氏体中氢的溶解度高,扩散速度慢,故氢不易向热影响区扩散聚集。

(2) 对于焊接材料淬硬倾向大、钢板厚度大、气温低等条件下,采取焊前预热或者一边焊一边补充加热的方法,目的是减缓冷却的速度,减少焊接应力,改善接头的显微组织,降低热影响区的硬度和脆性,并使焊缝中的氢加速向外扩散。

(3) 选用适当的焊接参数,如适当减慢焊接速度,使焊接接头冷却速度慢一些,但不宜过慢,否则热影响区过热会使晶粒增大而增加淬硬倾向。

(4) 后热和焊后热处理能促使氢扩散排出,也可减少焊接应力。

此外,严格烘干焊条、清理接头坡口以及合理的装焊顺序,对于减少氢的侵入和外部应力都是必要的措施。

综上所述,对于在焊接过程中出现的缺陷,除了找出了产生缺陷原因以防患于未然以外,对已经出现的缺陷(有不少是通过各种检测手段才发现的)必须清除后焊补至符合产品质量要求合格为止。

# 七、操作实例

## (一) 低碳钢小直径管子的对接

本实例是管子对接的水平转动焊接。管子材料为 10 钢,系优质碳素结构钢,要求单面焊双面成形。

1. 焊前准备

1) 焊缝坡口及组装要求按图 2-83 制备。

2) 选用 J422 酸性钛钙型焊条(E4303),焊条直径 2.5 mm,经 150℃以下烘焙,保温 2 h。

3) 定位焊两处,相距 180°,定位焊长度小于 10 mm。

4) 清除管子外管距接头处 100 mm 及内壁 20 mm 范围内的油污、漆、铁锈等,去除定位焊处的焊渣等。

5) 由于管段各长 300 mm,故定位后水平置于小滚轮架上。图 2-84 所示为管子对接定位后在滚轮架上的安置状态。

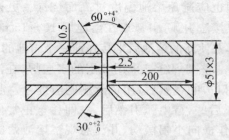

图 2 - 83 管子坡口及组装要求

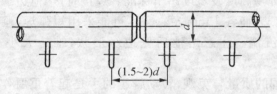

图 2 - 84 滚轮支点的安置

6) 选用 BX$_3$ - 300 型弧焊变压器为焊接电源。准备好头盔式面罩,以方便用另一只手在焊接时转动管子。

2. 焊接操作

起焊前将两处定位焊点的连线置于水平位置,起焊点位置在管接头上部距两定位点各 90°的位置上(时钟 12 点位),以保持平焊位置。

1) 打底焊 焊接电流为 65～75 A。为了保证焊透,在熔池形成后,即将其前部的根部打穿形成熔孔,同时熔池两侧将坡口面熔合 1～1.5 mm。焊接时焊条位置保持不变,另一只手依据熔池的形状、熔池金属的颜色、熔渣的流动状态、熔孔的大小,适时转动管子,并使焊条处在正常的焊接位置,避免出现缺陷,让熔池形状基本一致、熔孔大小均匀。另外,在焊管子类的焊件时,电弧打穿根部时会发出"啪嗞"的声响,表明焊根是被熔透了。当焊至定位焊处,应将起焊处打穿形成熔孔。

打底焊可用直线往返形运条法,或用断弧法焊接,但断弧法频率应高一些,以避免熔池冷却影响根部熔透。这两种焊法,前者焊接速度较快,但也应避免熔池温度过高而烧穿。更换焊条速度要快,最好还是热接法引弧,引弧点在熔池后 10~15 mm 处,然后将电弧移向熔池,并使新的熔池后端接在前一个熔池的 2/3 处。

2) 盖面焊　整圈焊缝是采用 2 层的多层焊,在清理完打底焊的焊渣及近坡口边的飞溅后,用钢丝刷刷清焊道。起焊点位置不变,但引弧稍靠后些,待电弧引燃后,立即移至正常位置。熔池形成后焊条即可作横向小幅摆动,并注意观察熔池两侧与坡口边熔合状况及熔池的宽度。由于盖面焊电流稍有增加(70~80 A),要避面焊缝堆积高度及宽度超出标准。焊接时,熔池边缘控制在盖过坡口两侧表面各 1 mm 左右。尽可能采用短弧焊,避免熔渣向熔池前方流淌。注意熔池后侧边缘形状,维持大小一致的圆弧状。

盖面焊的质量与美观,转动管子的手是起着重要作用的。另外,滚轮架的旋转也要求轻便灵活;焊接回路的接地线直接接在管子上,要避免影响管子的转动。

3) 焊缝清理　焊完后清除焊渣、飞溅,用钢丝刷进一步刷清。

**(二) 低压固定管道的焊接**

本实例是空压站压缩空气输送管道的安装工程,材料为 20 A 钢的 $\phi108\times4$ 管子的水平固定对接焊。

1. 焊前准备

1) 管端坡口制备,见图 2-85(a)。

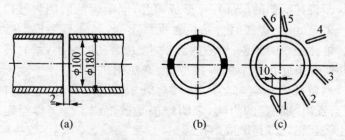

**图 2-85　水平固定管道焊接**

(a) 管端坡口形式;(b) 定位焊缝;(c) 运条角度

2）距焊接坡口两侧各 100 mm 的管口外壁和距坡口两侧 20 mm 的内壁要除尽油污、漆、铁锈等。

3）管口装配时应使错边小于 2 mm，并禁止强行装配。除留出对口间隙外，还应在上部间隙稍放大 0.5 mm，作为反变形量。

4）采用直径为 3.2 mm 的 J427（E4315）焊条。焊条经 350℃高温烘干 2 h 后，放在 150℃左右的烘箱内保温，随用随取。选用相应的硅弧焊整器，用直流反接，焊接电流选用 90～120 A。

5）定位焊的数目、位置，见图 2-85（b）。为保证质量，如发现有未焊透、裂纹等缺陷，必须铲掉重焊。定位焊缝两头修成带缓坡的焊点，并清除熔渣、飞溅等。

2. 焊接操作

1）先焊管子下部，并以垂直中心线为界分两次焊完（只需单道焊缝即可）。前半圈应从仰焊部位中心线提前 10 mm 左右处开始，操作是从仰焊缝的坡口面上引弧至始焊处，用长弧预热，当坡口内有似汗珠状铁水时，迅速压短电弧，靠近坡口边作极微小摆动。当坡口边缘之间熔化形成熔池时，即可进行不断弧焊接。焊接时，必须以半击穿焊法运条，将坡口两侧熔透造成反面成形。并按仰、仰立、立、斜平及平焊顺序将半个圆周焊完。应在超过水平最高点 10 mm 处熄弧。焊接时的运条角度见图 2-85（c）。焊接过程中应注意焊缝表面成形呈圆滑过渡，并有适当余高。

2）当运条至定位焊缝一端时，可用电弧熔穿根部，使其熔合良好。当运条至定位焊缝另一端时，焊条在焊接处稍停一下，使之熔合良好。

3）后半圈起焊时，首先用长弧预热接头部分（前半圈起焊处），待接头处熔化时，迅速将焊条转成水平位置，用焊条端头对准熔化铁水，用力向前一推，将原焊缝端头熔化的铁水推掉 10 mm 左右，形成缓坡形槽口。随即将焊条回到焊接时的位置，切勿熄弧，使原焊缝保持一定温度。从割槽的后端开始焊接，并使焊条用力向上一顶，以击穿熔化的根部形成熔孔后，再按前半圈同样方法焊接。

4）待焊到平焊位置前的瞬间，将焊条前倾并稍微前后摆动。当运条距接头处 3～5 mm 时，绝对不允许熄弧，并连续焊接至接头点。在接头封闭时，使焊条稍微压一下，当听到电弧击穿根部的"啪嗞"声后，应在接头处来回摆动，以适当延长停留时间，使之达到充分熔合。熄弧前，必须将弧坑填满。

### （三）低压容器的焊接

本实例是 4 t/h 卧式快装炉集箱的制作，材料为 20 钢，由管子与端盖焊接组成，采用单面焊双面成形，结构尺寸见图 2-86(a)。

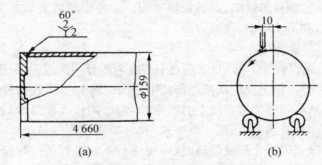

**图 2-86　4 t/h 卧式快装炉集箱的焊接**

(a) 集箱结构尺寸；(b) 环缝的焊接

1. 焊前准备

1）焊缝坡口按图 2-86a 要求制备，坡口为 60°，钝边为 2 mm；端盖与管子间的环缝置于滚轮架上，准备以平焊上坡焊的位置焊接，见图 2-86(b)所示。

2）滚轮架的旋转由焊工自行操纵低压控制按钮完成。为方便起见按钮可安装在面罩上，便于焊工边焊边转动集箱。

3）选用于 J507 碱性低氢钠型焊条（E5015），直径为 2.5 mm及 3.2 mm 两种，焊条烘焙同实例 2。

4）选用相应的硅弧焊整流器，反接。

2. 焊接操作

1）多层焊约 7～8 层，第一层选用直径为 2.5 mm 的焊条，焊接电流 60～90 A。以后各层及盖面用直径为 3.2 mm 的焊条，焊接电流 90～120 A。

2）焊接时用直线型及锯齿形运条法，各层焊道接头要错开，填充焊要注意焊层厚薄均匀，以便给盖面焊时带来方便，焊接速度视熔池实际情况而定。

焊后 25% 焊缝经 X 射线探伤检验。

**（四）大型高压锅炉汽包的现场焊接修复**

由于锅炉汽包长期处于中温、高压、较高应力和水蒸汽介质下运行，所以常因焊接设计和制造工艺不当，以及应力腐蚀等原因造成损伤和产生裂纹等缺陷。

以一台 OP-380 型锅炉为例，汽包材料为 BHW35 钢，工作压力 $148\times10^2$ kPa，工作温度 350℃，汽包总长 13 226 mm，筒体尺寸 $\phi1\,880\times85$。运行 55 547 h 后，在封头人孔套环形焊缝中发现两条总长 1 050 mm、深各 50 mm 的裂纹。

补焊的主要技术问题是该钢种材料有淬硬倾向，须防止产生冷裂纹；又该材料有一定的再热裂纹倾向，还须设法减少焊接残余应力和变形。

1. 焊前准备

1）采用专用坡口加工机加工坡口。将裂纹缺陷挖除后坡口总长 1 350 mm，宽 52 mm，深 55 mm。坡口形式为 U 形（带钝边）。在清除缺陷和保证焊透的情况下，坡口应尽量窄小。

2）使用低氢型的新 J607 Ni 直径为 3.2 mm 的焊条。

2. 焊接操作

1）以可调节的工频感应加热器为热源，对焊接区加热。焊接热过程见图 2-87。

2）焊接时，合理调整焊接次序。尽可能采用对称焊或分段退焊法，并用直线运条法运条。选用较小的焊接线能量。除根部及表面层外，焊后立即锤击。表面层焊缝与母材间应有圆滑过渡。

焊接完毕后进行无损探伤，水压试验。

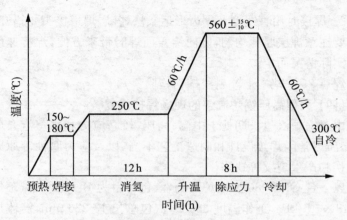

图 2-87　焊接热过程图

## (五) 电动机机壳(铸铁件)的焊补

大型电动机机壳破裂,裂纹长 300 mm,见图 2-88。

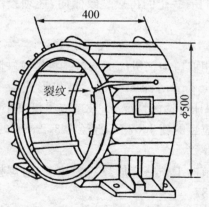

图 2-88　电动机机壳裂纹

1. 焊前准备

1) 裂纹终端前方钻直径为 4 mm 的止裂孔,并在裂纹处开 60°
X 形坡口,钝边 3 mm。

2) 将电动机机壳放入加热炉中预热至 500℃,出炉。

2. 焊接操作

1) 将电动机机壳底座垫高,使裂纹处于平焊位置,先焊外部坡口。

2) 选用铸铁焊条(石墨型)Z208,直径为 3.2 mm(交、直流两用)。

3) 焊接电流选用 90 A 左右,且连续施焊。

4) 外部坡口填满后,翻转机壳,使内坡口处于平焊位置。

5) 焊接内坡口时,焊接电流较焊外坡口时大,选用 110～120 A。

6) 焊补后,电动机机壳用石棉粉覆盖,使其缓冷。

**(六) 拖拉机外平衡臂断裂的焊补**

拖拉机外平衡臂(铸铁)断裂,见图 2-89。

1. 焊前准备

1) 把原断裂块按图 2-95 所示位置对好。

断裂处

2) 焊前不预热,用 Z208 直径为 3.2 mm 的焊条,将已对好原位置的断裂块,分两端点焊定位,使之固定。

3) 用 Z208 直径为 4 mm 的焊

**图 2-89　拖拉机外平衡臂断裂**

条,配用较大的电流割坡口,留出 2 mm 左右的钝边,以便能焊透。

2. 焊接操作

使焊缝处于平焊的位置,趁割坡口的余热迅速焊补。采用对称焊法,连续堆焊两层,中间不需停焊清渣。迅速翻转焊另一面,连续堆焊三层。再翻过来立即焊补,直至两面的焊缝均高出焊件表面 3～4 mm 为止。

焊后应在室温下冷却,避免吹风。也可放在炉上或石棉粉中缓慢冷却至室温。

**(七) 拖拉机减速齿轮的堆焊**

拖拉机减速齿轮的材料大多是 20CrNi3 或 18CrMoTi 等锻钢。齿轮在运行中有的全齿均匀磨损,有的产生掉角、掉齿等损伤。这介绍全齿均匀磨损的堆焊。

1. 焊前准备

1) 清洗齿面,用软轴砂轮打磨齿面层,使齿面露出金属光泽,同时检查有无裂纹。

2）将齿轮放入存有河沙和碎木碳的退火罐内，送退火炉加热至 780～840℃，保温 24 h，然后随炉冷却。

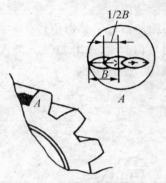

图 2-90　堆焊时焊道的连接

2. 焊接操作

选用 J507（或 J707、J857）直径为 3.2 mm 的焊条。焊接电流约 90～120 A。从齿根开始沿齿宽方向堆焊，每个齿堆焊五道（齿面四道，齿顶一道，视实际尺寸而定）。在齿轮上的所有齿均堆完第一道之后再堆第二道，每道焊缝应重叠 1/2 左右，如图 2-90 所示。每道堆焊方向应与前道相反。堆焊时中途不得停止。

焊后进行退火处理，并进行机械加工。随后进行渗碳淬火，以提高表面硬度。

### （八）氨合成塔螺旋热交换器的焊接

氨合成塔螺旋热交换器主要是不锈钢薄板的对接焊缝和成形后螺旋形构件的焊接。材料为 1Cr18Ni9Ti 不锈钢，板厚 2.5 mm，板长 800 mm。

1. 焊前准备

1）选用直径为 2.5 mm 的 A132 型奥氏体不锈钢焊条。

2）2.5 mm 厚的不锈钢对接焊缝以 I 形坡口形式装配，留间隙 1.5～2 mm，板的平面度公差为 ±0.5 mm。

3）定位焊缝长 20 mm，间距为 120～150 mm，焊缝高度与板相平，两端用凿子凿成斜坡形，见图 2-91。

2. 焊接操作

1）正面焊缝焊接电流为 60 A。

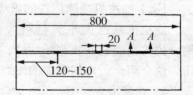

图 2-91　不锈钢薄板的定位焊

采用直线形运条法,不作横向摆动。一根焊条焊完熄弧时,必须填满弧坑,以免熔池在凝固时开裂。冷却后将焊缝末端也凿成斜坡形,便于下一根焊条焊接。

2) 反面焊缝焊接前,需将间隙中的焊渣清除干净,局部未焊透的地方要用圆弧引凿子修凿。

3) 反面焊缝焊接时,将板的一端提高成 20°左右的斜坡,采用下坡焊。焊接电流为 66~72 A。板两端的焊缝要填满,与板齐平。

**(九) 锻件缺陷的补焊**

锻件材质为 40 Cr,要用来加工成齿轮,见图 2-92。但由于毛坯表面有缺陷,其凹陷部位需进行补焊。

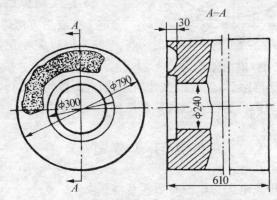

**图 2-92 锻件尺寸及凹陷部位**

1. 焊前准备

1) 将该毛坯进行调质处理,并将补焊处表面用砂轮打磨干净,去掉氧化层,露出金属光泽。

2) 焊前预热,预热温度为 320~350℃。由于该毛坯是 40Cr,其中 C 和 Cr 的含量较高,焊后在近缝区易出现低塑性的淬硬组织,从而产生裂纹。因此,焊前的预热一定要严格控制在上述温度范围内。

3) 采用直径为 5 mm 的 J507 焊条和直径为 5 mm 的 D167 焊条。焊条的烘焙温度为 300~350℃,保温 1 h。

2. 焊接操作

1）为防止焊接热量集中，焊接顺序安排为先从外围起焊，逐步向里焊，见图 2 - 93。

2）焊接电流选用范围在 150～170 A，采用较快焊速，以减少熔深，并使层间温度控制在 180～200℃ 之间。

3）第一层和第二层采用 J507 焊条，第三层起来用 D167 焊条进行堆焊。

4）每一层焊毕应经检查确定无裂纹后方可焊后一层。

5）每焊完一层都要用锤

**图 2 - 93　补焊示意图**

轻轻敲打一遍，以消除应力。

6）焊毕修磨后，进行回火处理，其回火温度为 600℃，保温 2 h，随炉冷却，以降低脆性及改善热影响区的组织性能。

# 复习思考题

1. 对焊条电弧焊电源有哪些基本要求？

2. 焊机的主要技术指标有哪些？它们的含义是什么？

3. 常用的弧焊变压器是哪两种？它们各用什么方法来获得下降外特性的？

4. 硅弧焊整流器与弧焊发电机相比有哪些优点？

5. 焊条电弧焊电源的选用主要考虑哪两方面？

6. 对焊条有哪些要求？

7. 焊条长度为什么与焊芯直径有关？

8. 焊芯中 C、Mn、Si、S、P 等元素对焊接有什么影响？

9. 焊条药皮有哪些作用？

10. 焊条药皮主要可分哪八种类型？它们各适用于哪种电流？

11. 按焊条的用途可分为哪十类？

12. 按焊条熔渣性质可分为哪两类？

13. 碳钢焊条、低合金钢焊条及不锈钢焊条的型号编制方法如何？

14. 镶嵌在面罩上的滤光玻璃有什么作用？

15. 有哪四种最常用的焊接接头形式？

16. 焊缝按在空间位置的不同可分为哪四种形式？

17. 焊条电弧焊主要的焊接参数有哪些？

18. 焊条直径的选择与哪些因素有关？

19. 熔滴过渡有哪三种形式？影响熔滴过渡的作用力有哪些？

20. 常用的引弧方法有哪两种？当电弧引燃后，焊条有哪几个基本运动方向？

21. 焊条电弧焊在焊接过程中有哪些基本的运条方法？它们各适用于哪些焊缝位置及接头形式的焊接？

22. 焊条电弧焊在焊缝起头处要注意什么问题？应如何处置？

23. 焊条电弧焊在焊缝收尾处要注意什么问题？应如何处置？

24. 根据 GB/T 16672—1996 的规定，焊件接缝处主要有哪些工作位置？

25. 对接平焊的特点是什么？操作方法如何？

26. 横焊位置焊接有什么特点？应如何操作？

27. 立焊位置焊接有什么特点？应如何操作？

28. 仰焊位置有什么特点？应如何操作？

29. 焊接接头常见的缺陷有哪些？

30. 焊缝尺寸及形状不符合要求表现在哪些方面？有什么危害？它的产生原因及防止的方法如何？

31. 咬边的危害及其产生的原因和防止的方法如何？

32. 焊瘤的产生原因及防止的方法如何？

33. 夹渣的危害是什么？它的产生原因及防止的方法如何？

34. 凹坑与弧坑的危害是什么？它们产生的原因及防止的方法如何？

35. 未焊透与未熔合的危害是什么？它们产生的原因及防止的方法如何？

36. 下塌与烧穿的危害是什么？它们产生的原因及防止的方法如何？

37. 气孔有什么危害？氢气孔及一氧化碳气孔的特征、形成的原因和防止的方法如何？

38. 热裂纹的特点是什么？它的产生原因及防止方法如何？

39. 冷裂纹的特点是什么？它的产生原因及防止方法如何？

# 第 *3* 章　埋　弧　焊

本章要点

　　*1. 埋弧焊的焊缝形成过程机理及特点。*

　　*2. 埋弧焊焊机的使用、维护及故障排除。*

　　*3. 埋弧焊用的焊接材料及选配。*

　　*4. 各种焊接接头形式、位置的操作技术。*

　　*5. 埋弧焊常见缺陷的产生原因及防止的方法。*

## 一、埋弧焊概述

　　埋弧焊是电弧在焊剂层下燃烧进行焊接的方法。埋弧焊与焊条电弧焊的主要区别在于它的引弧、维持电弧稳定燃烧、送进焊丝、电弧的移动以及焊接结束时填满弧坑等动作，全部都是利用机械自动进行的。

### （一）埋弧焊的焊接过程

　　图 3 – 1 为埋弧焊焊接过程的示意图。图中焊剂 2 从焊剂漏斗 3 流出后，均匀地堆敷在焊道上，焊剂的堆敷高度在 50～60 mm。焊丝 4 经导电嘴 6 送向焊接区。焊接电源的两极，分别连接在导电嘴及焊件上。送丝机构、焊丝盘、焊剂漏斗、控制盘等都安装在一个自动的行走机构——焊车上，以实现焊接电弧的移动。焊接过程是通过操作控制盘上的特定按钮、开关等来实现自动控制的。

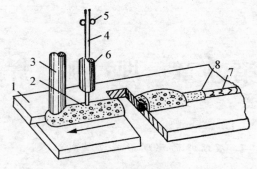

**图 3 - 1  埋弧焊的焊接过程**

1—焊件；2—焊剂；3—焊剂漏斗；4—焊丝；
5—送丝滚轮；6—导电嘴；7—焊缝；8—渣壳

### （二）埋弧焊的焊缝形成过程

埋弧焊的电弧是掩埋在颗粒状焊剂下面的（见图 3 - 2）。当焊丝和焊件之间引燃电弧后，电弧热使焊件、焊丝和焊剂熔化以致部分蒸发，金属与焊剂的蒸发气体在焊剂层内部形成特殊的气泡，该气泡有液态焊剂所构成的弹性外膜，使整个电弧及金属熔池的空间与空气隔离，使弧光辐射也不再散射出来。

焊缝的形成过程如图 3 - 2(a)所示，当焊丝 2 与焊件 7 之间产生电弧 3 后，如上所述形成了气泡，电弧在该气泡内继续燃烧，焊丝便不断地熔化并以滴状落下，与被熔化的焊件金属熔合形成焊接熔池 4。随着电弧不断的向前移动，焊接熔池也在不断地向着焊接方向推移，离开电弧的原焊接熔池也不断地冷却凝固成均匀而纹层细致的焊缝 6。原来覆盖在熔池表面的、由焊剂 1 熔化形成的熔渣 5，其凝固比焊缝金属晚，这样既能起到了保温作用，也便于让焊缝金属在凝固过程中，将各种在焊接冶金过程中所产生的气体自由逸出。直至焊缝金属凝固完毕后的若干时间以后，熔渣才完全凝固成很容易从焊缝表面剥离的玻璃状的渣壳 8。图 3 - 2(b)是焊缝形成过程的横剖面。

### （三）埋弧焊的特点

1. 生产率高

埋弧焊相对于焊条电弧焊来说，生产率高有两方面的原因，一

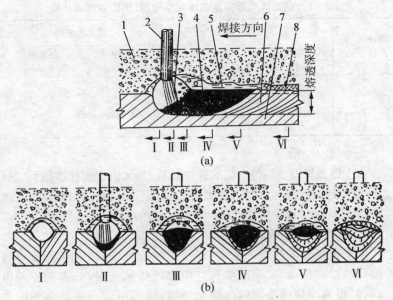

图 3-2 埋弧焊时焊缝的形成过程

(a) 焊接区的纵剖面;(b) 焊接区的横剖面
1—焊剂;2—焊丝;3—电弧;4—熔池金属;
5—熔渣;6—焊缝;7—焊件;8—渣壳

个原因是埋弧焊焊丝的导电长度缩短,使得焊接电流及电流密度可以大大提高,见表 3-1;另一个原因是焊剂和熔渣的覆盖作用,使得电弧基本上没有热辐射散失,熔液飞溅减弱,从而使得熔敷速度可以提高。埋弧焊虽然用于熔化焊剂的热量有所增加,但总的热效率仍然大大增加。有数据表明,埋弧焊的辐射及飞溅的耗热各占总热量的 1%,而焊条电弧焊在这两方面的耗热各占 22% 和 10%。由实验得知,各种埋弧焊的熔敷速度(熔焊过程中,单位时间内熔敷在焊件上的金属量,其单位为 kg/h)比焊条电弧焊高 1~10 倍。一般 I 形坡口对接埋弧平焊,单面一次焊熔深可达 20 mm 以上;厚度 8~10 mm 钢板对接的单丝埋弧焊焊接速度可达 30~50 m/h,双丝的还可提高一倍以上,而焊条电弧焊则不超过 6~8 m/h。

表 3-1　埋弧焊与焊条电弧焊焊接电流、电流密度的比较

| 焊丝、焊条 直径(mm) | 埋　弧　焊 | | 焊条电弧焊 | |
|---|---|---|---|---|
| | 焊接电流 (A) | 电流密度 (A/mm²) | 焊接电流 (A) | 电流密度 (A/mm²) |
| 2 | 200～400 | 63～125 | 50～65 | 16～25 |
| 3 | 350～600 | 50～85 | 80～130 | 11～18 |
| 4 | 500～800 | 40～63 | 125～200 | 10～16 |
| 5 | 700～1 000 | 35～50 | 190～250 | 10～18 |

2. 焊缝质量好

由于埋弧焊熔渣隔绝空气的保护效果好,又由于焊接参数可以通过自动调节保持稳定,对焊工技术水平要求不高,因此焊缝成分稳定、致密性好,焊缝外观平整光滑,易于控制焊道的成形,力学性能好。

3. 节省焊接材料和电能

由于埋弧焊的热输入量大,焊接时可少开坡口,这样既节省焊件因开坡口的耗费,又可减少焊缝中焊丝的填充量,节省相应的电能;同时可减少焊件金属的飞溅和烧损,以及可完全消除焊条电弧焊中焊条头的损耗。

4. 焊件变形小

埋弧焊的热能集中,焊接速度快,使得焊缝热影响区较小,焊件变形相应减小。

5. 劳动条件改善

在埋弧焊的焊接过程中,没有弧光辐射,又易于实现焊接过程的机械化、自动化,减轻了焊条电弧焊时的劳动强度。

但是相对于焊条电弧焊来说尚有不足之处,如各种位置的焊接(除平焊及平角焊位置外),埋弧焊尚难以胜任;对短焊缝也显不出生产率的优势;另外埋弧焊也不适宜焊接 1 mm 左右的薄钢板,因为当焊接电流小于 100 A 时,电弧的稳定性不好。

**(四) 埋弧焊的分类及应用**

埋弧焊按机械化程度、焊丝数量及形状、送丝方式、焊丝受热条件、附加添加剂种类及方式、坡口形式及焊缝成形条件等分类,见图 3-3。在这里,仅对部分埋弧焊的方法及应用作一简单的介绍。

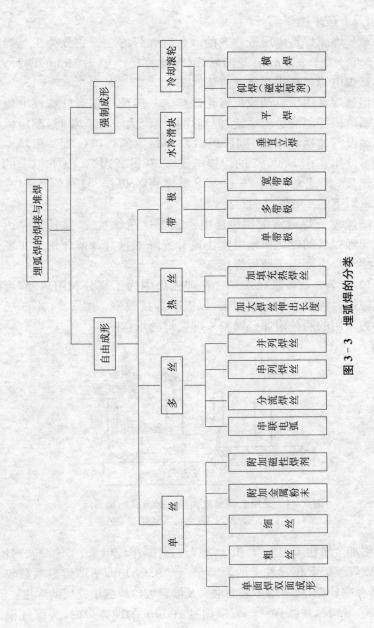

图 3 - 3 埋弧焊的分类

1. 单丝埋弧焊

单丝埋弧焊是应用最普遍的一种埋弧焊方法。它分为粗丝焊（焊丝直径大于 2.5 mm）及细丝焊（焊丝直径小于 2.5 mm）两种。它的弧焊电源可选用交流或直流。

粗丝焊常用于自动或机械化焊接。一般配用缓降外特性电源及电弧电压控制的送丝系统，但当焊接电流大于 600 A 时，配用恒压电源及等速送丝系统，同样可以获得稳定的焊接过程。粗丝埋弧焊可使用高达 1 000 A 的焊接电流，以获得高达 20 kg/h 以上的熔敷速度，因此常用于 20 mm 以上厚板的焊接，且可一次焊透 20 mm 以下的 I 形坡口的对接焊缝。

细丝埋弧焊通常配用恒压电源及等速送丝系统，弧长是靠恒压电源随弧长的变化而致电流快速升或降的自身调节作用来实现的。细丝焊主要用于薄板焊接。

1）附加金属粉末埋弧焊　在埋弧焊中为了充分利用热源，可以在施焊过程中添加金属粉末，以提高焊接效率。图 3-4、图3-5 所示为常用的两种附加金属粉末埋弧焊的示意图。

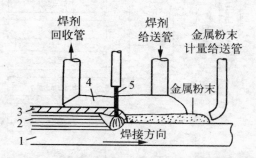

图 3-4　采用金属粉末铺撒添加方式的埋弧焊

1—母材；2—焊道；3—熔渣；4—焊剂；5—焊丝

附加金属粉末埋弧焊，由于熔焊过程中，单位电流、单位时间内，焊芯或焊丝熔敷在焊件上的金属量 [g/(A·h)] 即所谓熔敷系数较高，稀释率较低，故适用于表面堆焊及厚壁坡口焊缝填充层的焊接。

2）窄间隙埋弧焊　当板厚超过 20 mm 的埋弧焊时，为保证根

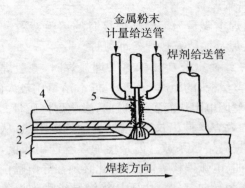

图 3-5 采用金属粉末吸附添加方式的埋弧焊

1—母材；2—焊道；3—熔渣；4—焊剂；5—焊丝

部及侧壁熔透，通常会采用大剖口的方式，这样随着板厚的增大，坡口内需熔敷的金属量也随之增加，使焊接材料的消耗量明显增加，焊接效率降低。

　　窄间隙埋弧焊有三种情况，第一种是最小间隙为 14 mm 的对接焊缝，采用每层单道的工艺方法，用这种方法焊接时间最短，但对剖口间隙误差要求较高，这样才能使焊丝始终对准间隙中心，保证两侧壁均匀地熔合，见图 3-6(a)；第二种是间隙为 18～24 mm 的对接焊缝，采用每层焊两道的方法，用这种焊法便于操作，容易获得无缺陷的焊缝，这种方法是目前最常用的，如图 3-6(b)所示；第三种是用于板厚大于 300 mm 的特厚板的窄间隙埋弧焊，采用多层三道焊的方法，间隙扩大至 24 mm，见图 3-6(c)。

每层单道　　　　每层双道　　　　每层三道

(a)　　　　　　　(b)　　　　　　　(c)

图 3-6 窄间隙埋弧焊的三种情况

(a) 多层单道焊；(b) 多层双道焊；(c) 多层三道焊

2. 热丝埋弧焊

热丝埋弧焊主要是为了提高焊接时的熔敷系数。有加大焊丝伸出长度埋弧焊及加填充热焊丝埋弧焊。

1）加大焊丝伸出长度埋弧焊　埋弧焊时，一般焊丝伸出长度（从导电嘴到焊丝端头的距离）为 25～35 mm，可用较大的焊接电流，而不至于使焊丝因电阻热而发红、弯曲，影响焊接质量。但若控制恰当，也可利用加大焊丝伸出长度，增加焊丝的电阻热，从而加快焊丝的熔化速度来提高熔敷系数。但是增加焊丝伸出长度，可能会使焊丝端头产生扭曲、电弧偏移等情况，因此必须在导电嘴前加设一个绝缘的导丝嘴，作为导向装置。由于从绝缘导丝嘴到焊条端头的长度控制在 25～30 mm，即可便于焊丝准确对中，避免了因焊丝的扭曲变形而造成焊接的质量事故。图 3－7 所示为加设绝缘导丝嘴的焊嘴。

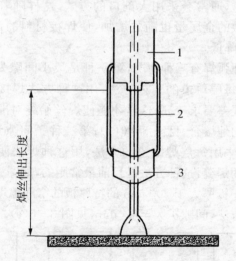

**图 3－7　加设绝缘导丝嘴的焊嘴**

1—导电嘴；2—焊丝；3—绝缘导丝嘴

采用加大焊丝伸出长度的焊接时，除了熔深比一般埋弧焊小 10% 之外，焊道的形状不会有明显的变化。但由于这种埋弧焊的电弧吹力较小，对装配质量较差的焊接接头来说，易在窄坡口内形成夹渣,通常在使用这种方法焊接时宜用直流电焊接。为便于引弧,常将焊丝端头剪成45°尖角或采用热引弧技术。表3-2所列为不同直径焊丝的最大允许伸出长度。

**表3-2　不同直径焊丝的最大允许伸出长度**　　　　(mm)

| 焊　丝　直　径 | 焊丝伸出长度 |
|:---:|:---:|
| 3.2 | 76 |
| 4.0 | 128 |
| 5.0 | 165 |

2)加填充热焊丝埋弧焊　　这种热丝埋弧焊就是在埋弧焊时外指一根经电阻加热的辅助焊丝,目的也是为了增加熔敷系数。加填充热焊丝埋弧焊的示意图如图3-8所示。附加的热焊丝一般采用直径为1.6 mm的细丝,加热的电源可以是交流,也可以是直流。采用交流电加热的电源为平特性交流变压器,输出电压为8~15 V。热丝通过导丝嘴直接送至焊接熔池前。这种焊接方法与前一种热丝焊相比,它的熔敷速度要大得多,而且还不影响焊缝金属的力学性能。

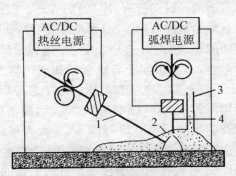

**图3-8　加填充热焊丝埋弧焊示意图**
1—热丝;2—焊剂;3—焊剂漏斗;4—焊丝

**3. 多丝埋弧焊**

多丝埋弧焊是一种既能保证合理的焊缝成型和良好的焊接质量,又能提高焊接速度的有效方法。这里仅介绍双丝埋弧焊。

　　双丝埋弧焊是多丝焊中的主要形式,图3-9(a)所示为串列式,图3-9(b)所示为并列式。它们可以合用一个电源或两个独立电源。合用一个焊接电源设备简单,但每一个电弧功率要单独调节较困难;用两个独立的焊接电源,设备较复杂,但两个电弧都可以独立地调节功率,而且可以采用不同的电流种类和极性,以便获得更理想的焊缝成形。

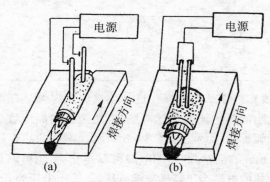

**图3-9　双丝埋弧焊**

(a) 串列式;(b) 并列式

　　双丝焊用得较多的是纵向排列(串列)的方式。根据焊丝间的距离不同又可分成单熔池和双熔池(分列电弧)两种,如图3-10所示。单熔池两丝间的距离为10~30 mm,两个电弧形成一个气泡。此时的焊缝成形过程,不仅决定于各电弧的相对位置及两焊丝的倾角,而且还决定于两电弧的电流和电压。由于这种焊接方法,前导的电弧是保证熔深的,后续电弧则调节熔宽,因此使焊缝具有适当的熔池的形状及适当的焊缝宽度与深度,并大大提高了焊接速度。同时这种方法还因熔池体积大,存留时间长,它的冶金反应充分,气体容易逸出,故对气孔的敏感性小。分列电弧的焊法,两电弧间的距离大于100 mm,每个电弧具有各自的熔化空间,后续电弧不是作用在母材上,而是作用在前导电弧已熔化而凝固的焊道上,因此后续电弧必须冲开已被前一电弧熔化而尚未凝固的熔渣层,这种方法适合水平位置平板对接的单面焊双面成形工艺。并列双丝焊适用于复合钢板复层的施焊。

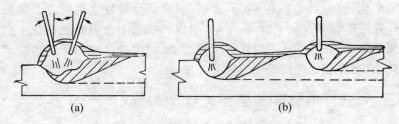

**图 3-10 纵向排列(串列)双丝焊**

(a)单熔池;(b)双熔池(分列电弧)

**4. 带极埋弧焊**

带极埋弧焊主要用于修复机械设备工作表面的磨损部分,以及金属表面残缺部分的堆焊。也可以用作对某些特殊用途的材料表面耐磨、耐蚀合金的堆敷。

带极埋弧焊是用长方形断面的带状电极取代圆截面的丝状电极。在焊接过程中,电弧热分布在整个电极宽度上,带极熔化形成熔滴过渡到熔池,冷凝形成焊道,如图 3-11 所示。

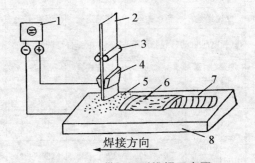

**图 3-11 带极埋弧堆焊示意图**

1—电源;2—带状电极;3—带极送进装置;4—导电嘴;
5—焊剂;6—焊渣;7—焊道;8—母材

带极埋弧堆焊具有熔敷效率高、稀释率低、熔敷面积大、焊边平整、熔合线整齐、焊剂消耗少等优点。

综上所述,埋弧焊有许多优点,至今仍然是工业生产中最常用的焊接工艺方法。主要用于各种钢板结构,可焊接的钢种包括碳素结构钢、低合金结构钢、不锈钢、耐热钢及其复合钢材等。埋弧焊在造船、锅炉、化工容器、桥梁、起重机械及冶金机械制造业中应用最为广泛。此外,用埋弧焊堆焊耐磨、耐蚀合金或用于焊接镍基合金、铜合金也是较理想的。

## 二、埋弧焊机及其使用、维护与故障排除

### (一)埋弧焊机及其使用

目前在生产中使用的埋弧焊机的类型很多。常用的埋弧焊机有等速送丝式和变速送丝式两种类型。它们一般都由机头、控制箱、导轨(或支架)及焊接电源组成。根据工作需要,埋弧焊机可做成不同的形式。常见的有焊车式、悬挂式、车床式、悬臂式和门架式等。表3-3为常用国产埋弧焊机的主要技术数据。这里主要介绍 MZ-1000 型埋弧焊机的结构及操作方法。

表3-3 国产埋弧焊机主要技术数据

| 型号<br>技术规格 | MZA-1000 | MZ-1000 | MZ2-1500 | MZ6-2×500 | MU1-1000 |
|---|---|---|---|---|---|
| 送丝方式 | 变速送丝 | 变速送丝 | 等速送丝 | 等速送丝 | 变速送丝 |
| 工作原理 | 电弧电压自动(强制)调节 | | 电弧自身调节 | | 电弧电压自动<br>(强制)调节 |
| 焊机结构特点 | 埋弧、明弧两用车 | 焊车 | 悬挂式自动机头 | 焊车 | 堆焊专用焊机 |
| 焊接电流(A) | 200~1 200 | 400~1 200 | 400~1 500 | 200~600 | 400~1 000 |
| 焊丝直径(mm) | 3~5 | 3~6 | 3~6 | 1.6~2 | 焊带宽 30~80、厚 0.5~1 |
| 送丝速度(m/h) | 30~360(弧压反馈控制) | 30~120 | 28.5~225 | 150~600 | 15~60 |
| 焊接速度(m/h) | 2.1~78 | 15~70 | 13.5~112 | 8~60 | 7.5~35 |
| 焊接电流种类 | 直流 | 直流或交流 | | 交流 | 直流 |
| 送丝速度调整方法 | 用电位器无级调速 | 用电位器调整直流电动机转速 | 调换齿轮 | 用自耦变压器无级调节直流电动机转速 | 用电位器无级调节直流电动机转速 |
| 重量(kg) | 60 | 65 | 160 | 50 | 65 |

1. MZ-1000 型埋弧焊机的组成

目前国内最常用的是 MZ-1000 型埋弧焊机。它采用发电机-电动机反馈调节器组成的自动调节系统,是一种变速送丝式埋弧焊机。这种埋弧焊机适合于水平位置或与水平面倾斜不大于 15°的各种 I 形坡口的对接、角接和搭接接头的焊接,也可借助焊接滚轮架焊接圆筒形焊件的内外环缝。随着科技的发展,目前由晶闸管控制的送丝电路系统已显现其更为灵敏的控制技术,在生产上也已得到广泛的应用。

MZ-1000 型埋弧焊机是由自动焊车、控制箱及弧焊电源三大部分组成的。图 3-12 为 MZ-1000 型埋弧焊机的自动焊车及控制箱的外形图。

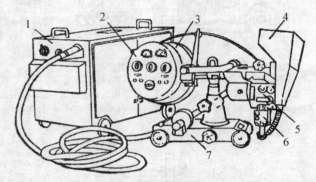

图 3-12 MZ-1000 型埋弧焊机的自动焊车与控制箱的外形图

1—控制箱;2—控制盘;3—焊丝盘;4—焊剂斗;
5—机头;6—导电嘴;7—台车

1) MZT-1000 型自动焊车 MZT-1000 型自动焊车是与 MZ-1000 型埋弧焊机配用的,在焊车上有焊接机头及其调整机构、导电嘴、送丝机构、控制盘、焊丝盘、焊剂漏斗及焊车行走机构等,见图 3-13。

机头送丝传动系统如图 3-14 所示。机头上装有一台 40 W 2 850 r/min 的直流电动机 1,经齿轮副 7 和蜗轮蜗杆 8 组成的减速机构减速后,带动焊丝主动送丝轮 2。焊丝就夹紧在主动送丝轮 3

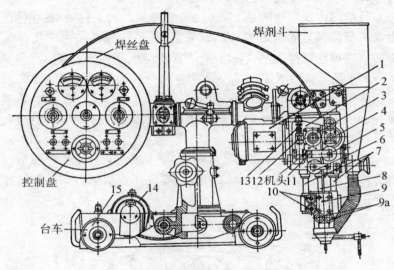

**图 3 - 13　MZT - 1000 型自动焊车**

1—送丝电动机;2—杠杆;3,4—送丝滚轮;5,6—矫直滚轮;7—圆柱导轨;
8—螺杆;9—导电嘴;9a—螺栓(压紧导电块用);10—螺栓(接电极用);
11—螺钉;12—调节螺母;13—弹簧;14—台车电动机;15—台车滚轮

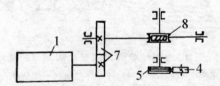

**图 3 - 14　送丝机构传动系统**

1—电动机;4—从动压紧轮;5—主动送丝轮;
7—齿轮;8—蜗轮蜗杆

和从动压紧轮 4 之间,夹紧力的大小可以通过弹簧 13 和杠杆 2 来调节。焊丝送出后,由矫直滚轮 5,6 矫直,再经导电嘴,最后送入电弧区。导电嘴的高低可通过调节手轮来调节,以保证焊丝有合适的伸出长度。导电嘴内装有两副导电衬套(或称导电块,见图 3 - 15),可根据焊丝直径的粗细和衬套的磨损情况进行更换,以保证导电良好。焊接电源的一个极就接在导电嘴上。在机头上还装有焊剂漏斗,通过漏斗的金属蛇形软管,可将焊剂堆敷在焊件的预焊部位。

控制盘上装有焊接电流表和电压表,电弧电压和焊接速度的调节器,各种控制开关和按钮——"焊接"、"空载"转换开关,焊车"前后"行走和"停止"转换开关,焊接"启动"和"停止"按钮,焊丝"向上"、"向下"按钮,焊接电流"增大"和"减少"按钮等。

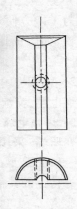

**图 3-15 导电嘴衬套**

如图 3-16、图 3-17 所示,焊机机头、控制盘、焊丝盘和焊剂漏斗等全部装在一个台车上。在台车的下面装有四只橡胶绝缘车轮,台车上装有一台 40 W 2 850 r/min 的直流电动机 1,经二级蜗轮 2,3 减速后,带动台车的主动轮 4 转动。台车的速度可在 15~70 m/h 范围内均匀调节。为了操作方便,在焊车的减速机构与主动车轮之间装有爪形离合器,通过离合器的离或合,可以用手推动焊车,或者由电动机驱动焊车。

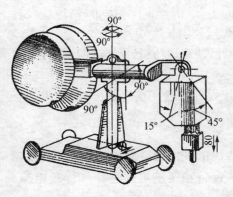

**图 3-16 MZT-1000 型焊车可调部件示意图**

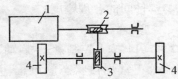

**图 3-17 焊车行走机构传动系统**
1—电动机;2,3—蜗轮;4—小车主动轮

为了能方便地焊接各种类型焊缝,并使焊丝能准确地对准施焊位置,如图 3 - 16 所示,焊车的一些部件可以作一定的移动和转动。

2) MZP - 1000 型控制箱　控制箱内装有电动机-发电机组、中间继电器、交流接触器、变压器、整流器、镇定电阻和开关等。

3) 焊接电源　采用交流焊接电源时,一般配用 $BX_2$ - 1000 型弧焊变压器;采用直流焊接电源焊接时,可配用 ZXG - 1000 型或 ZDG - 1000 R 型硅弧焊整流器,当然也可选择有相当功率、并具有陡降外特性的其他合适的直流弧焊电源。

2. MZ - 1000 型埋弧焊机的操作

1) 准备

(1) 合闸接通焊接电源及控制箱与供电网络的回路,打开控制箱上控制线路的电源开关,使焊接电源及控制箱均处于待工作状态。

(2) 通过控制盘上的电位器旋钮及按钮开关,分别设定或调整预置的焊接参数——电弧电压、焊接(焊车行走)速度、焊接电流。如焊车要固定位置焊接环缝或其他不需其行走的焊件,可不必设定焊车行走速度,并注意控制焊车行走的离合器是否松开。

(3) 操作控制盘上"焊丝向上"、"焊丝向下"按钮,使焊丝轻轻接触焊件的起焊处(注意调整焊丝伸出长度)。

(4) 调整焊车前的行走指针,使焊丝与指针的连线与焊接方向在一条直线上。

(5) 打开焊剂漏斗阀门,让焊剂堆敷在预焊部位(注意焊剂层与焊件间的合理厚度)。

2) 焊接

(1) 按下控制盘上"启动"按钮,此时焊机会自动完成从引弧到转入正常焊接状态的过程,并保持稳定的电弧电压和焊接电流。需焊车行走,此时即合上离合器。

(2) 在焊接过程中,要注意行走指针前行的方向,以免偏离焊道,并可及时调节台车上控制导电嘴左右移动的旋钮;注意焊剂层厚的变化，以免导电嘴与熔渣接触造成黏渣而影响焊缝成形和焊缝质量；注意及时往焊剂漏斗中添加焊剂；关注电弧电压及焊接电流的波动情况（一般不会有大的波动）。

（3）焊接途中若遇焊丝盘中焊丝即将用完，待焊丝尾部跳出焊丝盘后，适时停止焊接。此时操作停止按钮必须按整个焊接过程完成时的操作步骤进行，以免中途停焊出现焊接缺陷。

3）停止

（1）在控制盘上的"停止"按钮是双程按钮，因此要停止焊接时，要先轻轻按下按钮，此时机头上送丝电动机的电源被切断，焊丝仅靠惯性缓慢送向熔池，焊接电弧逐渐被拉长，而弧坑即被填满了。

（2）依据"停止"按钮第一程填满弧坑的动作，可凭电弧最后阶段燃烧的声音或经验时间，适时将按钮按到底以完成此按钮的第二程动作。此时，焊接电源被切断，焊车也停止行走，完成了焊接的全过程。

因此，切记按动"停止"按钮，绝对不能一下子就按到底，否则弧坑无法填满而焊丝却被黏在熔池上了。

**（二）埋弧焊机的维护及故障排除**

对于埋弧焊而言，要想保证焊接的质量，那么对它设备的日常维护和检修是至关重要的。因此，要建立和实行必要的维护维修制度，使埋弧焊机能经常处于良好的工作状态。要熟悉和掌握设备的构造和性能，以便能及时处理和排除一些在工作中可能出现的故障。

1. 埋弧焊机的日常维护与检修

1）一般焊机设备的连线及安装是由专业电工承接的，但作为焊工，在操作施焊前要作一全面检查，测试设备各活动部位动作是否到位，焊丝上下是否逆向，电动机是否反转，特别是用直流电源焊接时电表的极性有否接反，焊接电源的连接及各设备的接地是否牢靠等诸如此类的事，如有问题应及时请电工处理解决。

2）在经过一段时日的正常运行后，要注意与焊接电源接头连接的电缆线有否因长时间的发热而松动，甚至电缆线头因发热而变色，此时必须要及时紧固连接螺母。检查电缆线绝缘层有否破损,以便及时报修。

3) 检查控制箱与焊车连接的控制电缆线插头是否牢靠,注意及时紧固。

4) 注意保持焊接场地的清洁,可用干燥的压缩空气吹去控制箱内的尘土,以及送丝机构处的焊剂颗粒、粉尘及碎渣壳等杂物。如发现送丝机构运行受阻,若非电气原因,应及时报修,打开机头清洗传动零部件,重新上润滑油。因这种情况多半是由于粉尘侵入送丝机构内部所致。

5) 注意检查导电嘴衬套的磨损情况,以免磨损严重致导电不良、发热,故应及时更换导电嘴衬套。还应检查压紧导电嘴的螺栓是否有效,导电嘴因长期发热有否产生变形等。

总之,要注重日常维护和检修,以免出现停工待修而影响生产的局面。图 3-18、图 3-19 分别为 MZ-1000 型埋弧焊机在配用交流焊接电源及直流焊接电源时的外部接线图。

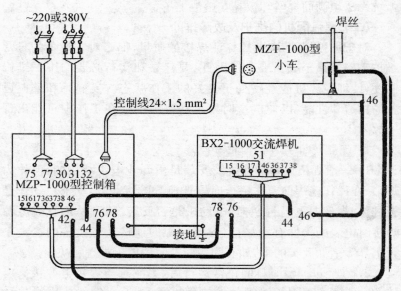

图 3-18　MZ-1000 型埋弧焊机的外部接线图(交流焊接电源)

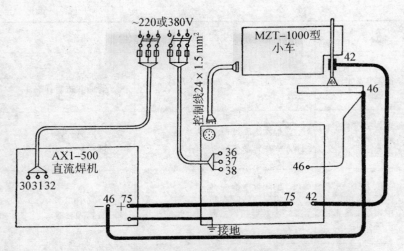

**图3-19 MZ-1000型埋弧焊机的外部接线图(直流焊接电源)**

2. 埋弧焊机常见故障及排除方法

埋弧焊机常见故障及排除方法见表3-4。

表3-4 埋弧焊机常见故障及排除方法

| 故障特征 | 可能产生的原因 | 排除方法 |
|---|---|---|
| 当按下焊丝"向下""向上"按钮时,焊丝动作不对或不动作 | 1. 控制线路中有故障(如辅助变压器、整流器损坏,按钮接触不良)<br>2. 感应电动机方向接反<br>3. 发电机或电动机电刷接触不好 | 1. 检查上述部件并修复<br>2. 改换三相感应电动机的输入接线 |
| 按下"启动"按钮,线路正常工作,但引不起弧 | 1. 焊接电源未接通<br>2. 电源接触器接触不良<br>3. 焊丝与焊件接触不良<br>4. 焊接回路无电压 | 1. 接通焊接电源<br>2. 检查修复接触器<br>3. 清理焊丝与焊件的接触点 |
| "启动"后,焊丝一直向上反抽 | 电弧反馈的46号线未接或断开(MZ-1000型) | 将46号线接好 |
| 线路工作正常,焊接参数正确,而送丝不均匀、电弧不稳 | 1. 送丝玉紧滚轮太松或已磨损<br>2. 焊丝被卡住<br>3. 送丝机构有故障<br>4. 网络电压波动太大 | 1. 调整或调换送丝滚轮<br>2. 清理焊丝<br>3. 检查送丝机构<br>4. 焊机可使用专用线路 |

(续　表)

| 故障特征 | 可能产生的原因 | 排除方法 |
|---|---|---|
| 焊接过程中焊剂停止输送或输送量很小 | 1. 焊剂已用完<br>2. 焊剂斗阀门处被渣壳或杂物堵塞 | 1. 添加焊剂<br>2. 清理并疏通焊剂斗 |
| 焊接过程中一切正常，而焊车突然停止行走 | 1. 焊车离合器已脱开<br>2. 焊车轮被电缆等物阻挡 | 1. 合上离合器<br>2. 排除车轮的阻挡物 |
| 按下"启动"按钮后，继电器作用，接触器不能正常作用 | 1. 中间继电器失常<br>2. 接触器线圈有问题<br>3. 接触器磁铁接触面生锈或污垢太多 | 1. 检修中间继电器<br>2. 检修接触器 |
| 焊丝没有与焊件接触，焊接回路有电 | 焊车与焊件之间绝缘破坏 | 1. 检查焊车车轮绝缘情况<br>2. 检查焊车下面是否有金属与焊件短路 |
| 焊接过程中，机头或导电嘴的位置不时改变 | 焊车有关部件有游隙 | 检查消除游隙或更换磨损零件 |
| 焊机启动后，焊丝末端周期地与焊件"黏住"或常常断弧 | 1. "黏住"是因为电弧电压太低，焊接电流太小或网络电压太低<br>2. 常常断弧是因为电弧电压太高，焊接电流太大或网络电压太高 | 1. 增加电弧电压或焊接电流<br>2. 减小电弧电压或焊接电流<br>3. 改善网络负荷状态 |
| 焊丝在导电嘴中摆动，导电嘴以下的焊丝不时变红 | 1. 导电块磨损<br>2. 导电不良 | 更换新导电块 |
| 导电嘴末端随焊丝一起熔化 | 1. 电弧太长，焊丝伸出太短<br>2. 焊丝给送和焊车皆已停止，电弧仍在燃烧<br>3. 焊接电流太大 | 1. 增加送丝速度和焊丝伸出长度<br>2. 检查焊丝和焊车停止的原因<br>3. 减小焊接电流 |

（续　表）

| 故障特征 | 可能产生的原因 | 排除方法 |
|---|---|---|
| 启动后焊接电路接通,但电弧未引燃,而焊丝黏结在焊件上 | 焊丝与焊件之间接触太紧 | 使焊丝与焊件轻微接触 |
| 焊接停止后,焊丝与焊件黏住 | 1. "停止"按钮按下速度太快<br>2. 不经"停止1"而直接按下"停止2" | 1. 慢慢按下"停止"按钮<br>2. 先按"停止1"待电弧自然熄灭后,再按"停止2" |

## 三、埋弧焊用焊接材料

### （一）焊丝

埋弧焊用的焊丝与焊条电弧焊焊条的焊芯相同,均属 GB/T 14957-1994《熔化焊用钢丝》标准。

为焊接不同厚度的钢板,可将同一牌号的焊丝加工成不同的直径。埋弧焊常用焊丝的规格有 2 mm、3 mm、4 mm、5 mm、6 mm 等几种。

焊丝在拉制成形后,应妥为保存,防锈防蚀,必要时镀上防锈层（如铜）。使用前应去锈去油污。

### （二）焊剂

焊接时,能够熔化形成熔渣和气体,对熔化金属起保护和冶金处理作用的一种物质。用于埋弧焊的为埋弧焊剂。用于钎焊的有硬钎焊钎剂和软钎焊钎剂。

1. 焊剂的作用及对焊剂的要求

焊剂的作用与焊条药皮有相似之处,在焊接过程中,熔化了的焊剂与液态金属之间进行着复杂的冶金反应（主要是氧化和还原）,但这种反应的激烈程度已远远超过了焊条电弧焊时药皮熔渣与熔池金属的反应。在埋弧焊中,由于电弧高温的作用,有的元素被烧损或蒸发,为了减少或补偿元素的损失,保证焊接过程的稳定以及焊缝的良好成形和高质量,焊剂必须满足下列要求:

1）能保证电弧稳定燃烧。

2）保证焊缝金属能获得所需的化学成分和力学性能。

3）能有效地脱硫、磷，对污、锈的敏感性小，不致使焊缝中产生裂缝和气孔。

4）焊接时无有害气体析出。

5）有合适的熔化温度及高温时有适当的黏度，以利于焊缝有良好的成形，凝固冷却后有良好的脱渣性。

6）不易吸潮和颗粒有足够的强度，以保证焊剂的多次使用。

2. 焊剂的分类

焊剂的分类方法有多种，最常见的有如下几种：

按制造方法可分为：熔炼焊剂；陶质焊剂和烧结焊剂。

按用途可分为：低碳钢焊剂；合金钢焊剂和有色金属焊剂。

按结构可分为：玻璃状焊剂和浮石状焊剂。

按熔渣的黏度可分为：长渣焊剂和短渣焊剂。

按化学特性可分为：酸性焊剂和碱性焊剂。

按化学成分可分为：高锰焊剂、中锰焊剂。

我国目前对焊剂的分类主要是根据化学成分和制造方法。应用最广泛的是熔炼焊剂。

所谓熔炼焊剂就是先将焊剂原材料按不同的熔炼方式（火焰或电弧加热）加工成不同的颗粒，例如在火焰炉中熔炼是用粉末状原料；在电炉里熔炼的矿石加工成不大于 50 mm 对径的颗粒。然后按配方配制原材料进行加热熔化，一般加热温度达 1 555～1 600℃。在整个加热熔化过程中，经矿石中碳酸盐分解、高价锰还原成 $MnO$ 并与 $SiO_2$ 形成硅酸盐、硫磷烧损等过程。然后将熔炼好的焊剂倒入低于 20℃的水中，使焊剂形成颗粒状（湿法）；或利用压缩空气将熔化的焊剂吹成小粒（干法，适用于短渣焊剂）；也可将干、湿法联合应用，将焊剂制成粒状。经水粒化后的焊剂应烘干，烘干温度为 250～300℃，烘干后水分不应超过 0.1%。这就是熔炼焊剂的生产工艺过程。

还有常用的烧结焊剂，是将一定比例的粉料加入适量黏结剂，混合搅拌并形成颗粒，然后经高温烧结而成。

3. 焊剂牌号的编制

焊剂牌号的前面加"HJ"两个字母，"HJ"两个字母的后面有三位数字,第一位数字表示焊剂中氧化锰的平均含量,含量范围见表3-5。牌号的第二位数字表示焊剂中二氧化硅、氟化钙的平均含量,见表3-6。牌号的第三位数字表示同一类型焊剂的不同牌号,按1、2、3、……9顺序排列。对同一种牌号焊剂生产两种颗粒度,在细颗粒产品后面加一"细"字。

表3-5　焊剂牌号与氧化锰的平均含量

| 牌　号 | 焊剂类型 | 氧化锰平均含量 | 牌　号 | 焊剂类型 | 氧化锰平均含量 |
|---|---|---|---|---|---|
| HJ1xx | 无锰 | $MnO<2\%$ | HJ5xx | 陶质型 | |
| HJ2xx | 低锰 | $MnO\approx2\sim15\%$ | HJ6xx | 烧结型 | |
| HJ3xx | 中锰 | $MnO\approx15\sim30\%$ | HJ7xx | 待发展 | |
| HJ4xx | 高锰 | $MnO>30\%$ | | | |

表3-6　焊剂牌号与二氧化硅、氟化钙的平均含量

| 牌号 | 焊剂类型 | | 二氧化硅和氟化钙的平均含量 | |
|---|---|---|---|---|
| HJx1x | 低 硅 | 低 氟 | $SiO_2<10\%$ | $CaF_2<10\%$ |
| HJx2x | 中 硅 | 低 氟 | $SiO_2\approx10\%\sim30\%$ | $CaF_2<10\%$ |
| HJx3x | 高 硅 | 低 氟 | $SiO_2>30\%$ | $CaF_2<10\%$ |
| HJx4x | 低 硅 | 中 氟 | $SiO_2<10\%$ | $CaF_2\approx10\%\sim30\%$ |
| HJx5x | 中 硅 | 中 氟 | $SiO_2\approx10\%\sim30\%$ | $CaF_2\approx10\%\sim30\%$ |
| HJx6x | 高 硅 | 中 氟 | $SiO_2>30\%$ | $CaF_2\approx10\%\sim30\%$ |
| HJx7x | 低 硅 | 高 氟 | $SiO_2<10\%$ | $CaF_2>30\%$ |
| HJx8x | 中 硅 | 高 氟 | $SiO_2\approx10\%\sim30\%$ | $CaF_2>30\%$ |
| HJx9x | 待 发 展 | | | |

焊剂在使用前,一般必须在250℃温度下烘干,并保温1~2 h。熔炼焊剂中HJ172,HJ173易吸潮,应注意保管,使用前必须经300~400℃烘干,保温2 h。

表3-7、表3-8分别为常用的熔炼焊剂及烧结焊剂的牌号、主要化学成分和用途的一览表。

表 3-7　常用熔炼焊剂的牌号、化学成分及用途

| 牌号 | 焊剂类型 | 焊接电源 | 主要化学成分<br>（质量分数，%） | | 主要用途 |
|---|---|---|---|---|---|
| HJ130 | 无锰高硅低氟 | 交直流 | $SiO_2\,35\sim40$<br>$CaO\,10\sim18$<br>$Al_2O_3\,12\sim16$<br>$FeO\,0\sim2$<br>$P\leqslant0.05$ | $CaF_2\,4\sim7$<br>$TiO_2\,7\sim11$<br>$MgO\,14\sim19$<br>$S\leqslant0.05$ | 熔炼型无锰焊剂，配合H10Mn2 高锰焊丝或其他低合金钢焊丝，用于焊接低碳钢或低合金结构钢，如 Q345 等结构 |
| HJ131 | | | $SiO_2\,34\sim38$<br>$CaO\,48\sim55$<br>$FeO\leqslant1$<br>$S\leqslant0.05$ | $CaF_2\,2\sim5$<br>$Al_2O_3\,6\sim9$<br>$R_2O\leqslant3$<br>$P\leqslant0.08$ | 熔炼型无锰高硅低氟焊剂，配合镍基焊丝焊接镍基合金薄板结构 |
| HJ150 | 无锰中硅中氟 | | $SiO_2\,21\sim23$<br>$CaO\,3\sim7$<br>$FeO\leqslant1$<br>$R_2O\leqslant3$<br>$P\leqslant0.08$ | $CaF_2\,25\sim33$<br>$MgO\,9\sim13$<br>$Al_2O_3\,28\sim32$<br>$S\leqslant0.08$ | 熔炼型无锰焊剂，配合适当焊丝、如 2Cr13 或3Cr2W8，可堆焊轧辊，也可焊接纯铜 |
| HJ151 | | 直流 | $SiO_2\,24\sim30$<br>$Al_2O_3\,22\sim30$<br>$CaO\leqslant6$<br>$S\leqslant0.07$ | $CaF_2\,18\sim24$<br>$MnO\,13\sim20$<br>$FeO\leqslant1.0$<br>$P\leqslant0.08$ | 配合奥氏体型不锈钢焊丝或焊带进行带极堆焊或焊接，用于核容器及石化设备的耐蚀层堆焊和焊接 |
| HJ172 | 无锰低硅高氟 | | $SiO_2\,3\sim6$<br>$Al_2O_3\,28\sim35$<br>$MnO\,1\sim2$<br>$S\leqslant0.05$<br>$ZrO_2\,2\sim4$ | $CaF_2\,45\sim55$<br>$FeO\leqslant0.8$<br>$R_2O\leqslant3$<br>$P\leqslant0.05$<br>$MaF\,2\sim3$ | 熔炼型低硅高氟焊剂，配合适当焊丝，可焊接高铬马氏体热强钢，如15Cr12MoWV 及含铌、含钛的铬镍不锈钢 |
| HJ211 | 低锰中硅含钛 | 交直流 | $SiO_2+TiO_2+Al_2O_3\,51\sim58$<br>$CaO+MgO+BaO\,24\sim28$<br>$CaF_2\leqslant15$ | | 焊接海洋平台、船舶压力容器等重要结构，采用多道焊接工艺焊接16MnR 钢，其焊缝金属（−40℃）可满足压力容器的韧性要求 |
| HJ230 | 低锰高硅低氟 | | $SiO_2\,40\sim46$<br>$CaO\,8\sim14$<br>$Al_2O_3\,10\sim17$<br>$MnO\,5\sim10$<br>$P\leqslant0.05$ | $CaF_2\,7\sim11$<br>$MgO\,10\sim14$<br>$FeO\leqslant1.5$<br>$S\leqslant0.05$ | 熔炼型低锰焊剂，配合H08MnA、H10Mn2 焊丝及其他低合金钢焊丝，焊接低碳钢及低合金钢，如Q345 钢等结构 |

(续　表)

| 牌号 | 焊剂类型 | 焊接电源 | 主要化学成分<br>(质量分数,%) | | 主 要 用 途 |
|---|---|---|---|---|---|
| HJ250 | 低锰中硅中氟 | 直　流 | $SiO_2$ 18～22　　$CaF_2$ 23～30<br>$CaO$ 4～8　　$MgO$ 12～16<br>$Al_2O_3$ 18～23　　$FeO$≤1.5<br>$MnO$ 5～8　　$R_2O$≤3<br>$S$≤0.05　　$P$≤0.05 | | 熔炼型低锰焊剂,配合适当焊丝,焊接低合金高强度钢,如 18MnMoNb 钢。配合含锰钼钒焊丝,焊接-70℃级的低温钢,如 09Mn2V 钢 |
| HJ251 | | | $SiO$ 18～22　　$CaF_2$ 23～30<br>$MgO$ 14～17　　$Al_2O_3$ 18～23<br>$FeO$≤1.0　　$MnO$ 7～10<br>$S$≤0.08　　$P$≤0.05<br>$CaO$ 3～6 | | 熔炼型低锰焊剂,配合含铬钼元素的焊丝,焊接珠光体耐热钢,如用于汽轮机转子的焊接 |
| HJ260 | 低锰高硅中氟 | | $SiO_2$ 29～34　　$CaF_2$ 20～25<br>$CaO$ 4～7　　$MgO$ 15～18<br>$Al_2O_3$ 19～24　　$FeO$≤1.0<br>$MnO$ 2～4　　$S$≤0.07<br>$P$≤0.07 | | 熔炼型低锰焊剂,配合不锈钢焊丝,如 Cr18Ni9、Cr18Ni9Ti 等,焊接相应牌号的不锈钢结构。也可用于轧辊堆焊 |
| HJ330 | 中锰高硅中氟 | | $SiO_2$ 44～48　　$CaF_2$ 3～6<br>$CaO$≤3　　$MgO$ 16～20<br>$Al_2O_3$≤4　　$FeO$≤1.5<br>$MnO$ 22～26　　$R_2O$≤1<br>$S$≤0.08　　$P$≤0.08 | | 熔炼型中锰焊剂,配合 H08MnA 及 H10Mn2 焊丝,焊接重要的低碳钢和低合金钢结构,如锅炉、压力容器等 |
| HJ350 | 中锰中硅中氟 | 交直流 | $SiO_2$ 30～35　　$CaF_2$ 14～20<br>$CaO$ 10～18　　$Al_2O_3$ 13～18<br>$FeO$≤1.0　　$MnO$ 14～19<br>$S$≤0.06　　$P$≤0.07 | | 熔炼型中锰焊剂,配合适当焊丝,焊接 Mn-Mo、Mn-Si 及含镍的低合金高强钢重要结构,如船舶、锅炉、压力容器等 |
| HJ360 | 中锰高硅中氟 | | $SiO_2$ 33～37　　$CaF_2$ 10～19<br>$CaO$ 4～7　　$MgO$ 5～9<br>$Al_2O_3$ 11～15　　$FeO$≤1.5<br>$MnO$ 20～26　　$S$≤0.10<br>$P$≤0.10 | | 熔炼型中锰焊剂,主要用于电渣焊接大型低碳钢及某些低合金钢结构,如轧钢机架、大型立柱或轴等 |
| HJ430 | 高锰高硅低氟 | | $SiO_2$ 38～45　　$CaF_2$ 5～9<br>$CaO$≤6　　$Al_2O_3$≤5<br>$FeO$≤1.8　　$MnO$ 38～47<br>$S$≤0.10　　$P$≤0.8 | | 熔炼型高锰焊剂,配合 H08A 或 H08MnA 焊丝,焊接重要的低碳钢及部分低合金钢结构,如船舶、锅炉、压力容器、管道等 |

**（续　表）**

| 牌号 | 焊剂类型 | 焊接电源 | 主要化学成分<br>（质量分数，%） | | 主要用途 |
|------|---------|---------|--------------------------|---|---------|
| HJ431 | 高锰高硅低氟 | 交直流 | $SiO_2$ 40～44　　$CaF_2$ 3～7<br>$CaO$≤6　　$MgO$ 5～8<br>$Al_2O_3$≤4　　$FeO$≤1.8<br>$MnO$ 34～38　　$S$≤0.06<br>$P$≤0.08 | | 熔炼型高锰焊剂，配合 H08A 及 H08MnA 焊丝，焊接重要的低碳钢及低合金钢结构，如船舶、锅炉、压力容器等。也可用于铜的焊接和电渣焊 |
| HJ433 | | | $SiO_2$ 42～45　　$CaF_2$ 2～4<br>$CaO$≤4　　$Al_2O_3$≤3<br>$FeO$≤1.8　　$MnO$ 44～47<br>$R_2O$≤0.5　　$S$≤0.06<br>$P$≤0.08 | | 熔炼型高锰焊剂，配合 H08A 焊丝，焊接低碳钢结构，适宜于管道和容器的快速环缝和纵缝的焊接，如石油、天然气体管道等 |
| HJ434 | | | $MnO$ 35～40　　$SiO_2$ 40～45<br>$CaF_2$ 4～8　　$CaO$ 4～8<br>$Al_2O_3$≤6　　$FeO$≤1.5<br>$ReO$≤0.5　　$S$≤0.05<br>$P$≤0.05 | | 配合 H08A、H08MnA、H10MnSi 等焊丝，焊接低碳钢及某些低合金钢结构，如管道、锅炉、压力容器、桥梁等 |

**表 3-8　常用烧结焊剂的牌号、化学成分及用途**

| 牌号 | 主要化学成分（质量分数，%） | 主要用途 |
|------|----------------------------|---------|
| SJ101 | $SiO_2+TiO_2$ 25、$CaF_2$ 20<br>$CaO+MgO$ 30<br>$Al_2O_3+MnO$ 25 | 配合 H08MnA、H08MnMoA、H08Mn2MoA、H10Mn2 等，可焊接多种低合金结构钢重要结构，如锅炉压力容器、管道等。特别适合大直径容器双面单道焊 |
| SJ301 | $SiO_2+TiO_2$ 40、$CaF_2$ 10<br>$CaO+MgO$ 25<br>$Al_2O_3+MnO$ 25 | 配合 H08MnA、H08MnMoA、H10Mn2 等，可焊接低合金结构钢、锅炉用钢等，可多丝快速焊以及大、小直径的钢管焊接 |
| SJ401 | $SiO_2+TiO_2$ 45<br>$CaO+MgO$ 10<br>$Al_2O_3+MnO$ 40 | 配合 H08A 焊丝可焊接低碳钢及某些低合金结构钢，如机车车辆、矿山机械等金属结构 |
| SJ501 | $SiO_2+TiO_2$ 30<br>$CaF_2$ 5<br>$Al_2O_3+MnO$ 55 | 配合 H08A、H08MnA 等焊丝，焊接低碳钢及某些低合金结构钢 Q390（15MnV）等，如锅炉、船舶、压力容器等特别适合双面单道焊 |
| SJ502 | $MnO+Al_2O_3$ 30<br>$TiO_2+SiO_2$ 45<br>$CaO+MgO$ 10<br>$CaF_2$ 5 | 配合 H08A 焊丝焊接重要的低碳钢及某些低合金钢结构，如锅炉、压力容器等。焊接锅炉膜式水冷壁焊接速度可达 70 m/h 以上 |

### （三）焊接材料的选配

选用焊丝与焊剂时，必须根据焊件钢材的化学成分和力学性能，焊接结构的接头形式（焊件厚度、坡口大小等），焊后是否热处理以及耐高温、耐低温和耐腐蚀等使用条件综合考虑，并经试验后确定。焊丝、焊剂的选用及选配的一般原则如下：

1. 焊丝的选配原则

1）对于碳素钢和普通低合金钢，应保证焊缝的力学性能。

2）对于铬钼钢和不锈耐酸钢等合金钢，应尽可能保证焊缝的化学成分与焊件相近。

3）对于碳素钢与普通低合金钢或不同强度级的普通低合金钢之间的异种钢焊接接头，一般可按强度级较低的钢材选用抗裂性较好的焊接材料。

2. 焊剂的选配原则

1）采用高锰高硅焊剂跟低锰（H08A）或含锰（H08MnA）焊丝相配合，常用于低碳钢和普低钢的焊接。

2）采用低锰或无锰高硅焊剂跟高锰焊丝（H10Mn2）相配合，也用于低碳钢和普低钢的焊接。

3）强度级别较高的低合金钢要选用中锰中硅或低锰中硅型焊剂。

4）低温钢、耐热钢、耐腐钢等要选用中硅型或低硅型焊剂。

5）铁素体、半铁素体、奥氏体等高合金钢，一般选用碱度较高的熔炼焊剂及烧结、陶质型焊剂，以降低合金元素烧损及掺加较多的合金元素。

常用焊剂、焊丝的配用详见表 3 - 7、表 3 - 8。

## 四、焊接参数及其他工艺因素对焊缝形状的影响

### （一）焊缝的成形系数及熔合比对焊缝质量的影响

1. 焊缝的成形系数及熔合比

焊缝的形状是对焊缝金属的横截面而言。如图 3 - 20 所示，$B$ 为焊缝的宽度，称为熔宽；$H$ 为焊缝的计算厚度（焊缝厚度）。

熔焊时,在单道焊缝横截面上,焊缝宽度($B$)与焊缝计算厚度($H$)的比值称为焊缝的成形系数,用希腊字母 $\varphi$ 表示,即 $\varphi = B/H$。

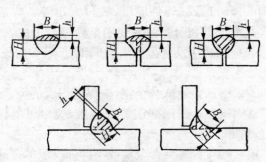

**图 3－20　各种焊缝的横截面形状**

$B$—焊缝宽度;$H$—焊缝计算厚度;$h$—余高

图中所示母材金属熔化部分的横截面积为 $F_m$;焊缝中虚线部分为填充金属的横截面积 $F_t$。

母材金属熔化部分的横截面积($F_m$)与焊缝横截面积($F_m + F_t$)的比值称为焊缝的熔合比,用希腊字母 $\gamma$ 表示,即 $\gamma = F_m/(F_m + F_t)$。

2. 焊缝成形系数及熔合比对焊缝质量的影响

焊缝的成形系数 $\varphi$ 对焊缝的质量有很大的影响,若 $\varphi$ 值控制不当,易使焊缝内部出现气孔、夹渣、裂纹等缺陷。$\varphi$ 值可变动于 0.5～10 之间。在一般情况下,$\varphi$ 值控制在 1.3～2 之间较为合适,因为这时的 $\varphi$ 值对熔池中气体的逸出以及防止夹渣、裂纹等缺陷的出现都是有利的。

熔合比 $\gamma$ 主要影响焊缝的化学成分、金相组织和力学性能。由于 $\gamma$ 的变化反映了填充金属在整个焊缝金属中所占比例发生了变化,这就导致焊缝成分、组织与性能的变化。$\gamma$ 的数值变化范围较大,一般可在 10%～85% 的范围内变化。而埋弧焊 $\gamma$ 的变化范围,一般约在 60%～70% 之间。

焊缝的形状系数 $\varphi$ 和熔合比 $\gamma$ 数值的大小,主要取决于焊接参数。焊接参数就是指焊接时,为保证焊接质量而选定的各项参数的总称。对埋弧焊来说,其主要有:焊接电流、电弧电压和焊接速度等。另外,如焊丝直径、焊件预热温度等,都属焊接参数。

**(二)焊接参数对焊缝形状的影响**

焊接参数中的焊接电流、电弧电压、焊接速度对焊缝的形状、尺寸起着决定性的影响。

1. 焊接电流对焊缝形状的影响

当焊接电流变化时,对焊缝宽度 $B$、焊缝计算厚度(熔池深度)$H$ 和余高 $h$ 的影响规律见图 3-21。当其他参数不变时,随着焊接电流的增加,电弧力增大,对熔池中液态金属的排出作用加强了,从而使熔池深度成正比增加,即 $H = KI_h$($K$ 为比例系数,与电流种类、极性、焊丝直径、焊剂化学成分等有关;当焊接是采用直流正接时,一般取 $K=1$;当直流反接和交流时,一般取 $K=1.1$)。

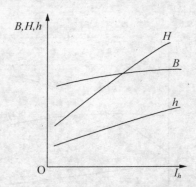

**图 3-21 焊接电流对焊缝形状影响的规律**

由于熔池深度增加,电弧深深潜入熔池,电弧在焊缝表面的活动能力减弱。因此,虽然因热输入的增加会使熔宽增加,但变化不是很大。

随着焊接电流的增加,电弧产生的热量增加,焊丝的熔化量便增加,而熔宽又变化不大,则焊缝的余高便增加。

但当电流过分增加,由于焊丝熔化量更大,熔池底部的液态金属反而难于排出,故熔池深度不再继续增加,甚至有减小的趋势。

另外,当焊接电流较高时,由于熔池深度较深,熔宽变化不大,因此焊缝形状系数 $\varphi$ 值就小,这样的焊缝,对熔池中气体和夹杂物的上浮及逸出都是十分不利的,对焊缝的结晶方向也是不利的,容易促使气孔、夹渣和裂纹的生成。为了改善这种情况,在增加焊接电流的同时,必须相应地提高电弧电压,以保证得到合理的焊缝形状。焊接电流变化对焊缝形状的影响如图3-22所示。

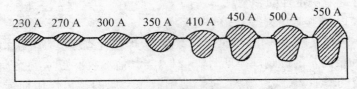

图3-22 焊接电流变化对焊缝形状的影响

2. 电弧电压对焊缝形状的影响

当其他条件保持不变时,电弧电压的变化对熔宽、熔池深度和余高的影响规律见图3-23。

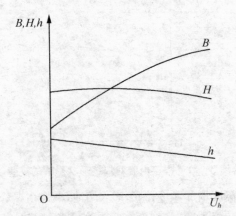

图3-23 电弧电压变化对焊缝形状的影响规律

随着电弧电压的增加,焊缝熔宽明显增加,而熔池深度和余高则有所下降。由于电弧电压的增加,实际上就是电弧长度的增加,这样,电弧的摆动作用加剧,使得焊件被电弧加热的面积和焊缝的熔宽也增加。

由于电弧拉长,较多的电弧热量被用来熔化焊剂,因此焊丝的熔化量变化不大,而且此时熔化的焊丝被分配在较大的面积上,故焊缝的余高也相应地减小了。

另外,由于电弧摆动作用的加剧,电弧对熔池底部液态金属的排出作用变弱,熔池底部受电弧热少,故熔池深度反而会有所减小。

适当地增加电弧电压,对提高焊缝质量是有利的,但应与增加焊接电流相配合。单纯过分地增加电弧电压,会使熔池深度变小,造成焊件的未焊透。而且焊剂的熔化量

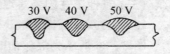

图 3-24 电弧电压变化对焊缝形状的影响

大,耗费多;焊缝表面焊波粗糙,脱渣困难,严重时会造成咬边。电弧电压变化后,所得到的焊缝形状如图 3-24 所示。

3. 焊接速度对焊缝形状的影响

焊接速度的变化,将直接影响电弧热量的分配情况,并影响弧柱的倾斜程度,这对于焊缝形状的影响是非常显著的。当其他条件不变时,随着焊接速度的增加,熔宽明显地变窄。当焊接速度为一般增加时,由于电弧向后倾斜角度增加,对熔池底部液态金属的排出作用加强,熔池深度反而会有所增加。当焊速继续增加到超过 40 m/h 时,熔池深度即逐渐减小。过分地增加焊接速度会造成未焊透和焊缝边缘的未熔合现象。在这种情况下,将焊丝向焊接方向倾斜(前倾)适当角度,对改进焊缝未熔合的情况是有利的。焊接速度变化对焊缝形状的影响如图 3-25 所示。

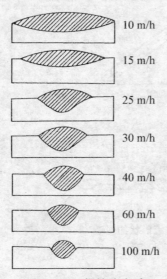

图 3-25 焊接速度对焊缝形状的影响

4. 焊丝直径对焊缝形状的影响

焊丝直径大,电弧的摆动作用随之加强,焊缝的熔宽增加,而熔池深度则稍有下降;当焊接电流不变时,若焊丝的直径越小,电流密度则增加,电弧吹力增加,而摆动减弱,熔池深度也便相应地增加。

故使用同样大小的电流时,小直径焊丝可以得到较大的熔池深度,或者说为了获得一定的熔池深度,细焊丝只需用较小的电流。

**(三) 其他工艺因素对焊缝形状的影响**

1. 焊丝倾斜对焊缝形状的影响

图 3-26 所示为焊丝前倾和后倾时焊接的情况。由于前倾焊时,电弧指向焊接方向,对熔池前面焊件的预热作用较强,使熔宽较大;但因电弧对熔池液态金属的排出作用相应减弱,则使熔深有所减小。后倾一定角度时,电弧对熔池金属的排出作用较强,使熔池深度和余高均有增加;而熔池表面受到电弧辐射减少,使熔宽显著减小,这样,使焊缝的形状系数 $\varphi$ 减小,且易造成焊缝边缘未熔合或咬边,使成形严重变坏。

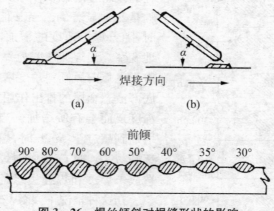

图 3-26　焊丝倾斜对焊缝形状的影响

(a) 后倾;(b) 前倾

2. 焊件倾斜对焊缝形状的影响

图 3-27 所示为焊件倾斜时上坡焊和下坡焊的情况。上坡焊时与焊丝后倾相似,由于熔池金属向下流动,有助于熔池深度和余高的增加,但熔宽减小,形成窄而高的焊缝,严重时出现咬边;下坡焊则与焊丝前倾情况相似,熔宽增大,而熔池深度和余高减小,这时易造成未焊透和边缘未熔合等缺陷。无论是上坡焊还是下坡

焊,焊件的倾斜角度 α 不宜超过 6°～8°,否则都会严重破坏焊缝成形,造成焊缝缺陷。

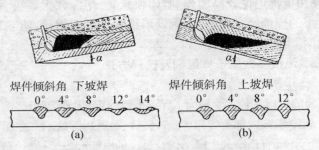

图 3-27　焊件倾斜对焊缝形状的影响
(a) 下坡焊;(b) 上坡焊

3. 焊丝伸出长度对焊缝形状的影响

当焊丝伸出长度增加时,电阻也增加,这就增加了电阻热,使焊丝的熔化速度加快,结果使熔池深度稍有减少,熔合比也有所减少。这对于小于 3 mm 的细直径焊丝影响非常显著,故对其伸出长度的波动范围应加以控制,一般不超过 5～10 mm。

4. 电流种类及极性对焊缝形状的影响

在一般的情况下,电弧阳极区的温度较阴极区高,但在使用高锰高硅含氟的焊剂进行埋弧焊时,电弧空间气体的电离势增加,这样,气体电离后正离子释放至阴极的能量也增加了,这就使阴极的温度提高,并大于阳极的温度。因而在用含有高电离电位的焊剂埋弧焊时,若焊接电源为直流正接,则焊丝的熔化速度大于焊件的熔化速度,使熔池深度减小,余高增大。反之用直流反接便可增加熔池深度。使用交流焊接电源时,对焊缝形状的影响介于直流正、反接之间。

5. 焊件装配间隙及坡口大小对焊缝形状的影响

焊件的装配间隙或坡口越大,就使焊缝熔合比 γ 的数值越小。对厚板来说,开坡口和留间隙是为了获得较大的熔池深度,同时可降低余高。

6. 焊剂对焊缝形状的影响

在其他条件相同时,用高硅含锰酸性焊剂焊接,比用低硅碱性焊剂能得到比较光洁平整的焊缝,因为前者焊剂在金属凝固温度时的黏度以及黏度随温度的熔化等,都能使之有利于焊缝的成形。另外,使用电离电位较高的焊剂,则弧长短,熔深较大。再者,由于颗粒度小的焊剂堆积比重大,所以用细颗粒焊剂焊接,能获得较大的熔池深度和较小的熔宽。

### (四)焊接参数的选择原则及选择方法

1. 选择原则

正确的焊接参数主要是为了保证电弧稳定,焊缝形状尺寸合适,表面成形光洁整齐,内部无气孔、夹渣、裂纹、未焊透等缺陷。在保证质量的前提下,还要有最高的生产率以及最少的电能和焊接材料的消耗。

由于影响焊缝质量的因素很多,各种焊接参数在不同情况下的组合,会对焊缝成形产生不同或类似的效果,因此,不能将埋弧焊焊接参数的选择看作是一成不变的,但必须按照前述原则,灵活选择各种焊接参数。

2. 选择方法

我们在实践中,对埋弧焊焊接参数的选择可根据查表(查阅类似焊接情况所用的焊接参数表,作为确定新参数的参考)、试验(在与焊件相同的焊接试验板上试验,最后确定参数)、经验(根据实践积累的经验确定焊接参数)等方法确定。但不论哪种方法所确定的焊接参数,都必须在实际生产中加以修正,以便定出更切合实际的数据。

## 五、埋弧焊操作技术

### (一)埋弧焊的焊前准备

埋弧焊在焊前必须作好准备工作,包括焊件的坡口加工、预焊部位的清理以及焊件的装配等,对这些工作必须给以足够的重视,不然会影响焊缝质量。

由于埋弧焊可使用较大的热输入,故一般厚度小于 14 mm 的钢板可用 I 形坡口,而仍能保证焊透和有良好的焊缝成形;当焊件厚度为 14～22 mm 时,多开 V 形坡口;厚度为 22～50 mm 时可开 X 形坡口;对一些要求较高的焊件的重要焊缝(如锅炉汽包等),一般多开 U 形坡口,以保证焊缝的根部焊透和无夹渣等缺陷。在 V、X 形的坡口中,坡口角度一般为 50°～60°,以利于提高焊接质量和生产率。关于埋弧焊的接头形式与尺寸可查阅附录四(摘自 GB/T 986 - 1988)。坡口可使用刨边机、气割机或碳弧气刨等设备加工,加工后的坡口边缘必须平直。

在焊前还需将坡口及接头焊接部位的表面锈蚀、油污、氧化皮、水分等清除干净,可使用手工清除(钢丝刷、风动手砂轮、风动钢丝轮等)、机械清除(喷砂)和氧-乙炔火焰烘烤等方法进行。

焊件装配工作的好坏直接影响着焊缝质量。焊件装配必须保证间隙均匀、高低平整。在单面焊双面成形的埋弧焊中更应严格注意。另外,装配时所使用的焊条要与焊件材料性能相符,定位焊的位置一般应在第一道焊缝的背面,长度一般应大于30 mm。在直缝焊件装配时,尚需加焊引弧板和引出板,这样不但增大了装配后的刚性,而且还可去除在引弧和收尾时容易出现的缺陷。

**(二) 对接直焊缝的操作技术**

对接直焊缝的焊接方法有两种基本类型,即单面焊和双面焊。这两种基本类型中又可分为 I 形坡口和其他形式坡口的、有间隙和无间隙的。

另外,根据焊接层数的不同,依钢板的厚薄分为单层焊和多层焊;根据防止熔池金属泄漏的不同情况,又有各种衬垫法或无衬垫法,见图 3 - 28。

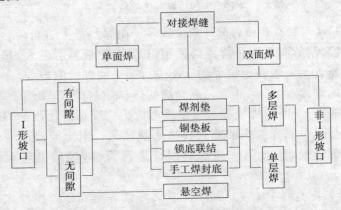

**图 3 - 28　埋弧焊对接焊缝焊接方法分类**

　　这里所述的各种焊接方法都是指在水平位置上的焊接,下面就几种基本焊接方法作些介绍。

　　1. 焊剂垫埋弧焊

　　在焊接对接焊缝时,为了防止熔渣和熔池金属的泄漏,常用焊剂垫作为衬垫来进行焊接。焊剂垫的焊剂应尽量使用适用于施焊件的焊剂,并经过筛、清洁(去灰)和烘干。焊接时焊剂要与焊件背面贴紧,在整个焊缝长度上保持焊剂的承托力均匀一致。焊剂垫的结构如图3-29所示。在整个焊接过程中,要注意和防止因焊件受热变形而发生焊件与焊剂垫脱空,以致造成烧穿的现象,应特别注意防止焊缝末端出现这种现象。

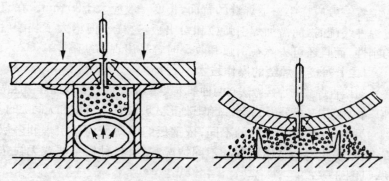

图 3-29　焊剂垫的结构

　　1)Ⅰ形坡口预留间隙双面埋弧焊　　在焊剂垫上进行Ⅰ形坡口的双面埋弧焊,为保证焊透必须预留间隙,钢板厚度越大,其间隙也应越大。一般在定位焊的反面进行第一面焊缝的施焊,并选择恰当的焊接参数,保证第一面焊缝的熔深超过焊缝厚度的1/2～2/3,表3-9所示焊接参数可供参考。第二面焊缝使用的焊接参数可与第一面焊缝相同或稍许减小热输入。对重要产品在焊第二面焊缝前,需对第一面焊缝根部进行清根,焊接电流可相应减小。

　　2)其他形式坡口预留间隙双面埋弧焊　　对于厚度较大的焊件,由于材料或其他原因,当不允许使用较大的线能量焊接,或不允许焊缝有较大的余高时,可以采用开非Ⅰ型坡口焊接,坡口形式由板厚决定。表3-10所列为这类焊缝单道焊常用的焊接参数。

表3-9 Ⅰ形坡口预留间隙双面埋弧焊焊接参数

| 焊件厚度<br>(mm) | 装配间隙<br>(mm) | 焊丝直径<br>(mm) | 焊接电流<br>(A) | 电弧电压(V) | | 焊接速度<br>(m/h) |
|---|---|---|---|---|---|---|
| | | | | 交 流 | 直流反接 | |
| 14 | 3~4 | 5 | 700~750 | 34~36 | 32~34 | 30 |
| 16 | 3~4 | 5 | 700~750 | 34~36 | 32~34 | 27 |
| 18 | 4~5 | 5 | 750~800 | 36~40 | 34~36 | 27 |
| 20 | 4~5 | 5 | 850~900 | 36~40 | 34~36 | 27 |
| 24 | 4~5 | 5 | 900~950 | 38~42 | 36~38 | 25 |
| 28 | 5~6 | 5 | 900~950 | 38~42 | 36~38 | 20 |
| 30 | 6~7 | 5 | 950~1 000 | 40~44 | — | 16 |

表3-10 V、X形坡口(带钝边)预留间隙双面埋弧焊(单道)焊接参数

| 焊件厚度<br>(mm) | 坡 口 形 式 | 焊丝直径<br>(mm) | 焊缝<br>顺序 | 焊接电流<br>(A) | 电弧电压<br>(V) | 焊接速度<br>(m/h) |
|---|---|---|---|---|---|---|
| 14 | | | 正<br>反 | 830~850<br>600~620 | | 25<br>45 |
| 16 | | 5 | 正<br>反 | 830~850<br>600~620 | 36~38 | 20<br>45 |
| 18 | | | 正<br>反 | 830~860<br>600~620 | | 20<br>45 |
| 22 | | 6<br>5 | 正<br>反 | 1 050~1 150<br>600~620 | 38~40<br>36~38 | 18<br>45 |
| 24 | | 6<br>5 | 正<br>反 | 1 100<br>800 | 38~40<br>36~38 | 24<br>28 |
| 30 | | | 正<br>反 | 1 000~1 100<br>900~1 000 | 36~40<br>36~38 | 18<br>20 |

3）Ｉ形坡口单面焊双面成形埋弧焊　这是采用较大的焊接电流，将焊件一次焊透，焊接熔池在焊剂垫上冷却凝固，以达到一次成形的目的。采用这种焊接工艺可提高生产率、减轻劳动强度、改善劳动条件。

焊剂垫上单面焊双面成形埋弧焊一般要留一定间隙，可采用Ｉ形坡口，将焊剂均匀地承托在焊件背面。焊接时，电弧将焊件熔透，并使焊剂垫表面的部分焊剂熔化，形成一液态薄层，将熔池金属与空气隔开，熔池则在此液态焊剂薄层上凝固成形，形成焊缝。为使焊接过程稳定，最好使用直流反接法焊接。焊剂垫中的焊剂颗粒度要细些。当使用细直径焊丝时，应严格控制其伸出长度，若过长，焊丝熔化太快，会使焊缝成形不良，伸出长度一般为 17～20 mm。另外，焊剂垫对焊剂的承托力，对焊缝的成形影响很显著。如压力较小，会造成焊缝下塌；压力较大，则会使焊缝背面上凹；压力过大时，甚至会造成焊缝穿孔（见图 3 - 30）。故焊剂垫应尽可能采用如图 3 - 29 中软管式焊剂垫，并对所通压缩空气的压力严格控制。焊接参数见表 3 - 11。

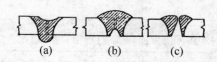

图 3 - 30　焊剂垫压力对焊缝成形的影响

(a) 压力较小；(b) 压力较大；(c) 压力过大

4）热固化焊剂垫法埋弧焊　用一般焊剂垫的单面焊双面成形埋弧焊，由于生成大量熔渣，易造成焊缝背面的高低和宽窄不均匀；对于位置不固定的曲面焊缝和一些立体焊件的焊接，一般焊剂垫也不适用。而采用具有热固化作用的特殊焊剂作为衬垫，则完全消除了一般焊剂垫的缺点。

热固化焊剂垫就是在一般焊剂中加入一定比例的热固化物质——酚醛（苯酚树脂）和铁粉等，它具有这样的特点：即当加热至 80～100℃时，树脂软化（或液化），将周围焊剂等黏结在一起，温度继续升高到 100～150℃时，树脂固化，使焊剂垫变成具有一定刚性的板条。焊接时只生成少量的熔渣，并能有效地阻止金属泄漏，帮助焊缝表面成形。

表3－11　焊剂垫上单面焊双面成形埋弧焊焊接参数

| 焊件厚度<br>(mm) | 装配间隙<br>(mm) | 焊丝直径<br>(mm) | 焊接电流<br>(A) | 电弧电压<br>(V) | 焊接速度<br>(m/h) | 焊剂垫压力<br>(MPa) |
|---|---|---|---|---|---|---|
| 2 | 0～1.0 | 1.6 | 120 | 24～28 | 43.5 | 0.08 |
| 3 | 0～1.5 | 2<br>3 | 275～300<br>400～425 | 28～30<br>25～28 | 44<br>70 | |
| 4 | 0～1.5 | 2<br>4 | 375～400<br>525～550 | 28～30<br>28～30 | 40<br>50 | |
| 5 | 0～2.5 | 2<br>4 | 425～450<br>575～625 | 32～34<br>28～30 | 35<br>46 | 0.1～0.15 |
| 6 | 0～3.0 | 2<br>4 | 475<br>600～650 | 32～34<br>28～32 | 30<br>40.5 | |
| 7 | | 4 | 650～700 | 30～34 | 37 | |
| 8 | 0～3.5 | 4 | 725～775 | 30～36 | 34 | |

　　典型的热固化焊剂垫构造如图3－31所示,最外层为热收缩薄膜,用以保持衬垫形状和防止焊剂等受潮和流动。薄膜内包有弹性垫(石棉布或瓦楞纸板),其作用是在固定衬垫时使压力均匀。弹性垫的上面是石棉布,以防止熔化金属和熔渣滴落。再上面是热固化焊剂,焊接时起铜垫作用,一般不熔化。热固化焊剂的上面是玻璃纤维布,主要起保证焊缝背面成形的作用,另外还可使衬垫与钢板更易贴紧。在热缩性薄膜的上表面两侧,贴有两条双面黏结带,便于衬垫的装配和贴紧。衬垫长度约为600 mm左右,可用磁铁夹具固定于焊件上(图3－32)。焊件在使用此种衬垫时,一般开V形坡口,为提高生产率,坡口内可堆敷一定高度的铁合金粉末。表3－12即为采用该工艺的焊接参数。

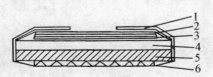

图3－31　热固化焊剂垫构造

1—双面黏接带；2—热收缩薄膜；
3—玻璃纤维布；4—热固化焊剂；
5—石棉布；6—瓦楞纸或石棉布

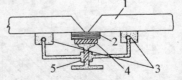

图3－32　热固化焊剂垫装配示意图

1—焊件；2—热固化焊剂垫；3—磁铁；
4—托板；5—调节螺丝

2. 焊剂-铜垫埋弧焊

用焊剂-铜垫板取代焊剂垫作为焊缝背面的成形装置,这样便克服了焊剂垫承托力不均的现象;同时,在焊件与铜垫板之间的焊剂层起着薄焊剂垫的作用,以帮助焊缝背面成形,并保护铜垫板不让电弧直接接触。在铜垫板上开一条弧形凹槽,以保证焊缝背面的正常成形,见表 3 - 13。

表 3 - 14 为在焊剂-铜垫板上的单面焊双面成形埋弧焊的焊接参数。

表 3 - 12　热固化焊剂垫埋弧焊焊接参数

| 焊件厚度(mm) | V 形坡口 | | 焊件倾斜度 | | 焊道顺序 | 焊接电流(A) | 电弧电压(V) | 金属粉末高度(mm) | 焊接速度(m/h) |
| | 坡口角度 | 间隙(mm) | 垂直 | 横向 | | | | | |
|---|---|---|---|---|---|---|---|---|---|
| 9 | | | 0° | 0° | | 720 | | 9 | 18 |
| 12 | | | 0° | 0° | 1 | 800 | 34 | 12 | 18 |
| 16 | 50° | 0~4 | 3° | 3° | | 900 | | 16 | 15 |
| 19 | | | 0° | 0° | 1 2 | 850 810 | 34 36 | 15 0 | 15 |
| 22 | | | 3° | 3° | 1 2 | 850 850 | 34 36 | 15 | 15 12 |

表 3 - 13　铜垫板截面尺寸　　　　　　(mm)

| 焊件厚度 | 槽宽 b | 槽深 h | 槽曲率半径 r |
|---|---|---|---|
| 4~6 | 10 | 2.5 | 7.0 |
| 6~8 | 12 | 3.0 | 7.5 |
| 8~10 | 14 | 3.5 | 9.5 |
| 12~14 | 18 | 4.0 | 12 |

表 3-14　焊剂-铜垫板单面焊双面成形埋弧焊焊接参数

| 焊件厚度<br>(mm) | 装配间隙<br>(mm) | 焊丝直径<br>(mm) | 焊接电流<br>(A) | 电弧电压<br>(V) | 焊接速度<br>(m/h) |
| --- | --- | --- | --- | --- | --- |
| 3 | 2 | 3 | 380～420 | 27～29 | 47 |
| 4 | 2～3 | 4 | 450～500 | 29～31 | 40.5 |
| 5 | 2～3 | 4 | 520～560 | 31～33 | 37.5 |
| 6 | 3 | 4 | 550～600 | 33～35 | 37.5 |
| 7 | 3 | 4 | 640～680 | 35～37 | 34.5 |
| 8 | 3～4 | 4 | 680～720 | 35～37 | 32 |
| 9 | 3～4 | 4 | 720～780 | 36～38 | 27.5 |
| 10 | 4 | 4 | 780～820 | 38～40 | 27.5 |
| 12 | 5 | 4 | 850～900 | 39～41 | 23 |
| 14 | 5 | 4 | 880～920 | 39～41 | 21.5 |

3. 锁底接头衬垫埋弧焊

在无法用焊剂垫或铜垫焊接时，可采用锁底接头。如一般小直径厚壁圆形容器的环缝常采用此法，其形式如图 3-33 所示。焊后，根据设计要求可保留或车去锁底的突出部分。焊接参数视坡口情况、锁底厚度、焊件形状等情况而定。

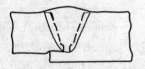

图 3-33　锁底联结接头

4. 手工焊封底埋弧焊

对于无法使用衬垫进行埋弧焊的对接焊缝，也可先行手工打底后再焊。这类焊缝接头可根据板厚情况采用 I 形坡口、单面坡口或双面坡口。一般厚板手工打底焊部分的坡口形式为 V 形，并保证封底厚度大于 8 mm。

5. 悬空焊

悬空焊一般用于 I 形坡口无间隙（或间隙小于 1 mm）的对接焊缝，它无需衬垫，但对焊件边缘的加工和装配要求较高。第一面焊缝的熔池深度通常为焊件厚度的 $40\%\sim50\%$，第二面焊缝，为保证焊透，熔池深度应达到板厚的 $60\%\sim70\%$。表 3-15 所列焊接参数供使用时参考。

表 3-15　无预留间隙的悬空双面埋弧焊焊接参数(MZ1-1000 直流)

| 焊件厚度 (mm) | 焊缝顺序 | 焊丝直径 (mm) | 焊接电流 (A) | 电弧电压 (V) | 焊接速度 (m/h) |
|---|---|---|---|---|---|
| 15 | 正 | 5 | 800~850 | 34~36 | 38 |
| | 反 | | 850~900 | 36~38 | 26 |
| 17 | 正 | 5 | 850~900 | 35~37 | 36 |
| | 反 | | 900~950 | 37~39 | 26 |
| 18 | 正 | 5 | 850~900 | 36~38 | 36 |
| | 反 | | 900~950 | 38~40 | 24 |
| 20 | 正 | 5 | 850~900 | 36~38 | 35 |
| | 反 | | 900~1 000 | 38~40 | 24 |
| 22 | 正 | 5 | 900~950 | 37~39 | 32 |
| | 反 | | 1 000~1 050 | 38~40 | 24 |

　　如何测算在悬空焊时第一面焊缝的熔池深度是否到位，在实践的经验中，有两种方法可测，一种是在焊接过程中观察焊缝背面焊接热场的颜色及形状；另一种是在焊后观察焊缝背面由于受焊接高温而产生的氧化物的颜色及厚度。

　　1)观察施焊处背面热场的形状及颜色　对于 $5\sim14$ mm 厚度的钢板，在焊接时熔池背面热场应呈红色到淡黄色(焊件越薄，颜色会越浅)，才可以达到需要的熔池深度；若热场颜色呈淡黄色或趋于白亮时，表明钢板将要被烧穿，必须迅速修正焊接参数。

　　若从背面热场的形状来看，如果热场前端呈圆形，说明焊接速度可适当提高；如果热场前端已呈尖角形，说明焊接速度已较快，应立即减小焊接电流，适当增加电弧电压；如果焊件背面热场颜色较深或较暗，说明焊接速度太快或电流太小，应适当降低焊接速度或增大焊接电流。

对于厚板多层焊的后几层焊道来说，上述方法不适用。

2）焊后观察焊缝背面所生成的氧化物颜色及厚度 焊接时，由于焊缝背面也处在热场的高温下，因此其表面金属被氧化，温度越高氧化程度越严重。如果焊缝背面的氧化物呈深灰色，其厚度又较厚，并有脱落或开裂的现象，说明熔池深度已足够；如果焊缝背面的氧化物呈赭红色，甚至氧化膜也未形成，说明其被加热的温度较低，熔池深度较小，有未焊透的可能。

这种方法不适用于较厚的钢板。

6. 多层埋弧焊

多层埋弧焊一般用于较厚钢板的焊接，坡口的形式有除了 I 形之外的多种形式，且无论是单面焊或双面焊都必须留有钝边（一般≥4 mm）。对于厚度大于 40 mm 的钢板，多采用 U，V 形组合坡口，正面为 U 形坡口，背面为较小的 V 形坡口，中间留有 2 mm 的钝边，见图 3-34(a)。开在背面的 V 形坡口，用于手工焊封底。

多层焊的第一层焊缝是至关重要的，它既要保证焊透，又要避免产生裂纹，因此在选择焊接参数时，应适当考虑热输入不宜过大，主要是焊接电流不宜过大，且电弧电压也要小一些，以免在坡口深处产生咬边和夹渣等缺陷，因为此时焊缝位置较深，允许焊缝的宽度较小。

一般在多层焊的第一、二层焊接时，焊丝位置应处于焊缝中心，但随着层数增加，应开始分道焊法（同一层分几道焊），如图 3-34(b)所示。若那时焊丝仍为居中位置，则可能会造成坡口边缘未熔合及夹渣。当开始分道焊时，焊丝应与坡口面保持约等于焊丝直径的距离，这样，焊缝与侧边能形成稍具凹形的圆滑过渡，既保证了熔合，又利于脱渣。

在焊接过程中，随着焊缝层数的增加，焊接电流也可适当增大，以提高焊接生产率。但也必须考虑到当时焊件的温度，如温度过高，焊接电流不宜加大，可稍冷却后再焊。在盖面焊时，为保证表面焊缝成形良好，冷输应相应减小。表 3-16 所列为多层埋弧焊的焊接参数。

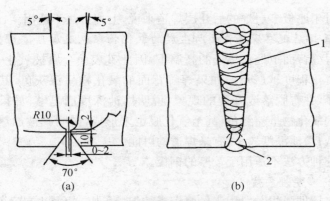

图 3 - 34　厚板埋弧焊接头及其多层焊的情况

(a) U 形与 V 形组合坡口；(b) 多层焊的焊道分布

1—多层分道埋弧焊；2—手工封底焊

表 3 - 16　厚板多层埋弧焊典型的焊接参数(焊丝直径为 5 mm)

| 焊缝层次 | 焊接电流(A) | 电弧电压(V) | 焊接速度(m/h) |
|---|---|---|---|
| 第一、二层 | 600～700 | 35～37 | 28～32 |
| 中间各层 | 700～850 | 36～38 | 25～30 |
| 盖　面 | 650～750 | 38～42 | 28～32 |

## （三）对接环焊缝焊接的操作技术

圆形筒体的对接环缝，如需要进行双面埋弧焊，则可以按图3-35所示，先在焊剂垫上焊接内环缝。焊剂垫是由滚轮和承托焊剂的皮带组成，利用圆形焊件与焊剂之间的摩擦力带动一起转动，并不断地向焊剂垫上添加焊剂。

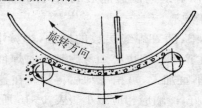

图 3 - 35　内环缝焊接示意图

在进行环缝焊接时,焊机小车可固定安放在悬臂架上,焊接速度则可由筒形焊件所搁置的焊接滚轮架来进行调节,一般是调节变速马达的转速。

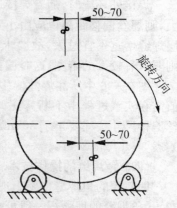

图3-36 环缝埋弧焊焊丝
偏移位置示意图

在环缝埋弧焊时,除去主要焊接参数对焊缝质量有直接影响外,焊丝与焊件间的相对位置也起着重要的作用。如图3-36所示,焊接内环缝时,焊丝的偏移是使焊丝处于"上坡焊"的位置,其目的是使熔池有足够的深度;焊接外环缝时,焊丝的偏移是使焊丝处于"下坡焊"的位置,这样,一则可减小熔池深度避免焊穿,二则使焊缝成形美观。

环缝埋弧焊焊丝的偏移距离(指与圆形焊件断面中心线的距离)随着圆形焊件的直径、焊接速度以及焊件厚度的不同而不同:

1. 焊件直径的影响

焊件的直径越大,允许的焊丝偏移尺寸也增大,这是因为焊件直径越大,在同一偏移中心角的情况下,所对应的弧长也越大。

2. 焊接速度的影响

环缝的焊接速度(焊件旋转的线速度)越大,允许的焊丝偏移尺寸也可适当增大,这是为了使熔池和熔渣能处在适当的位置凝固,以免造成流失、下淌等现象,保证焊缝质量。

3. 焊件厚度的影响

一般较厚钢板多采用多层焊,因此在焊接过程中,随着焊缝层数的增加,对圆形焊件来说,即相当于直径发生变化。

焊接内环缝时,随着焊接过程的继续,即相当于焊件直径在减小,因而焊丝偏移距离应由大到小变化。从多层焊的焊接来看,底层焊缝要求有一定的深度,焊缝宽度不宜过大,则焊丝偏移也要求偏大些,而当焊到焊缝表面时,则要求有较大的熔宽,此时的偏移距离可小些。

焊接外环缝时,随着焊接过程的继续,即相当于焊件直径的增大,则焊丝偏移距离也应由小到大变化。从多层焊的焊接来看,底层焊缝熔宽不宜过大,故要求偏移距离小些,而焊到焊缝表面时,则要求有较大的熔宽,这时偏移可大些。

图3-36中所注焊丝偏移尺寸供在实际操作时参考,具体偏移值需在实践过程中不断修正。对于小直径管件外环缝的焊接,焊丝偏移尺寸往往要小于30 mm。环缝埋弧焊的焊接参数可见表3-9、表3-10、表3-16。

**(四) 角焊缝的操作技术**

埋弧焊的角焊缝主要出现在 T 形接头和搭接接头中(见图3-37)。角焊缝的埋弧焊一般可采取船形焊和斜角焊两种形式,当焊件易于翻转时多采用船形焊,对于一些不易翻转的焊件则都使用斜角焊。

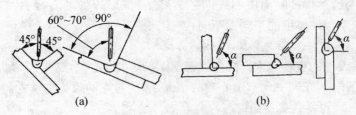

图3-37 角焊缝自动焊接头

(a) 船形焊;(b) 斜角焊

1. 船形焊

船形焊时由于焊丝为垂直状态,熔池处于水平位置,容易保证焊缝质量。但当焊件间隙大于 1.5 mm 时,则易产生焊穿或熔池金属溢漏的现象,故船形焊要求严格的装配质量,或者在焊缝背面设衬垫(见图3-38)。在确定焊接参数时,电弧电压不宜过高,以免产生咬边。另外,焊缝的形状系数应保证不大于2,这样可避免焊缝根部的未焊透。表3-17所列为船形焊的焊接参数。

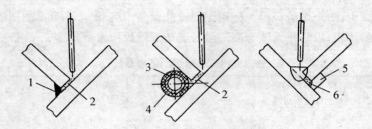

图 3-38　船形焊

1—手工预焊缝；2—细粒焊剂；3—钢管；
4—石棉绳；5—铜垫板；6—焊剂

表 3-17　船形焊的焊接参数

| 焊脚尺寸 (mm) | 焊丝直径 (mm) | 焊接电流 (A) | 电弧电压(V) | | 焊接速度 (m/h) |
| --- | --- | --- | --- | --- | --- |
| | | | 交　流 | 直流反接 | |
| 6 | 3<br>4 | 500～525<br>575～600 | 34～36 | 30～32 | 45～47<br>52～54 |
| 8 | 3<br>4<br>5 | 550～600<br>575～625<br>675～725 | 34～36<br>33～35<br>32～34 | 32～34 | 28～32<br>30～32<br>30～32 |
| 10 | 3<br>4<br>5 | 600～650<br>650～700<br>725～775 | | 32～34 | 20～23<br>23～25<br>23～25 |
| 12 | 3<br>4<br>5 | 600～650<br>700～750<br>775～825 | 32～34 | 32～34 | 12～14<br>16～18<br>18～20 |

2. 斜角焊

一般在不得已的情况下,对角焊缝采用斜角焊的方法,即焊丝倾斜。这种方法的优点是对间隙的敏感性小,即使间隙较大,一般也不致产生流渣和熔池金属流溢现象。但其缺点是单道焊缝的焊脚高最大不能超过 8 mm。所以当要求焊脚高大于 8 mm 时,只能采用多道焊。

斜角焊缝的成形与焊丝和焊件的相对位置关系很大,当焊丝位置不当时,易产生竖直面咬边或未熔合现象。为保证焊缝的良好成形,焊丝与竖直面的夹角应保持在 15°～45°的范围内(一般为 20°～30°),并选择距竖直面适当的距离,电弧电压不宜太高,这样可使熔渣减少,防止熔渣流溢。使用细焊丝能保持电弧稳定,并可以减小熔池的体积,以防止熔池金属流溢。斜角焊的焊接参数见表 3-18。

表 3-18 斜角焊的焊接参数

| 焊脚高度<br>(mm) | 焊丝直径<br>(mm) | 焊接电流<br>(A) | 电弧电压<br>(V) | 焊接速度<br>(m/h) | 电源类型 |
|---|---|---|---|---|---|
| 3 | 2 | 200~220 | 25~28 | 60 | 直 流 |
| 4 | 2<br>3 | 280~300<br>350 | 28~30 | | 交 流 |
| 5 | 2<br>3 | 375~400<br>450 | 30~32<br>28~30 | 55 | |
| 7 | 2<br>3 | 375~400<br>500 | 30~32<br>30~32 | 28<br>48 | 交 流 |

# 六、埋弧焊用焊接机械及焊接辅助装备简介

## (一) 焊接机械

焊接机械是改变焊件、焊机或焊工位置来完成机械化、自动化焊接的各种机械装置。使用焊接机械可缩短焊件翻转变位的辅助时间,提高劳动生产率,减轻工人的劳动强度,提高焊接质量,并可充分发挥各种焊接方法的效能。下面主要介绍的是埋弧焊用的焊接机械。

1. 焊接机械的分类

焊接机械可分为三大类:焊件变位装置、焊机变位装置、焊工变位装置。

焊件变位装置主要有:焊接变位机、焊接滚轮架、焊接回转台、焊接翻转机。

焊机变位装置主要有:焊接操作机、电渣焊主架。

焊工变位装置主要有:焊工升降台。

2. 焊接变位机

焊接变位机是将工件回转、倾斜,以便使所有的焊缝都能置于水平和船形位置的机械装置。按结构形式可分为三种。

1) 伸臂式焊接变位机 适用于轻小焊件的翻转变位,载重量一般不超过 1 t。

2) 座式焊接变位机 这是一种应用最广的焊接变位机,载重量一般为1～50 t。

图3-39 所示为10 t全液压座式焊接变位机,是埋弧焊常用的焊接机械之一,它的作用主要是使工作台回转和倾斜。整个装置重量轻、结构紧凑、传动平稳,能在大范围内实现无级调速,并有防止过载的能力。

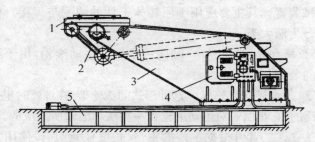

**图3-39 10 t全液压座式焊接变位机**
1—工作台及回转机构;2—工作台倾斜机构;
3—机架;4—液压控制台;5—底座

图3-40 所示为30 t球形容器焊接变位机,其工作台能按要求倾斜,将球形容器焊缝位置转至平焊位置,工作台自身也能旋转。

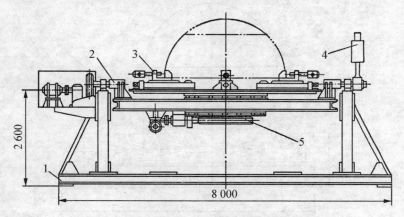

**图3-40 30 t球形容器焊接变位机**
1—机架;2—倾斜机构;3—夹紧机构;4—平衡块;5—回转机构

3）双座式焊接变位机　这种变位机有较高的稳定性,适用于大型及重型工件的翻转变位,载重量一般都在 50 t 以上。其工作台位于两机架之间,工作台直径有 7 m。工作台回转机构及倾斜机构均为无级变速,因此可进行空间曲面的埋弧焊及埋弧堆焊。

3. 焊接滚轮架

焊接滚轮架是借助工件与主动滚轮间的摩擦力来带动工件旋转的机械装置。其主要应用于回转体工件的装配与焊接。按结构形式可分为两大类。

1）长轴式焊接滚轮架　轴向一排均为主动滚轮,用于细长筒形工件的装配与焊接。

2）组合式焊接滚轮架　这种形式的滚轮架,在埋弧时也是应用最为广泛的,它是由一对主动滚轮和一对从动滚轮所组成的,两对滚轮各自独立。二者可根据工件的重量、长度任意组合,使用方便灵活,适应性强。图 3 - 41 所示为 20 t 自调式焊接滚轮架。可根据工件的直径自动调整滚轮的中心距,以获得平衡支承,因而使用方便。一般在滚轮摆架上设有轴向定位装置,可使滚轮轴线与工件轴线的

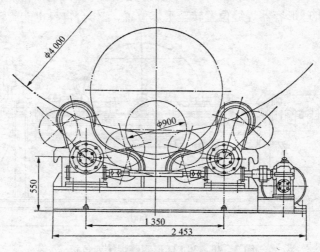

图 3 - 41　20 t 自调式焊接滚轮架(主动)

平行度误差较大时,避免工件在旋转过程中发生轴向移位,导致工件滚出滚轮架而产生严重后果。如无固有的定位装置,则必须事先认真调试,直至在旋转时工件不发生轴向移位。

4. 焊接翻转机

焊接翻转机是将工件绕水平轴翻转,使之处于有利施焊位置的机械装置。适用于梁、柱、框架、椭容器等长形工件的装配与焊接。

翻转机种类繁多,常见的有框架式、头尾架式、链式、环式等。图 3 - 42 所示为气动工字梁专用翻转机,其用于将工字梁翻转 180°。图中 I 为工字梁的原始位置,II 为夹持位置,在此位置时,梁的重心已偏向左边,此时气缸节流排气,活塞在工字梁的重力作用下复位,工字梁则缓慢地放到 III 的位置。

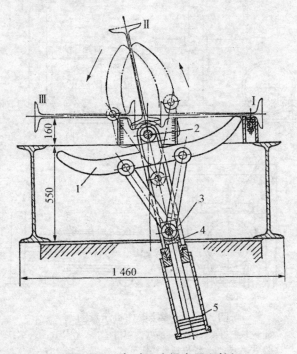

**图 3 - 42　气动工字梁专用翻转机**

1—回转臂;2—铰接支座;3—导槽;4—滑块;5—气缸

5. 焊接操作机

焊接操作机是将焊机准确地送到并保持在待焊位置或以选定的焊速,沿规定的轨迹移动焊机的机械装置。

焊接操作机与焊接变位机、焊接滚轮架等焊件变位装置配合使用,可完成多种焊缝的焊接,也可进行工件表面的埋弧堆焊。焊接操作机有四种,如图 3-43 所示。

1) 伸缩臂式焊接操作机 功能较全、应用较广,国内的定型产品是 MN9-1000。该机有台车可行走,台车上的立柱能回转 360°,横臂能升降 6 500 mm、水平移动 5 000 mm。由于活动环节较多,所以可方便灵活地进行容器及管道的内外纵、环缝焊接,如图 3-43(a)。

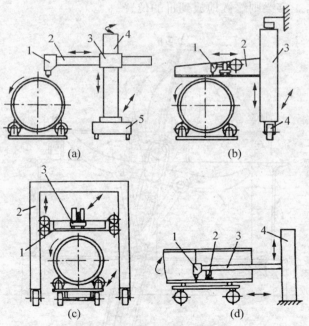

图 3-43 焊接操作机示意图

(a) 伸缩臂式:1—焊机;2—横臂;3—滑座;4—立柱;5—台车;

(b) 平台式:1—焊机;2—操作平台;3—立柱;4—台车;

(c) 龙门式:1—操作平台;2—龙门架;3—焊机;

(d) 悬臂式:1—焊机;2—支承滚轮;3—悬臂;4—立柱

2）平台式焊接操作机　结构较简单，活动环节较少，设备刚性较好，占地面积不大。横臂操作平台可供焊机行走及操作者乘坐，可进行容器外环缝、外纵缝的焊接，当容器直径较大时，也可进行内纵、环缝的焊接。该机通常设置在车间靠墙的地方，如图 3-43（b）。

3）龙门式焊接操作机　通常为四柱门式结构，内跨一座可升降的操作平台，龙门架可在轨道上行走。该机刚性较好，但由于结构粗笨，占地面积大，且仅适用于外环缝、外纵缝的焊接，故目前较少采用，如图 3-43（c）。

4）悬臂式焊接操作机　主要用来焊接筒体及管道的内纵、环缝。悬臂一端固定在立柱或台车上，悬臂细长（也有多节伸缩的），所以刚性较差，宜在悬臂前部装一组支承滚轮。对直径500 mm以下的容器焊接，可将焊丝盘、控制盒等设置在悬臂后部，以减小悬臂前部的质量及尺寸，提高设置的灵活性和稳定性，如图 3-43（d）。

**（二）焊接辅助装备**

焊接辅助装备包括的内容相当广泛，主要有焊剂垫、焊剂回收输送器、焊丝处理装置。其他的如开坡口机、清焊根机、打磨工具、通风设备以及各种防护设备均属焊接辅助装备，但有些并非焊接专用。这里主要介绍几种焊剂垫。

钢板的对接接头广泛采用埋弧焊，为了防止烧穿或使背面变形，必须在焊缝背面垫上衬垫。衬垫可以是紫铜的、石棉的，也可以是焊剂的，但常用的是焊剂的。

焊剂垫有多种形式：

**1. 槽钢式直缝焊剂垫**

一种最简单的焊剂垫形式，它利用焊件的自重压紧焊剂，简易方便。

**2. 软管式直缝焊剂垫**

这种焊剂垫其整体由两台中心相距 1.2 m 的举升气缸组成，靠气缸的动作将长 2.5 m 的焊剂槽顶起与工件接触，然后软管充气膨胀将由槽钢制成的衬槽撑起，使焊剂与焊道背面紧贴，见图 3-44。该装置简单易制，焊剂垫压力均匀，衬垫效果

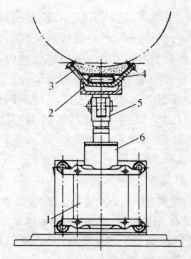

**图 3 - 44　软管式直缝焊剂垫**

1—气缸支座；2—软管；3—帆布衬槽；
4—焊剂槽；5—支承；6—举升气缸

好，并可用于反面成形，适用于筒体的内纵缝焊接，纵缝长度可达 2.2 m。

3. 电磁式软管直缝焊剂垫

这是一种整体由两台相距 6 m 带有电磁吸头的台车组成，其上平台总长为 10 m，靠电磁吸头将焊件吸住，然后上软管充气、下软管排气，借助推杆顶起衬槽的焊剂垫，见图 3 - 45。该方法主要用于板材的直缝拼接，焊缝长度可达 10 m。位置灵活，使用方便。当进行多条直缝焊接时，可由几台焊剂垫组成焊接平台后同时施焊。

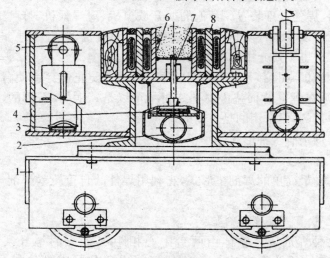

**图 3 - 45　电磁式软管直缝焊剂垫**

1—行走台车；2—下软管；3—滚轮软管；4—上软管；
5—支撑滚轮；6—帆布衬槽；7—推杆；8—电磁吸头

4. 圆盘式环缝焊剂垫

这种焊剂垫(图3－46)主要用于筒体的内环缝焊接。被焊筒体放置在滚轮架上,焊剂垫小车位于两滚轮架之间(必要时亦可置于滚轮架外)。施焊时,焊剂转盘在摩擦力的作用下随筒体一起转动,同时将焊剂连续不断地送到施焊处。转盘升降可采用气压式、液压式或手摇式。这种焊剂垫结构简单,使用方便,效果可靠;缺点是焊剂容易散落,需不断添加焊剂。

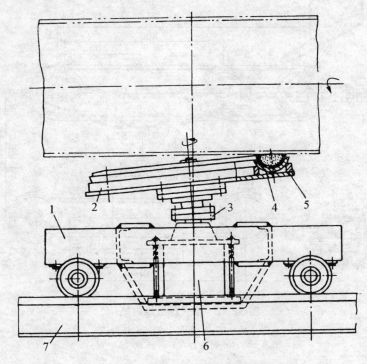

图3－46　圆盘式环缝焊剂垫

1—行走台车;2—转盘;3—联轴器;4—环形焊剂槽;
5—橡胶衬槽;6—举升气缸;7—轨道

5. 皮带式环缝焊剂垫

这种焊剂垫采用气缸将带支承总成举起,使带两边的凸棱与筒体表面接触,并在摩擦力的作用下,随筒体运动。使用时,位于带一端的焊剂斗中,焊剂经出料口落在带上,随带经筒体接缝表面到另一端,落入焊剂回收箱内。带式焊剂垫工作可靠,维修方便,焊剂厚度均匀,压力适当,透气性好,使用时焊剂不易破碎,粒度易控制。但其不易在窄小地方使用,且要求人工添加焊剂,使用时焊剂容易洒落(图3-47)。

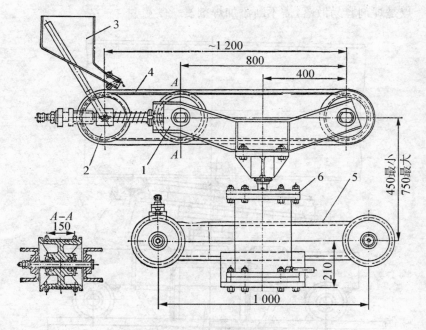

图3-47　带式环缝焊剂垫

1—带支承总成;2—张紧装置;3—焊剂斗;
4—带;5—行走台车;6—举升气缸

## 七、埋弧焊缺陷的产生原因及防止与消除方法

埋弧焊在焊接过程中所出现的焊接缺陷与焊条电弧焊及其他弧焊有共性之处,但鉴于埋弧焊的工艺有别于其他弧焊。其产生原因及防止与消除的方法(补救措施),见表3-19。

表 3 - 19　埋弧焊常见缺陷的产生原因及防止与消除方法

| 缺陷名称 | | 产生原因 | 防止与消除的方法 |
|---|---|---|---|
| 焊缝表面成形不良 | 宽度不均匀 | 1. 焊接速度不均匀<br>2. 送丝速度不均匀<br>3. 焊丝导电不良 | 防止：1. 找出原因排除故障<br>　　　2. 找出原因排除故障<br>　　　3. 更换导电块<br>消除：酌情部分用手工焊补修整并磨光 |
| | 余高过大 | 1. 电流太大而电压过低<br>2. 上坡焊时倾角过大<br>3. 环缝焊接位置不当（相对于焊件的直径和焊接速度） | 防止：1. 调整焊接参数<br>　　　2. 调整上坡焊倾角<br>　　　3. 相对于一定的焊件直径和焊接速度，确定适当的焊接位置<br>消除：去除表面多余部分，并打磨圆滑 |
| | 焊缝金属满溢 | 1. 焊接速度过慢<br>2. 电压过大<br>3. 下坡焊时倾角过大<br>4. 环缝焊接位置不当<br>5. 焊接时前部焊剂过少<br>6. 焊丝向前弯曲 | 防止：1. 调节焊速<br>　　　2. 调节电压<br>　　　3. 调整下坡焊倾角<br>　　　4. 相对一定的焊件直径和焊接速度，确定适当的焊接位置<br>　　　5. 调整焊剂覆盖状况<br>　　　6. 调节焊丝矫直滚轮<br>消除：去除后适当刨槽并重新覆盖 |
| | 中间凸起而两边凹陷 | 药粉圈过低并有黏渣，焊接时熔渣被黏渣拖压，致焊缝金属表面凝固扭曲 | 防止：随时调节药粉圈，使焊剂覆盖高度达 30～40 mm<br>消除：1. 去除黏渣<br>　　　2. 适当焊补或去除重焊 |
| 咬边 | | 1. 焊丝位置或角度不正确<br>2. 焊接参数不当 | 防止：1. 调整焊丝位置和角度<br>　　　2. 调整焊接参数<br>消除：去除夹渣补焊 |
| 未熔合 | | 1. 焊丝未对准应焊位置<br>2. 焊缝局部弯曲过甚 | 防止：1. 调整焊丝位置<br>　　　2. 精心操作<br>消除：去除缺陷部分后补焊 |
| 未焊透 | | 1. 焊接参数不当（如电流过小，电弧电压过高）<br>2. 坡口不合适<br>3. 焊丝未对准 | 防止：1. 调整焊接参数<br>　　　2. 修正坡口<br>　　　3. 调节焊丝<br>消除：去除缺陷部分后补焊，严重的需整条返修 |

（续　表）

| 缺陷名称 | 产生原因 | 防止与消除的方法 |
|---|---|---|
| 夹　渣 | 1. 多层焊时，层间清渣不彻底<br>2. 多层多道焊时，焊丝位置不当 | 防止：1. 层间清渣彻底<br>　　　2. 每层焊后发现咬边夹渣必须清除修复<br>消除：去除缺陷补焊 |
| 气　孔 | 1. 接头未清理干净<br>2. 焊剂潮湿<br>3. 焊剂（尤其是焊剂垫）中混有垃圾<br>4. 焊剂覆盖层厚度不当或焊剂斗阻塞<br>5. 焊丝表面清理油污、铁锈不彻底<br>6. 电弧电压过高 | 防止：1. 接头必须清理干净<br>　　　2. 焊剂按规定烘干<br>　　　3. 焊剂必须过筛、吹灰、烘干<br>　　　4. 调节焊剂覆盖层高度，疏通焊剂斗<br>　　　5. 焊丝必须清理，清理后应尽快使用<br>　　　6. 调整电弧电压<br>消除：去除缺陷后焊补 |
| 裂　纹 | 1. 焊件、焊丝、焊剂等材料配合不当<br>2. 焊丝中含碳、硫量较高<br>3. 焊接区冷却速度过快而致热影响区硬化<br>4. 多层焊的第一道焊缝截面过小<br>5. 焊缝形状系数太小<br>6. 角焊缝熔池深度太大<br>7. 焊接顺序不合理<br>8. 焊件刚度大 | 防止：1. 合理选配焊接材料<br>　　　2. 选用合格焊丝<br>　　　3. 适当降低焊速以及焊前预热和焊后缓冷<br>　　　4. 焊前适当预热或减小电流，降低焊速（双面焊适用）<br>　　　5. 调整焊接参数和改进坡口<br>　　　6. 调整焊接参数和改变极性（直流）<br>　　　7. 合理安排焊接顺序<br>　　　8. 焊前预热及焊后缓冷<br>消除：去除缺陷后补焊 |
| 烧　穿 | 焊接参数及其他工艺因素配合不当 | 防止：选择适当的焊接参数<br>消除：缺陷处修整后焊补 |

# 八、操作实例

## （一）碳钢纵缝的对接平焊

材料为优质碳素结构钢的 20 钢，属低碳钢，板厚为 20 mm，用埋弧焊实施纵缝对接。其工艺要点如下：

1）为保证焊透，采用 V 形坡口（带钝边）双面埋弧焊，坡口及装配尺寸如图 3-48 所示。

2) 清除坡口及其边缘的油
污、氧化皮及铁锈等；对重要产
品应将距坡口边缘 30 mm 范围
内打磨出金属光泽。

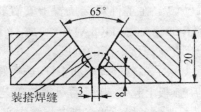

图 3-48　焊接接头形式

3) 用 J427（E4315）焊条在
坡口面两端预焊长约 40 mm 的
定位焊缝，大工件还应增加若干中间定位焊缝。定位焊缝须有一
定的熔深，以便整个工件的安全起吊。

4) 在接缝两端焊上与坡口截面相似的、100 mm 见方的引弧板
和引出板。

5) 将干燥纯净的 HJ431 焊剂撒在槽钢上，做成简易的焊剂
垫，并用刮板将焊剂堆成尖顶，纵向呈直线。

6) 将装搭好的焊件起吊、翻身，置于焊剂垫上。起吊点应尽量
靠近接缝处，以免接缝因起吊点远而增大力矩造成断裂，见图 3-
49（a、b）。钢板安放时，应使接缝对准焊剂垫的尖顶线，轻轻放下，
并用手锤轻击钢板，使焊剂垫实。为避免焊接时焊件发生倾斜，在
其两侧轻轻垫上木楔，见图 3-49（c）。

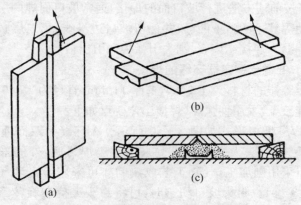

图 3-49　焊件的起吊、翻身及就位示意图

（a）翻身起吊；（b）翻身后平吊；（c）焊件就位

7) 在工件焊接位置上安置轨道及焊车,装上直径为 5 mm 的 H08MnA(或 H08A)焊丝,放入经 250℃烘干的 431 焊剂。焊件接上直流焊接电源的负极。

8) 调整好焊丝和指针,选择好所需的焊接参数,见表 3-20。从引弧板上起弧,起弧后对焊接工艺参数仍可作适当调整。焊接过程中,要保证焊丝始终指向焊缝中心,要防止因焊件受热变形而造成焊件与焊剂垫脱空以致烧穿的现象,尤其在焊缝末端更易出现这种现象。因此在焊接过程中,应适时将焊件两侧所垫木楔适当退出,从而保证焊缝背面始终紧贴焊剂垫。焊接过程必须在引出板上结束。

**表 3-20 20 钢对接纵缝焊接参数**

| 焊接顺序 | 焊丝直径<br>(mm) | 焊接电流<br>(A) | 电弧电压<br>(V) | 焊接速度<br>(m/h) |
|---|---|---|---|---|
| Ⅰ(坡口背面) | 5 | 700~750 | 36~38 | 28~30 |
| Ⅱ(坡口面第 1 层) | 5 | 650 | 35~37 | 30~32 |
| Ⅲ(坡口面第 2 层) | 5 | 700~750 | 38~40 | 28~30 |

9) 将背面焊妥的焊件吊起翻身,用碳弧气刨或快速砂轮清根,特别要注意清除定位焊缝,并清理焊道。

10) 按前述方法进行坡口面的焊接,通常坡口面焊两层。第一层尽量使焊缝呈圆滑下凹形,并保留坡口边缘线;第二层必须盖住第一道焊缝。焊接结束后,割去引弧板和引出板。

**(二) 低合金钢容器环缝的焊接**

低压容器的材料为 16Mng,壁厚 14 mm,直径为 1 800 mm,其中有环缝三条,采用埋弧焊,焊接工艺要点如下:

1) 焊缝坡口形式如图 3-50 所示。A 环缝为双面埋弧焊;B 为终接环缝(封头人孔端),内侧采用手工焊封底,外侧采用埋弧焊。坡口采用刨加工,气割工艺成熟的亦可采用半自动气割开坡口,见图 3-51。封头坡口切割时,可将封头夹持在旋转工作台上进行。单节筒体须经复轧圆后再行装配,装配时在环缝外侧坡口内进行定位焊,焊条为 J507。

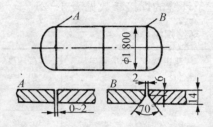

图 3-50  容器环缝及其坡口形式　　　图 3-51  坡口切割示意图

2）选用直径为 4 mm 的 H10Mn2(或 H08MnA)焊丝和 330 焊剂（采用 H08MnA 时为 431)。焊剂使用前经 2 h 250～300℃的烘干。

3）筒体环缝外侧安置焊剂垫,焊剂垫的焊剂厚度须大于 30 mm。将筒体置于焊接滚轮架上,筒体端部(终接环缝端)用轴向顶轮防止位移,见图 3-52。塔铁电缆线(焊接电源的一端)可点(焊)固在封头上。

4）先焊内环缝,然后在筒体外用碳弧气刨清根,再焊妥外环缝。施焊时焊丝与工件的相对位置参见图 3-53,距离 $a$ 以 35～40 mm 为宜。焊接时电弧区的焊剂厚度为 25～35 mm。

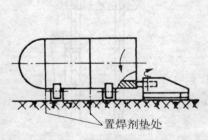

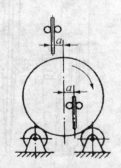

图 3-52  环缝焊接的轴向顶轮　　　图 3-53  焊丝偏离中心的位置

5）终接环缝装配后,筒体内侧进行手工焊封底,采用直径为4～5 mm 的 J507(E5015)焊条。焊条须经 400℃烘干,保温 2 h,然后放在 150℃的保温筒内,随用随取。内侧手焊为 2～3 层,然后外侧进行碳弧刨清根,再进行埋弧焊。三条环缝的焊接参数见表3-21。

**表3-21 环缝焊接参数**

| 焊 道 | | 焊丝(条)直径(mm) | 焊接电流(A) | 电弧电压(V) | 焊接速度(m/h) |
|---|---|---|---|---|---|
| A环缝 | 内 层 | 4 | 550～700 | 38～41 | 28～30 |
| | 外 层 | 4 | 550～700 | 38～41 | 30～32 |
| B环缝 | 手工焊(内) | 4～5 | — | — | — |
| | 埋弧焊(外) | 4 | 550～650 | 34～38 | 36～38 |

6)容器环缝焊后作焊缝全长20%的X射线探伤,以GB/T 3323-1987Ⅲ级为合格标准。

本工艺也适用于同类型的环缝焊接。对直径大于2 m的容器环缝,须在筒体内圈用撑圆环增强刚性,以保证装焊精度。对厚壁容器的环缝,可采用U形(带钝边)坡口,并采用专用导电嘴,见图3-54;同时,按规定进行焊前预热和焊后热处理。

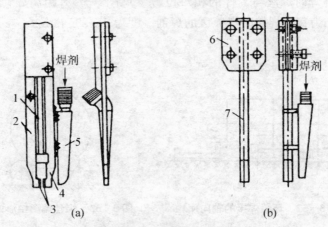

**图3-54 环缝深坡口专用导电嘴**

(a)弹簧夹紧式;(b)管式
1—导向管;2—活动板;3—导电块;4—固定板;
5—焊剂斗;6—导电板;7—导电杆

### (三) 不锈复合钢板的焊接

不锈复合钢板的基层材料为碳素钢,总厚度为 21 mm,规格及组成见表 3-22,对接接头采用埋弧焊,焊接工艺要点如下:

表 3-22　不锈复合钢板的组成

| 层　别 | 基　层 | 覆　层 |
|---|---|---|
| 厚度(mm) | 18 | 3 |
| 材料牌号 | 20 钢 | 1Cr18Ni9Ti |

1) 焊缝坡口形式见图 3-55 坡口全部采用刨加工,覆层坡口两侧各刨去 3 mm,以免焊接基层时稀释覆层。坡口区域须严格清理。

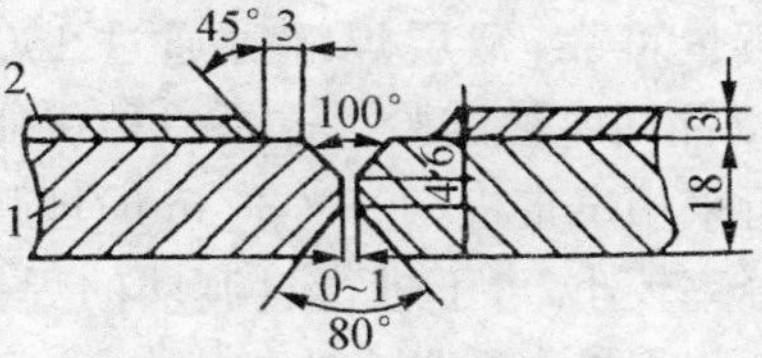

2) 不锈复合钢板对接接头的装配要求比普通钢

图 3-55　不锈复合钢板的焊缝坡口形式
1—基层;2—覆层

板高,错边量不宜超过 1 mm。定位焊缝应焊在基层一侧的接缝处,焊条为 J427。

图 3-56　不锈复合钢板的施焊顺序

3) 焊缝施焊顺序如图 3-56 所示。其中 1~3 为基层焊缝,4 为基层与覆层的过渡层焊缝,5 为覆层焊缝。1~3 采用单丝埋弧焊,4~5 采用双丝(并列)埋弧焊。

4) 焊接焊道 1 时,焊道高度以略低于碳钢坡口线为宜。然后背面进行碳弧刨或砂轮清根,注意以刨清焊根为限,不宜过深。过渡层与覆层焊接时,双丝焊的两根焊丝沿焊缝横向并列,见图 3-57。焊机由同一电源供电,并由一台电动机送丝,送丝滚轮形式如图 3-58 所示。焊接时两根焊丝有时同时起弧,有时略有间隔分别起弧。在操作技术上,双丝焊与单丝焊相比无特殊困难。

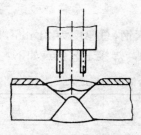

图 3-57　不锈复合钢板覆层的并列双丝焊

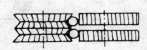

图 3-58　双丝送丝轮

各道焊缝的焊接参数见表 3-23。焊接电源的极性均为直流反接。

覆层采用双丝埋弧焊工艺后，可获得平坦光滑的焊缝外形，内在质量可靠，覆层焊缝可通过 180°弯曲试验和 GB/T 4334.5-2000 晶间腐蚀试验。这是一种优质高效的工艺方法。此外，覆层也可采用窄带极(0.5×30 mm)埋弧焊。采用带极埋弧焊时，由于稀释率较小，可不进行过渡层的焊接，使焊接工艺有所简化，带极埋弧焊焊接参数见表 3-24。

表 3-23　不锈复合钢板埋弧焊焊接参数

| 焊层 | 焊丝牌号 | 焊丝直径(mm) | 焊丝间距(mm) | 焊剂牌号 | 焊接电流(A) | 电弧电压(V) | 焊接速度(m/h) |
|---|---|---|---|---|---|---|---|
| 1 | H08MnA | 4 | — | 431 | 650～680 | 34～36 | 28～30 |
| 2 | H08MnA | 4 | — | 431 | 600～650 | 34～36 | 28～30 |
| 3 | H08MnA | 4 | — | 431 | 680～720 | 36～38 | 28～30 |
| 4 | 00Cr29Ni12 | 3(双丝) | 8 | 260 | 400～450 | 33～35 | 23 |
| 5 | 0Cr19Ni9Si2 | 3(双丝) | 8 | 260 | 550～600 | 38～40 | 23 |

表 3-24　复层带极埋弧焊焊接参数

| 焊带牌号 | 焊带尺寸(mm) | 焊剂牌号 | 焊接电流(A) | 电弧电压(V) | 焊接速度(m/h) |
|---|---|---|---|---|---|
| 00Cr28Ni11 | 0.5×30 | 260 | 500～550 | 35～37 | 11～12 |

### (四)低合金高强度钢的带极堆焊

热交换器的管板材料为 20MnNiMoMb 低合金高强度钢，管板尺寸为 $\phi$1 500×200 mm，要求表面堆焊 5 mm 耐蚀层，达到 18-8

不锈钢的性能,见图 3 - 59。采用带极埋弧堆焊,可满足大面积堆焊的要求,其工艺要点如下:

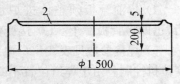

**图 3 - 59 管板尺寸**

1) 管板堆焊表面经立车加工,粗糙度为 $R_a 50 \sim 55 \ \mu m$,加工后表面须清除油污及水分。

2) 焊接材料及规格按表 3 - 25 选用。焊带须严格清洗,焊剂须经 2 h 350～400℃烘干。

**表 3 - 25 管板耐蚀层带极堆焊的焊接材料**

| 焊　层 | 堆焊层数 | 带极牌号 | 带极规格(mm) | 焊剂牌号 |
|---|---|---|---|---|
| 过渡层 | 1 | 00Cr26Ni12 | 0.5×60 | 260 |
| 不锈层 | 3 | 00Cr21Ni10 | 0.5×60 | 260 |

3) 选用 MU1 - 1000 型堆焊专用埋弧焊机。带极堆焊的导电嘴结构如图 3 - 60 所示。为了便于引弧,须将钢带端部剪成尖角,如图 3 - 61 所示。

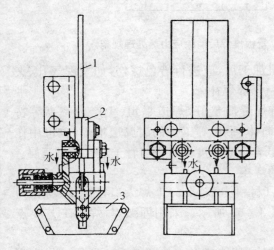

**图 3 - 60 带极堆焊的导电嘴**

1—挡板;2—导电板;3—焊剂斗

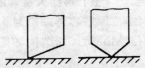

**图 3 - 61 钢带端部形状**

4）焊前管板须整体进炉预热，预热温度为 $200\sim250℃$。然后，迅即将管板置于 5 t 焊接变位机上，对准中心夹紧待焊。

5）焊接参数见表 3-26，电源为直流反接。施焊时，焊接速度由变位机控制。由于焊道位置不断变化，故应随时注意调节焊接速度和焊接位置。每圈焊道间应保证有 $5\sim10$ mm 的重叠（即搭边量）。

表 3-26 带极堆焊焊接参数

| 焊层 | 焊接电流（A） | 电弧电压（V） | 焊接速度（m/h） | 焊丝伸出长度（mm） | 焊缝搭边量（mm） | 焊剂层厚度（mm） |
|---|---|---|---|---|---|---|
| 过渡层 | $600\sim650$ | $35\sim38$ | $11\sim12$ | $40\sim45$ | $5\sim8$ | $30\sim35$ |
| 不锈层 | $650\sim700$ | $35\sim38$ | $9\sim11$ | $40\sim45$ | $8\sim10$ | $30\sim35$ |

6）管板堆焊结束后，立即进行消除应力热处理，热处理规范见图 3-62。

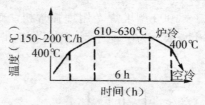

图 3-62 管板堆焊后消除应力热处理规范

7）堆焊层平面经机加工后，应进行着色探伤，如发现气孔、夹渣等小缺陷，可用手工氩弧焊焊补。

带极埋弧堆焊具有焊缝质量好，焊道平坦、生产效率高等特点，可用于管板、封头、筒体、平板等工件的耐腐层堆焊，也可用作碳钢焊带的堆焊，作为低合金高强度钢管板与管子连接的过渡层。

**（五）容器大接管的焊接**

厚壁容器球形封头（材料为 19Mn5）上焊大口径接管（材料为 20MnMo），其结构如图 3-63 所示。采用埋弧焊，焊接工艺要点如下：

1）焊缝为全焊透结构，其坡口形式如图 3-64 所示。封头剖口加工时，先在球形封头上按划线用半自动割圆机气割中心孔，然后在立车上加工至所需尺寸,并清除坡口区的水、锈、油等污物,由反面装搭中心接管。

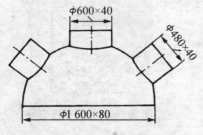

图3－63　容器封头大接管结构

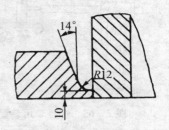

图3－64　封头与接管单边
U形(带钝边)剖口

2) 选用直径为 4 mm 的 H10MnMo 焊丝,配用 250 G 焊剂。焊剂须经 2 h 350～400℃的烘干。

3) 采用 MZ－1000 型埋弧焊机,机头由小车式改装为旋转式,安置在焊接升降架上,见图 3－65。焊接过程中靠机头回转,焊接速度实行无级调整。

4) 焊前工件可整体进炉预热,或用环形加热圈进行局部火焰加热,预热温度为 200℃。施焊时,应先用手工焊进行封底,焊条为 J507。封底层达到 6 mm 以上时即可进行埋弧焊,手工焊与埋弧焊间隔时间不宜过长。埋弧焊焊接参数见表 3－27,焊接顺序见图 3－66。

5) 焊接结束后立即进行消氢处理,消氢处理的温度为 300～350℃,保温 2 h,可按局部预热方法进行。处理后须在焊缝背面碳弧刨清根,此时若焊缝已冷至 150℃以下,则须重新预热后再碳弧刨。清根后,应作磁粉探伤检查裂纹,然后用手工焊(J507)焊妥背面焊缝。

表3－27　接管埋弧焊焊接参数

| 焊道 | 焊丝直径<br>(mm) | 焊接电流<br>(A) | 电弧电压<br>(V) | 焊接速度<br>(m/h) |
|---|---|---|---|---|
| 根部焊道 | 4 | 500～550 | 32～34 | 20～23 |
| 其余焊道 | 4 | 580～630 | 34～36 | 25～26 |

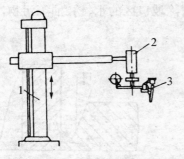

**图 3-65 焊接专用装置**
1—焊接架；2—旋转机构；3—机头

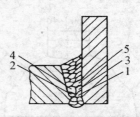

**图 3-66 接管焊接顺序**

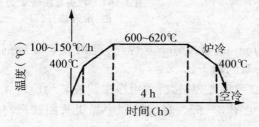

**图 3-67 中心接管焊后消除
应力热处理规范**

6）中心接管焊后，应单独进行消除应力热处理，其规范见图3-67。热处理结束后，再按上述程序进行第二只、第三只接管的开孔、焊接及焊后热处理。

7）所有接管焊妥后，进行焊缝的无损探伤，其要求见表3-28。

**表 3-28 大接管无损探伤要求**

| 探伤方法 | X 射线探伤 | 超声波探伤 | 磁粉探伤 |
| --- | --- | --- | --- |
| 探伤范围 | 100%焊缝长度 | 20%焊缝长度 | 100%焊缝内外表面 |
| 合格标准 | GB/T 3323—1987 Ⅱ 级 | JB1143—73 一级 | 无裂纹 |

大接管焊接采用埋弧焊代替手工焊工艺，既能有效地提高焊接质量及生产率，又能大大减轻焊工的劳动强度。除了封头接管外，筒身上呈马鞍形焊缝的接管，只要采用能按马鞍形轨迹运动的焊接专用装置，同样也能实现自动焊，见图3-68。此外，如将球形

封头置于焊接变位机上,则普通焊机也能进行焊接(图 3 - 69),但这一方法的缺点是接管较难对准中心线。

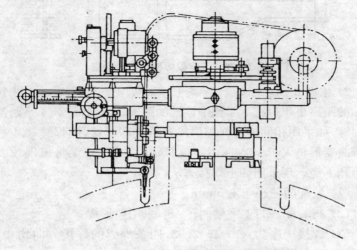

图 3 - 68 马鞍形运动焊机

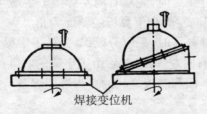

图 3 - 69 在焊接变位机上焊接接管

**(六) 16Mn 钢工字梁的焊接**

如图 3 - 70 所示,该 16Mn 钢工字梁的回转半径小、自重大,在制造过程中易出现较大的弯曲和下挠。而技术要求旁弯小于 1/1 000(<12 mm)、上挠 0～8 mm,工字梁翼板角变形小于 5°。因此,焊后尚需进行矫正。现采用埋弧焊工艺,就可有效地控制工字梁的变形,其工艺要点如下:

1) 选用直径 3 mm 的 H08A 焊丝和 HJ431 焊剂,焊剂使用前需经 2 h,250℃的烘干。

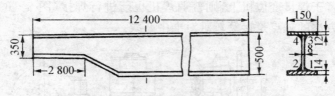

**图 3 - 70　工字梁焊接结构示意图**

2) 由图 3 - 70 可知,工字梁上下翼板厚度不等,焊缝 1、2 到中性轴的距离小于焊缝 3、4 到中性轴的距离,而且焊缝 3、4 是两条连续焊缝,如采用相同的埋弧焊焊接参数进行焊接,则焊缝 3、4 造成的弯曲变形将大于 1、2,两者不能抵消,焊后工字梁将出现较大的旁弯和下挠。现采用如下焊接方法:

(1) 装配间隙小于 1.5 mm。

(2) 将装配好的工字梁侧转 45°,采用船形焊。

(3) 焊接次序为:1—4—2—3,四条焊缝的焊接方向均相同,见图 3 - 71。焊接操作时应注意以下几点:

① 焊接焊缝 1、2 时,先从右向左焊接工字梁"鸭嘴"部分,然后由工字梁的右端向左焊到下翼板的斜面为止。

② 焊接焊缝 3、4 时,采取分段焊,先从工字梁上翼板正对下翼板的斜面处,由右向左焊接,然后由工字梁的右端面向左焊接。

③ 下翼板斜面和腹板之间的角焊缝用焊条电弧焊进行补焊。

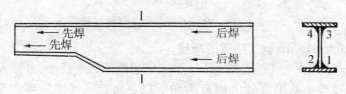

**图 3 - 71　工字梁焊接顺序**

3) 为使工字梁在焊后具有一定的上挠,只有当焊缝 1、2 产生的收缩变形大于焊缝 3、4 的收缩变形时才能达到。而焊缝的收缩变形与焊接线能量成正比,而焊接线能量又不能过大,否则会引起工字梁翼板焊后产生较大的角变形。其焊接参数见表 3 - 29。

**表 3-29　16Mn 钢工字梁埋弧焊焊接参数**

|  | 焊丝直径(mm) | 焊接电流(A) | 电弧电压(V) | 焊接速度(m/h) |
|---|---|---|---|---|
| 焊缝 1、2 | 3 | 500～525 | 32～34 | 45～47 |
| 焊缝 3、4 | 3 | 350～370 | 32～34 | 45～50 |

**（七）油压机工作缸的焊接**

缸体由筒体和封头组成。材料为 45 锻钢,壁厚为 80 mm,内径为 402 mm。

缸体焊接工艺要点如下:

1) 坡口形式如图 3-72 所示,带钝边。

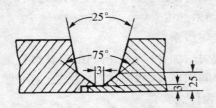

**图 3-72　油压机工作缸筒体与封头的坡口形式**

2) 采用直径为 4 mm 的 J507 焊条,以及直径为 4 mm 的 H08A 焊丝、HJ431 焊剂。

3) 定位焊 4 处(每隔 90°一处),每条定位焊长度为 40 mm。定位焊时,工件可不预热。

4) 由于 45 钢属中碳钢,有淬火和裂纹倾向,又由于缸体壁厚较大,故缸体必须预热,预热温度为 320℃。

5) 当预热到 320℃时,用直径为 4 mm 的 J507 焊条手工焊打底,焊完一层后,再次加热至 320℃,用 J507 焊条焊第二层。二层焊后,立即进行埋弧焊,其焊接电流为 450～550 A,电弧电压为 34～36 V,连续焊 33 或 34 层。

6) 为消除焊接残余应力并防止裂纹产生,焊后应进行去应力退火。其方法是:将焊件升温到 450℃,保温 4 h,空冷;然后在 24 h 之内一次升温至 650℃,保温 48 h,随炉空冷。

## 复习思考题

1. 什么是埋弧焊？它与焊条电弧焊的主要区别是哪些？

2. 为什么说埋弧焊的生产率比焊条电弧焊高？

3. 埋弧焊的焊缝质量比焊条电弧焊好的原因是什么？

4. 为什么说埋弧焊比焊条电弧焊能节省焊接材料和电能？

5. 埋弧焊焊件变形小的原因是什么？

6. 为什么说埋弧焊相对于焊条电弧焊来说能改善劳动条件？

7. 为什么说埋弧焊不能完全替代焊条电弧焊？

8. 单丝埋弧焊可分为哪两种？它们各适用于哪些方面？

9. 什么是熔敷速度？

10. 什么是熔敷系数？

11. 埋弧焊时附加金属粉末的目的是什么？适用于哪些方面？

12. 采用窄间隙埋弧焊的目的是什么？它一般可分为哪三种？哪一种最常用，为什么？

13. 热丝焊的目的是什么？它有哪几种方法？

14. 多丝埋弧焊的目的是什么？

15. 带极埋弧焊主要用于哪些方面？有哪些优点？

16. MZ－1000 型埋弧焊机是由哪三大部分组成的？

17. MZT－1000 型自动焊车上主要有哪些装置？

18. 埋弧焊在从启动到停止的整个焊接操作过程中，要注意哪些影响焊缝质量的问题？

19. 埋弧焊在焊接过程中，线路工作正常，焊接参数正确，而送丝不均匀，电弧不稳，是什么原因？如何排除故障？

20. 焊接过程中，其他都正常，而焊车突然停止行走，为什么？如何解决？

21. 焊接过程中，焊丝在导电嘴中摆动，导电嘴以下的焊丝不时变红的原因是什么？如何解决？

22. 埋弧焊机启动后，焊接电路接通，电弧尚未引燃，而焊丝却黏结在焊件上,为什么? 如何排除?

23. 按下停止按钮后,焊丝与焊件黏住了,这是什么原因? 应该如何避免?

24. 什么是焊剂? 对埋弧焊焊剂有哪些要求?

25. 焊剂有哪些分类方法? 我国目前对焊剂的分类主要是哪两种? 应用最广泛的是哪种焊剂?

26. 焊剂的牌号是如何编制的?

27. 焊丝及焊剂的选用及选配的一般原则如何?

28. 什么是焊缝的成形系数和熔合比? 它们对焊缝的质量有什么影响?

29. 为什么说在焊接电流较高时要相应提高电弧电压?

30. 电弧电压对焊缝形状有什么影响?

31. 焊接速度对焊缝形状有什么影响?

32. 用简图表示什么叫焊丝前倾,什么叫焊丝后倾? 它们对焊缝形状有什么影响?

33. 什么叫上坡焊,什么叫下坡焊? 它们对焊缝形状有什么影响?

34. 为什么说使用高锰高硅含氟的焊剂时,要用直流反接可增加熔池深度?

35. 正确选择焊接参数的原则是什么?

36. 埋弧焊的焊前准备工作有哪些?

37. 为防止熔渣和熔池金属从焊缝背面泄漏,可有哪几种方法解决?

38. 用焊剂垫作为衬垫来焊接,有哪些要求?

39. 一般在多层焊的第一、二层焊接时,焊丝应处于什么位置? 以后各层应该如何焊? 为什么?

40. 在焊接筒体的内外环缝时,焊丝的位置有什么不同,为什么?

41. 环缝埋弧焊时,焊丝的偏移距离与哪些因素有关? 应如何变化?

# 第4章 气焊与气割

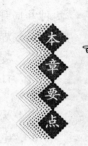

1. 气焊、气割热源氧乙炔焰的种类及构造。

2. 气焊、气割设备的构造、原理及使用注意事项。

3. 气焊、气割工具的构造、原理及使用。

4. 各种空间位置的气焊及手工气割的操作技术。

## 一、气焊及气割的热源

气焊是利用气体火焰作热源的焊接法,最常用的是氧乙炔焊,但近来液化气或丙烷燃气的焊接也已迅速发展。气割是利用气体火焰的热能将工件切割处预热到一定温度后,喷出高速切割氧气流,使其燃烧并放出热量实现切割的方法。

### (一) 气焊及气割用可燃与助燃气体

1. 可燃气体

可燃气体是必须在助燃气体存在的条件下才能"可以"燃烧的气体。气焊及气割用的可燃气体中,最常用的是乙炔气。

1) 乙炔 乙炔的分子式是 $C_2H_2$,它是由电石与水发生反应后获得的。

(1) 电石 化学名称为碳化钙($CaC_2$),是制取乙炔的原料。工业上电石是用石灰石与焦炭和煤等在高温电炉中熔炼而成的,它是一种暗灰色或暗褐色的块状固体,即是碳和钙的化合物。

电石极易与水发生反应,它甚至会吸收空气中的水汽,从而产生乙炔气。电石与水反应生成乙炔的化学反应式如下:

$$CaC_2 + 2H_2O \longrightarrow C_2H_2 \uparrow + Ca(OH)_2 + 127\,000\ J/mol$$

通常分解每千克电石需要 0.56 kg 水,水使电石分解出乙炔的化学反应是一个放热反应,会使乙炔温度升高而造成过热。为了避免这种现象的出现,必须在电石与水发生分解反应时,加大水量。所以实际上每千克电石在反应时需加水 5~10 kg。

(2)乙炔的物理及化学特性  乙炔是一种无色而有特殊臭味的气体,是一种非饱和的碳氢化合物,它在标准状态下的密度为 1.179 kg/m³,比空气轻。在空气中的自燃点为 335℃,点火温度为 428℃。

当乙炔与空气混合燃烧时,其火焰的温度可达 2 350℃;而与氧气混合燃烧时,其火焰的温度更可达到 3 000~3 300℃,因此足以迅速熔化金属进行焊接。

乙炔在有助燃气体的条件下,有很高的燃烧速度。在空气中,它的燃烧速度为 2.87 m/s,在氧气中的燃烧速度可达 13.5 m/s。

乙炔也是一种具有爆炸性的危险气体。当其温度超过 300℃,同时压力达到 0.15~0.2 MPa 时就容易发生爆炸。若在空气中,乙炔的含量(体积分数)在 2.8%~81%范围内,或在氧气中乙炔含量在 2.8%~93%的范围内所形成的混合气体,只要遇到明火(包括火星、未灭的烟蒂)都会立刻爆炸。

另外,乙炔与铜或银长期接触后,会形成一种爆炸性的化合物,即乙炔铜及乙炔银。当这种化合物受到剧烈振动或者加热到 110~120℃时就会爆炸。因此,所有凡与乙炔接触的器具、设备,禁止用纯铜制造,只允许用含钢量不超过 70%的铜合金制造。

由于乙炔爆炸时不仅会产生高热,特别是会产生高压气浪,其破坏力很强,因此使用乙炔必须注意人身安全。为了防止乙炔的这种易爆特性可能带来的危害,须在储存乙炔时,特意将其溶解在溶剂中,并贮存于具有毛细管的材料中,这样便可达到安全储存和运输的目的。经测试,若将乙炔贮存在毛细管中,其爆炸性会大大降低,即使把压力增高到 2.7 MPa 也不会爆炸;另外,乙炔会溶于多种溶剂中,如水、苯、汽油、酒精、丙酮等,但它在丙酮中的溶解度最大,而且乙炔的溶解度还与它的压力成正比。因而利用乙炔的这种特性,就将其装入置有丙酮和多孔复合材料的乙炔瓶内。

2)液化石油气 液化石油气是炼油工业的副产品,主要成分是丙烷($C_3H_8$)、丁烷($C_4H_{10}$)、丙烯($C_3H_6$)、丁烯($C_4H_8$)以及少量的乙烷($C_2H_6$)、乙烯($C_2H_4$)、戊烷等碳氢化合物。

液化石油气有以下几个特性:

(1)在常温常压下,组成液化石油气的这些碳氢化合物是以气体状态存在的。但是只要加上不大的压力(一般为 0.8~1.5 MPa)即能变为液体,因而便于装入钢瓶贮存并运输。

工业上一般都使用液体状态的石油气。其在气态时,是一种略带臭味的无色气体;在标准状态下,石油气的密度为 1.8~2.5 kg/m³,比空气重。

(2)液化石油气的几种主要成分均能与空气或氧气混合成具有爆炸性的气体,但其具有爆炸危险的混合比值的范围较小。如丙烷是在 2.3%~9.5%范围内,丁烷在 1.9%~8.5%范围内。因此比使用乙炔要安全些。

(3)液化石油气达到完全燃烧所需要的氧气量比乙炔所需要的氧气量大。因此,用液化石油气代替乙炔气,氧气的消耗量要多些。若用于气割,则需对割炬结构作相应改造。

(4)液化石油气的火焰温度比乙炔火焰的温度低。如石油气的主要组成物丙烷的燃烧温度为 2 000~2 850℃,因此,用于气割时,金属的预热时间稍长,但气割的质量容易保证,切口表面光洁,棱角整齐,氧化铁渣易打掉,切口表面硬度和含碳量低于氧乙炔气割。

(5)在切割中,液化石油气在氧中的燃烧速度低。如丙烷的燃烧速度仅是乙炔的四分之一左右,故要求割炬应有较大的混合气喷出截面,以降低气体流出速度,保证良好燃烧。

（6）液化石油气有一定的毒性,当空气中所含液化石油气的体积分数超过 10％时,若人在其中停留 2 min,就会出现头晕等中毒症状。一般在石油气含量超过 0.5％时,人体吸入少量液化石油气,是不会中毒的。

3）氢气　氢气也是可燃气体,它的分子式是 $H_2$。氢气是无色无气味的气体,它比空气轻,扩散速度极快,在空气中的自燃点为 560℃,在氧气中的自燃点为 450℃。氢气也是易燃易爆的危险气体,当它在空气中的含量达 4％～80％,在氧气中的含量达 4.65％～93.9％的范围内遇到明火时即会爆炸。

氢气极易泄漏,其泄漏的速度是空气的两倍。氢气一旦从气瓶或导管中泄漏后被引燃,将会使周围人员遭到严重烧伤。

表 4-1 为部分可燃气体的发热量及火焰温度。

表 4-1　部分可燃气体的发热量及其火焰温度[1]

| 气体名称 | 发热量 (kJ/m³) | 火焰温度 (℃) | 气体名称 | 发热量 (kJ/m³) | 火焰温度 (℃) |
|---|---|---|---|---|---|
| 乙炔 | 52 963 | 3 100 | 天然气（甲烷） | 37 681 | 2 540 |
| 丙烷 | 85 764 | 2 520 | 煤气 | 20 934 | 2 100 |
| 丙烯 | 81 182 | 2 870 | 沼气 | 33 076 | 2 000 |
| 氢 | 10 048 | 2 660 | — | — | — |

注：①火焰的温度指中性焰的温度

2. 助燃气体

氧气由于其具有极强的氧化性,常用作可燃气体燃烧的助燃气体。

在常温常压下,氧呈气体状态。氧气的分子式是 $O_2$,它是一种无色、无气味,是人类赖以生存的气体。在标准状态下,氧气的密度为 1.429 kg/m³,它不会自燃,但可助燃。

氧气的化学性质极为活泼,它几乎能与自然界的一切元素（除惰性气体外)相化合,这种化合作用称为氧化反应。

氧气的化合能力是随着压力的加大和温度的升高而增强。像工业中常用的高压氧气,如果与矿物油、脂肪及其他易燃物质相接触,就会发生剧烈的氧化而使易燃物自行燃烧,甚至发生爆炸。因此在使用时必须特别注意安全。

在自然界中,氧存在于空气及水内:空气中约含有 21% 体积的游离状态的氧,而其余的 79% 大部分是氮;水中约含有 8/9 体积的化合状态的氧,而其余的 1/9 是氢。

工业用的氧气是由空气制取的。氧气的纯度对于气焊气割工作的质量、工作进行的速度以及氧气本身的消耗量都有直接的关系。根据 GB/T 3863—1995 标准规定,工业用氧气可分为三种规格,即优等品:纯度不低于 99.7%;一等品:纯度不低于 99.5%;合格品:纯度不低于 99.2%。前述后两种规格与优等品的区别为一等品与合格品要求每瓶含游离水量不超过 100 ml。

### (二) 氧乙炔焰的种类及构造

氧乙炔焰是气焊与气割中最常用的热源,它是乙炔与氧混合燃烧所形成的火焰。

乙炔完全燃烧的反应式如下:

$$2C_2H_2 + 5O_2 \longrightarrow 4CO_2 + H_2O + Q \text{(热量)}$$

从这个化学反应式里可以看到 5 个体积单位的氧气要与 2 个体积单位的乙炔作用,才能完全燃烧。也就是说,在完全燃烧时,氧气与乙炔的体积比是 2.5:1。

但是,在焊炬内氧气与乙炔的混合比值要比这个数字小得多(一般是 1:1~1.2:1),这是因为在空气中也存在着氧气,所缺少的氧气,即由火焰周围的空气来供给。这样不但可以节省氧气用量,而且使火焰周围的空气中没有氧气存在,这就大大减少了空气对熔池金属的有害影响。

混合气体内氧气体积与乙炔体积的比值是个极重要的技术数据,它直接决定着火焰的外形、构造、化学性能以及热性能等等,所

以它是气焊工艺中最重要的一项参数。这个混合比值用符号 $a$ 代表,其关系式如下:

$$a = \frac{O_2}{C_2H_2}$$

根据 $a$ 的大小,也就是根据混合气体内氧气体积与乙炔体积的比值,可以把氧乙炔焰分为三种:中性焰:$a=1\sim1.2$;碳化焰:$a<1$;氧化焰:$a>1.2$。

图 4-1 所示为氧乙炔焰的种类、外形与构造。

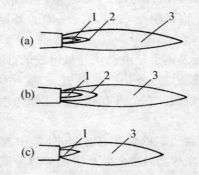

**图 4-1　氧乙炔焰的种类、外形与构造**
(a) 中性焰;(b) 碳化焰;(c) 氧化焰
1—焰芯;2—内焰;3—外焰

1. 中性焰

当氧气与乙炔的体积比 $a=1\sim1.2$ 时,产生的火焰是中性焰。在中性焰中,乙炔获得充分、完全的燃烧,燃烧后的气体中,既无过剩的氧,也无游离的碳存在。图 4-1(a)所示为中性焰的构造与形状。

从中性焰的构造来看,基本上是由焰芯和外焰构成的。在中性焰中,靠近焊炬(或割炬)火焰燃烧喷嘴孔,呈尖锥状光亮的蓝白色部分就是焰芯,它的轮廓清晰,温度为 $800\sim1\,200℃$ 左右,其长短随混合气体的流速而变,流速快则焰芯长。距焰芯尖端 $2\sim4\,mm$ 处是中性焰温度最高的地方,温度约为 $3\,150℃$,所以这部分火焰最适宜于气焊作业。外焰是呈淡蓝色的火焰。

中性焰适用于焊接一般碳钢及有色金属。

2. 碳化焰(还原焰)

当氧气与乙炔的体积比 $a<1$,而一般 $a=0.85\sim0.95$ 的范围时,产生的火焰是碳化焰,如图 4-1(b)所示。

碳化焰的焰芯较长,呈蓝白色,而且没有明显的轮廓。内焰呈淡蓝色,它的长度与碳化焰内乙炔量的多少有关。内焰越长,则表示过剩的乙炔量越多;反之,内焰短小,表示过剩的乙炔量较少。如果乙炔过剩量很大时,由于缺乏使乙炔充分燃烧所必需的氧气,所以火焰开始冒黑烟(碳粒)。内焰的外面包着橘红色的外焰。

碳化焰的焰芯基本上是由乙炔与氧组成的,内焰由一氧化碳、氢气和游离的炭粒组成,外焰由水蒸气、二氧化碳、氧气、氮气组成,也可能存在炭微粒。它是具有较强的还原作用,也有一定的渗碳作用的火焰。

由上述可知,碳化焰的焰芯、内焰与外焰中,都可能存在着游离状态的炭微粒,在焊接时炭微粒会进到焊缝金属中去,使金属的含碳量增加。因此,中碳钢用碳化焰焊接后,就会具有高碳钢的性质——硬而脆。但是,用碳化焰进行高碳钢、铸铁及硬质合金等的焊接却十分适宜,因此,它的用途还是很广的。

3. 氧化焰

当氧气与乙炔的体积比 $a>1.2$,而一般在 $a=1.3\sim1.7$ 的范围时,产生的火焰是氧化焰。氧化焰的火焰中有过量的氧,在尖形焰芯外面形成一个有氧化性的富氧区。

氧化焰由于氧的浓度极大,燃烧过程中氧化反应剧烈,因此焰芯、外焰以至整个火焰都缩短了,如图 4-1(c)。氧化焰的焰芯短而尖(焰芯的长度一般只有中性焰焰芯长度的十分之八九),轮廓不太明显,颜色较淡。氧化焰没有游离炭微粒,整个火焰呈蓝紫色,燃烧时还伴随着强烈的嘶嘶声。

氧化焰的焰芯也是由乙炔与氧气组成的。由于氧气的浓度大,所以在完成一次燃烧后,除了生成一氧化碳和氢气以外,还有二氧化碳和氧气存在。在外焰完成完全燃烧而生成二氧化碳和水蒸气的同时,还有氧气与氮气存在。

由上述可知,氧化焰的焰芯、内焰与外焰都是氧化性的。如果用来焊接一般的钢件,氧化焰中过量的氧会使焊缝金属形成气孔和变脆,并增加了熔池中的沸腾现象,降低焊缝质量。

因此,虽然氧化焰的温度比中性焰高,但是它的用途却远不如中性焰那么广泛,它只适用于焊接青铜和黄铜等。

表 4-2 所列为不同金属材料焊接时应采用的火焰种类。

**表 4-2　不同金属材料焊接时应采用的火焰种类**

| 母　材 | 火焰种类 | 母　材 | 火焰种类 |
|---|---|---|---|
| 低、中碳钢 | 中性焰或乙炔稍多的中性焰 | 铬镍钢 | 中性焰或乙炔稍多的中性焰 |
| 低合金钢 | 中性焰 | 锰钢 | 氧化焰 |
| 紫铜 | 中性焰 | 镀锌铁板(皮) | 氧化焰 |
| 铝及铝合金 | 中性焰或乙炔稍多的中性焰 | 高碳钢 | 碳化焰 |
| 铅、锡 | 中性焰或乙炔稍多的中性焰 | 硬质合金 | 碳化焰 |
| 青铜 | 中性焰或氧稍多 | 高速钢 | 碳化焰 |
| 铬不锈钢 | 中性焰或乙炔稍多的中性焰 | 灰铸铁、可锻铸铁 | 碳化焰或乙炔稍多的中性焰 |
| 黄铜 | 氧化焰 | 镍 | 碳化焰或乙炔稍多的中性焰 |

# 二、气焊及气割的设备

气焊及气割的设备主要有氧气瓶、乙炔瓶、液化石油气瓶、回火保险器等。

## (一) 氧气瓶

氧气瓶实际是包括氧气瓶阀在内,统称氧气瓶,如图 4-2 所示。

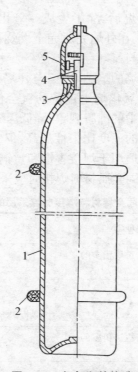

**图 4 - 2　氧气瓶的构造**

1—瓶体；2—防振橡胶圈；3—瓶箍；4—瓶阀；5—瓶帽

　　氧气瓶是一种储存和运输氧气的高压容器。通常将从空气中制取的氧气压入氧气瓶内。国内常用氧气瓶的充装压力为 15 MPa，容积为 40 L。在 15 MPa 的压力下，可贮存 6 m³ 氧气。氧气瓶（包括瓶帽）的外表为天蓝色，并在气瓶上用黑漆标注"氧气"两字。

　　1. 氧气瓶瓶体

　　氧气瓶瓶体是用低合钢钢锭直接经加热冲压、拔伸、收口而成的圆柱形无缝瓶体。瓶的壁厚一般为 5～8 mm，外径为 219 mm。瓶体的底部呈凹面形状，以使瓶体在直立时易于保持稳定。瓶体上部瓶头内壁攻有内螺纹，用以旋上氧气瓶阀，瓶头外还套有瓶箍，以便于旋装瓶帽，保护瓶阀不受意外的碰撞而损坏。

由于氧气瓶是高压容器,因此在出厂前除了对氧气瓶的各个部件严格检查外,还需对瓶体进行水压试验,其试验压力为工作压力的 1.5 倍,即 22.5 MPa。水压试验合格后才能出厂使用,在使用过程中还要定期技术检验,检验时间为每隔三年一次,以确保使用安全。

2. 氧气瓶瓶阀

氧气瓶瓶阀是控制氧气瓶内氧气进出的阀门,按瓶阀的构造不同,可分为活瓣式和隔膜式两种。目前主要采用活瓣式氧气瓶阀,其结构如图 4 - 3 所示。

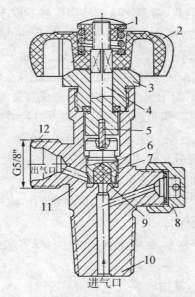

**图 4 - 3    活瓣式氧气瓶瓶阀**

1—弹簧压帽;2—手轮;3—压紧螺盖;4—阀杆;5—开关板;6—活门;
7—密封垫料;8—安全膜装置;9—阀座;10—锥形尾;11—阀体;12—侧接头

活瓣式瓶阀主要由阀体、安全膜装置、阀杆、手轮以及活门等部分组成。阀体由黄铜制成,在阀体旁侧有带直管螺纹的侧接头,为连接减压器用,它是瓶阀的出气口。阀体的另一侧装有安全膜装置,它由安全膜片、安全垫圈以及安全螺母组成。当氧气瓶内压力超过18~22.5 MPa时,安全膜片即自行爆破,从而保护了气瓶的安全。

氧气瓶瓶阀的上口用压紧螺盖及尼龙垫圈将阀杆固定在阀体上,使其保持气密。手轮用弹簧压帽及弹簧固定在阀杆上。此时将手轮按逆时针方向旋转,则为开启瓶阀,顺时针旋转则是关闭瓶阀,这是因为随着手轮的旋转,通过阀杆使活门一起上、下移动,达到开、关阀门的目的。

3. 氧气瓶使用的注意事项

氧气是活泼的助燃气体,而氧气瓶的内压又很高,若使用不当可能会引起爆炸,因此,对氧气瓶的使用应注意以下几项:

1) 使用氧气时,不得将瓶内氧气全部用完,最少须留 0.1~0.2 MPa气压,以便在装氧气时可吹除灰尘和避免混入其他气体。

2) 在夏天,氧气瓶应避免日光曝晒;在冬季,一旦发生氧气阀门冻结的现象,绝不能用火烤,只能用热水或蒸气加热解冻。

3) 氧气瓶应离开焊炬、割炬、炉子等火源一般不小于 5 m 的距离;离暖气片、暖气管路的距离应不小于 1 m。

4) 氧气瓶在搬运和使用过程中,应严格避免撞击,尤其在搬运过程中,必须戴上瓶帽,装上防振橡胶圈。

5) 氧气瓶上严禁沾染油脂,尤其是瓶阀处,也不允许戴有油脂的手套去搬运氧气瓶。

6) 摘取瓶帽时,只能用手或扳手旋取,禁止用铁锤等铁器敲击。

表 4-3 为我国常用的氧气瓶规格。

表 4-3　国产常用氧气瓶规格

| 瓶体表面漆色 | 工作压力 (MPa) | 容积 (L) | 瓶体外径 | 瓶体高度 | 重量 (kg) | 水压试验压力 (MPa) | 采用瓶阀规格 |
|---|---|---|---|---|---|---|---|
| | | | | (mm) | | | |
| 天蓝 | 15 | 33 40 44 | 219 | 1 150±20 1 370±20 1 490±20 | 45±2 55±2 57±2 | 22.5 | QF-2 型铜阀 |

**（二）乙炔瓶**

乙炔瓶是由乙炔瓶瓶体与瓶阀等组成的,图 4－4 所示为现常用的两种乙炔瓶的构造简图。

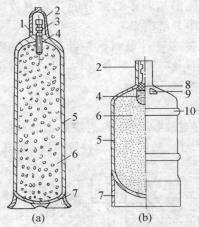

图 4－4　乙炔瓶的构造

1—瓶口；2—瓶帽；3—瓶阀；4—石棉；5—瓶体；6—多孔性填料；
7—瓶座；8—过滤网；9—压力表；10—防振橡胶圈

乙炔瓶是一种储存和运输乙炔用的容器。以图 4－4(a)所示乙炔瓶构造为例,其外形与氧气瓶相似,但它的构造比氧气瓶复杂,主要是因为乙炔不能以高压压入普通钢瓶内,而必须利用乙炔的特性,采取必要的措施才能将乙炔压入钢瓶内。常用乙炔瓶的乙炔工作压力为 1.5 MPa,瓶内可溶解净重 5～7 kg 的乙炔,按6.5 kg 计算,则乙炔体积约 6 m³。乙炔瓶外表涂白色,并用红漆标注"乙炔"两字。

1. 乙炔瓶瓶体

乙炔瓶瓶体呈圆柱形,其主要部分是用优质碳素钢或低合金钢轧制成的圆柱形无缝瓶体。瓶体的下端装有瓶座,它是正方形的,使乙炔瓶在直立时保持平稳。瓶体上端是瓶口,其内壁攻有内螺纹,用以旋上瓶阀,瓶口外壁也有螺纹,以便旋上瓶帽,防止瓶阀受到意外的碰撞而损坏。瓶体须经 3 MPa 水压试验合格。

瓶体内装有浸满丙酮的多孔性填料,能使乙炔稳定而又安全地储存在乙炔瓶内。在使用时,溶解在丙酮内的乙炔就分解出来,通过乙炔瓶阀流出,而丙酮仍留在瓶内,以便溶解再次压入的乙炔。乙炔瓶阀下面的填料中心部分的长孔内放置石棉,其是帮助乙炔从多孔填料中分解出来。

乙炔瓶体内的多孔性填料是一种多孔而轻质的固态填料,如活性炭、木屑、浮石及硅藻土等合成物,目前已广泛应用硅酸碱,并由其吸收丙酮以溶解乙炔。

2. 乙炔瓶瓶阀

乙炔瓶瓶阀是控制乙炔瓶内乙炔进出的阀门。其构造主要由阀体、阀杆、压紧螺母、活门及过滤件等组成,见图4-5。

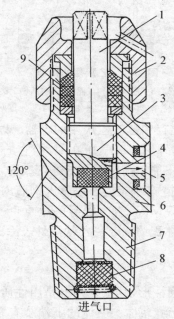

**图4-5 乙炔瓶瓶阀的构造**

1—阀杆;2—压紧螺母;3—活门;4—密封垫料;5—出气口;
6—阀体;7—锥螺纹接头;8—过滤件;9—防漏垫圈

乙炔瓶阀的阀体是由低碳钢制成的,其下端制成带锥螺纹接头的螺纹,用以将瓶阀旋入乙炔瓶口内壁。阀体旁侧开有出气口,阀体上端也带有螺纹,以便用压紧螺帽将防漏垫圈紧固在阀体内防止漏气。

乙炔瓶阀与氧气瓶阀不同,它没有旋转手轮,因此活门的开启及关闭可利用方孔套筒扳手,转动阀杆上端的方形头,使嵌有密封垫料的活门向上或向下移动(即开启或关闭)。方孔套筒扳手逆时针方向旋转为开启,反之为关闭。

瓶阀的进气口内装有用羊毛毡制成的过滤件和铁丝制的滤网,以过滤乙炔并吸收乙炔中的水分和杂质。

乙炔瓶阀的阀体旁侧没有连接减压器的侧接头,因此必须使用带夹环的乙炔减压器。当转动紧固螺盖时,就能使乙炔减压器的连接管压紧在乙炔瓶阀的出气口上,从而使乙炔能通过减压器供给工作场地使用。图4-6所示为带夹环的乙炔减压器。

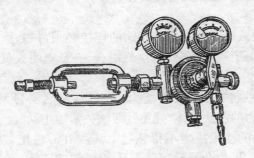

**图4-6　带夹环的乙炔减压器**

3. 乙炔瓶使用的注意事项

由于乙炔是可燃气体,又是易燃、易爆的危险气体,所以在使用时必须谨慎,除了必须遵循氧气瓶的要求外,还应严格遵守以下几项:

1) 乙炔瓶应避免剧烈的振动或撞击,以免瓶内的多孔性填料下沉而形成空洞,影响乙炔的储存。

2) 乙炔瓶在工作时应直立放置。不然,卧放会导致丙酮流出,甚至通过减压器而流入乙炔橡皮气管和焊、割炬内,酿成危险事故。

3)乙炔瓶体的表面温度不应超过 40℃,这是因为随着温度的升高,乙炔在丙酮中的溶解度不断下降,导致乙炔瓶内的乙炔压力急剧增高,见表 4-4。

表 4-4    温度与乙炔在丙酮中的溶解度及乙炔瓶内极限压力值的关系

| 温度(℃) | 0 | 5 | 10 | 15 | 20 | 25 | 30 | 35 | 40 |
|---|---|---|---|---|---|---|---|---|---|
| 每千克丙酮中所溶解的乙炔(L) | 33 | 29 | 26 | 23 | 20 | 18 | 16 | 14.5 | 13 |
| 乙炔瓶表压(MPa) | 0.9 | 1.05 | 1.2 | 1.4 | 1.6 | 1.8 | 2.0 | 2.25 | 2.5 |

4)当乙炔瓶阀冻结时,不能用明火烘烤。必要时可用 40℃ 以下的温水解冻。

5)开启乙炔瓶瓶阀时应缓慢运作,且不要超过一转半,一般只需开启 3/4 转。

6)乙炔减压器与乙炔瓶瓶阀的连接必须可靠,严禁在漏气的情况下使用,否则会因乙炔与空气混合,一旦遇明火就会引发爆炸事故。

7)乙炔瓶内的乙炔不能全部用完,最后必须剩下 0.05～0.1 MPa压力的乙炔气体,并将气瓶阀关紧防止漏气。

8)乙炔的使用压力不得超过 0.15 MPa,输出流速不应超过 1.5～2.5 m³/h,以免导致用气不足,甚至带走丙酮。

9)乙炔瓶必须进行定期技术检验,至少每三年进行一次,检验项目包括外部检验,填料孔隙率,瓶阀,壁厚测定及气压试验等。

### (三) 液化石油气瓶

液化石油气瓶是储存和运输液化石油气的容器,其形状和结构如图 4-7 所示。其外表涂银灰色,并用红漆标注"液化石油气"字样。液化石油气的工作压力为 1.57 MPa,气割作业中常使用 20～30 kg装的钢瓶。

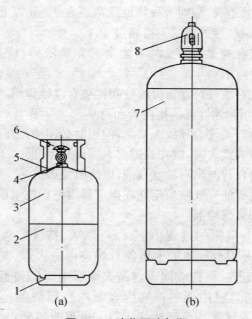

图 4-7　液化石油气瓶

1—底座；2—下封头；3—上封头；4—瓶阀座；
5—护罩；6—瓶阀；7—筒体；8—瓶帽

液化石油气用气量大的工厂，也可采用容量大的贮罐贮存液化气，贮罐的容量按气体需用量确定，并用管道输送到各使用点。

液化石油气在使用时，必须在气瓶上安装调压器。调压器有两个作用：一是将瓶内的压力降至工作时所需压力；二是稳定输出的压力，保证供给量均匀。调压器的输出压力可以在一定范围内调节。一般民用调压器的调节范围在 0.001 96～0.002 94 MPa 之间，可用于切割一般厚度的钢板。

为了安全使用液化石油器瓶，除了必须遵循氧气瓶使用的注意事项外，还必须遵守如下几项：

1）液化石油气瓶在使用时应直立放置，以防止瓶内液化石油气液体外溢而发生事故。

2）液化石油气瓶的内部压力随温度升高而升高，因此，液化石油气瓶应严禁近火(与明火操作处距离应在 10 m 以上),并远离热源。液化石油气瓶的瓶温不得超过 45℃。

3)气瓶在充装时,瓶内不能全部充满液体,应留出 10%～15%的气化空间。

4)液化石油气对普通橡胶管和衬垫有腐蚀作用,易造成漏气,所以必须采用耐油性强的橡胶管和衬垫。

5)过量石油气会导致人窒息,使用时必须注意通风。

6)石油气点火时,应先点燃引火物而后再开气。

7)不得自行倒出石油气残液,以防引发火灾。

8)液化石油气气瓶应定期在指定部门进行技术检验。

### (四)回火保险器

在气焊与气割的过程中,会出现回火、持续回火及回烧的现象。回火就是混合气体的火焰伴有爆鸣声进入焊(割)炬,并熄灭或在喷嘴重新点燃;持续回火就是火焰回进焊(割)炬并继续在管颈或混合室燃烧(由爆鸣声转为咝咝声);回烧就是火焰通过焊(割)炬再进入软管甚至到达调压器。也可能达到乙炔气瓶,可造成气瓶内含物的加热分解。

由此可见,在气焊与气割过程中,从出现回火直至发生回烧的现象,其后果会是相当严重的。

在生产实践中,一旦出现回火,如不及时采取措施,很可能发展为持续回火和回烧,而且这种转换的速度是相当快的。

1. 发生回火的原因

出现回火现象的根本原因,就是从焊炬或割炬喷射孔喷出的混合气体的速度小于混合气体的燃烧速度。

混合气体的燃烧速度一般是不变的,如果由于某些原因使气体的喷射速度降低时,就有可能发生回火现象。一般影响混合气体喷射速度的原因有以下几点:

1)输送气体的软管太长、太细,或者是曲折太多,这些都使气体在软管内流动时所受的阻力增大,因此就降低了气体的流速。

2)焊割时间过长或者是因为焊割嘴太靠近了焊割件,此时焊割嘴温度很高,使焊割炬内的气体压力也随着增高,这样就增大混合气体的流动阻力,降低了气体的流速。

3) 焊割嘴端面黏附了许多飞溅出来的熔化金属微粒,这些微粒阻塞了喷射孔,使混合气体不能畅通地流出。

4) 输送气体的软管内壁或焊割炬内部的气体通道上黏附了固体碳质微粒或其他物质,这也增加了气体的流动阻力,降低了气体的流速。

上述四点是产生回火的直接原因。因此在气焊气割工作中,为了防止回火,不要使用过长过细的输气软管,也不要使软管曲折。同时在气割气焊过程中,应该经常把焊割嘴浸入冷水中冷却,并用通针疏通喷射孔和清除黏附在上面的金属微粒。此外还应该经常用压缩空气来吹洗软管的内壁以及焊割炬的气体通道。

2. 回火保险器及其种类

为了防止从发生回火到发展为回烧现象的出现,必须在乙炔软管与乙炔瓶的减压器之间装置专用的防止回火的设备,那就是回火保险器。

1) 回火保险器的作用    回火保险器是装在气体系统上的防止向燃气管路或气源回烧的保险装置。它的作用主要有两个:

(1) 将倒燃的火焰与乙炔瓶隔绝开来。

(2) 在回火发生后,立即断绝乙炔的来路,待残留在回火保险器内的乙炔燃完后,倒燃的火焰即自行熄灭。

2) 回火保险器的种类    回火保险器按其作用的原理可分为水封式及干式两种;按通过乙炔压力的不同可分为低压式(0.01 MPa以下)及中压式(0.01~0.05 MPa)两种;按构造不同可分为开式及闭式两种。

现对中压闭式水封回火保险器及中压防爆膜干式回火保险器的工作原理作简单介绍。

(1) 中压闭式水封回火保险器    中压闭式水封回火保险器的种类很多,图4-8所示为一种典型的中压闭式水封回火保险器的构造原理图。

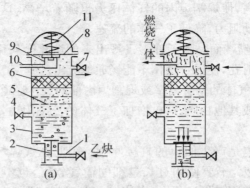

**图 4 - 8　中压闭式水封回火保险器的结构原理图**

(a) 正常工作时的情况；(b) 回火时的情况

1—乙炔进气管；2—止回阀；3—桶体；4—水位阀；5—分配盘；6—滤清器；
7—乙炔出口阀；8—弹簧片；9—放气阀门；10—放气口；11—弹簧

图 4 - 8(a) 为气焊与气割正常工作情况下，保险器的运作状态。乙炔由进气管 1 进入保险器，由于乙炔气源的压力，将保险器桶体内储水下部的止回阀门向上顶开，乙炔气体通过水封部分，并经分配盘 5 及滤清器 6 进入保险器上部，然后由乙炔出口阀 7 输出，向焊、割炬正常供气。

如图 4 - 8(b) 所示，当发生回火并回烧时，由于倒燃火焰产生的压力，使回火保险器上部气腔的内压骤然升高。内压向下经水封处传递到止回阀 2，使止回阀向下关闭，切断乙炔进气通路，使乙炔瞬间暂停供气；同时，增高的内压向上将弹簧片 8 顶起，打开了放气阀 9，让回烧的气体经放气阀，从放气口 10 排出。这样，就达到了既阻断了回火，又避免出现重大险情的目的。

中压闭式水封回火保险器由其构造决定，必须垂直放置；水封部分必须及时更换清水，并确保标准水位；冬季使用为防冻可在水中溶入少量食盐，若遇水封结冰，严禁用明火解冻，可用热水解冻。

（2）中压防爆膜干式回火保险器　中压防爆膜干式回火保险器是多种干式回火保险器中的一种，其结构原理如图 4 - 9 所示。

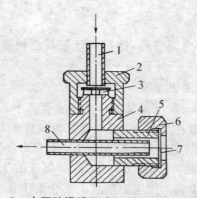

**图 4-9 中压防爆膜干式回火保险器的结构原理图**
1—进气管;2—盖;3—止回阀;4—阀体;5—膜座;
6—膜盖;7—防爆膜;8—出气管

中压防爆膜干式回火保险器在正常工作状态时,乙炔通入进气管,经过止回阀进入保险器的内腔,然后乙炔气再通过膜座与出气管间的通道,进入防爆膜口内较小容积的爆炸室,其后便从出气管输往焊炬或割炬。

当发生回火并回烧时,倒燃的火焰从出气管进入爆炸室,致爆炸室内压骤然增高,使防爆膜即被冲破,回烧气体随即排出;同时内腔的压力亦骤然增高,使止回阀上顶密闭,暂停了乙炔的供气,阻断了回火的继续。

要注意的是,防爆膜冲破与止回阀的关闭是在同时瞬间发生的,一旦防爆膜破裂,回火保险器内腔的压力就会降低,此时乙炔就会立即恢复供气,乙炔也会因此而从膜盖中间的排气孔泄出。所以,要恢复正常的供气,必须在防爆膜爆破后立即关闭乙炔供气总阀,然后在更换上新的爆破膜后才行。

## 三、气焊及气割的工具

为了保证气焊与气割工艺的正常实施,除了提供热源的主要设备以及防爆设备外,必须配备诸如减压器、焊炬、割炬等主要工具及其他辅助工具。

**（一）减压器**

减压器又称压力调节器，这是氧气瓶及乙炔瓶等其他燃气瓶所必须配备的。

1. 减压器的作用及分类

1）减压器的作用 减压器的作用主要有两个：

（1）减压 储存在气焊、气割用气瓶内气体的压力均属高压，如氧气瓶及乙炔瓶的工作压力分别为 15 MPa、1.5 MPa；而在气焊与气割工作时，所用的气体压力却很低，如氧气的工作压力一般在 0.1~0.4 MPa，乙炔的工作压力最高也不会大于 0.15 MPa。由此可见，在气焊、气割的供气系统中必须要使用减压器，从氧气瓶与乙炔瓶输出的助燃气体与可燃气体，只有经过减压器减压至一定的低压，才能供焊炬或割炬正常使用。

（2）稳压 在气焊或气割工作中，由于气瓶内气体的不断消耗，瓶内的气压也随之逐渐下降，即氧气瓶与乙炔瓶内的气体压力是在时刻变化着的。而气焊、气割的工作要求供气的压力必须是稳定不变的，因此就需要减压器稳定工作的压力，使气体的工作压力不随气瓶内气体压力的下降而下降。

2）减压器的分类 减压器按用途不同，可分为集中式与岗位式两类；按减压器构造不同，可分为单级式与双级式两类；按减压器工作原理不同，可分为正作用式与反作用式两类。

表 4-5 所示为常用减压器的主要技术数据。

表 4-5 减压器的主要技术数据

| 减压器型号 | QD-1 | QD-2A | QD-3A | DJ6 | SJ7-10 | QD-20 | QW2-16/0.6 |
|---|---|---|---|---|---|---|---|
| 名 称 | 单级氧气减压器 | | | | 双级氧气减压器 | 单级乙炔减压器 | 单级丙烷减压器 |
| 进气口最高压力（MPa） | 15 | 15 | 15 | 15 | 15 | 2.0 | 1.6 |
| 最高工作压力（MPa） | 2.5 | 1.0 | 0.2 | 2.0 | 2.0 | 0.15 | 0.06 |

（续 表）

| 减压器型号 | QD-1 | QD-2A | QD-3A | DJ6 | SJ7-10 | QD-20 | QW2-16/0.6 |
|---|---|---|---|---|---|---|---|
| 工作压力调节范围(MPa) | 0.1~2.5 | 0.1~1.0 | 0.01~0.2 | 0.1~2.0 | 0.1~2.0 | 0.01~0.15 | 0.02~0.06 |
| 最大放气能力($m^3/h$) | 80 | 40 | 10 | 180 | | 9 | — |
| 出气口孔径(mm) | 6 | 5 | 3 | — | 5 | 4 | |
| 压力表规格(MPa) | 0~25 0~4 | 0~25 0~1.6 | 0~25 0~0.4 | 0~25 0~4 | 0~25 0~4 | 0~2.5 0~0.25 | 0~0.16 0~2.5 |
| 安全阀泄气压力(MPa) | 2.9~3.9 | 1.15~1.6 | — | 2.2 | 2.2 | 0.18~0.24 | 0.07~0.12 |
| 进口联接螺纹(in) | G5/8″ | G5/8″ | G5/8″ | G5/8″ | G5/8″ | 夹环连接 | G5/8″左 |
| 重量(kg) | 4 | 2 | 2 | 2 | 3 | 2 | 2 |
| 外形尺寸(mm) | 200×200×210 | 165×170×160 | 165×170×160 | 170×200×142 | 220×170×220 | 170×185×315 | 165×190×160 |

2. 减压器的构造及工作原理

减压器的种类很多,这里仅介绍如下主要两种:单级式氧气减压器与单级式乙炔减压器。

1) QD-1型单级反作用式氧气减压器 该减压器的进口最高氧气压力为 15 MPa,出口气体工作压力调节范围为 0.1~2.5 MPa。

（1）QD-1型减压器的构造 减压器的构造如图 4-10 所示。

本体是由黄铜制成,弹性薄膜装置被压紧在罩壳与本体之间,在罩壳内装有调压弹簧,上部旋有调压螺钉,当调节调压螺钉时,通过活门顶杆,使减压活门作不同程度的开启或关闭,用来调节氧气的减压程度或停止供气。

在本体上设有安全阀装置(见图 4-11),它在出气口气体工作压力大于 2.9 MPa 时开始泄气,在压力达到 3.9 MPa 时应完全打开。而当压力降低后自动关闭,仍能保证在 2.9 MPa 压力以内气密。

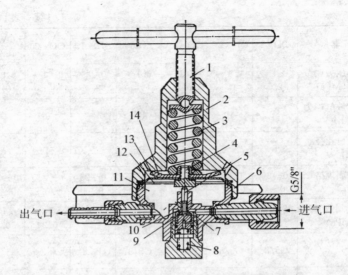

**图 4 - 10   QD - 1 型单级反作用式减压器的构造**

1—调压螺钉;2—罩壳;3—调压弹簧;4—螺钉;5—活门顶杆;6—本体;
7—高压气室;8—副弹簧;9—减压活门;10—活门座;11—低压气室;
12—耐油橡胶平垫片;13—薄膜片;14—弹簧垫块

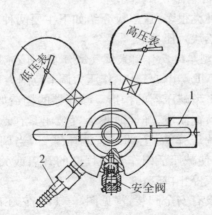

**图 4 - 11   QD - 1 型减压器本体上的安全阀**

1—进气接头;2—出气接头

减压器进气接头的内孔直径为 5.5 mm,而出气接头的内孔直径为 6 mm,其最大流量为 80 m³/h。

减压器的本体上还装有 0～25 MPa 的高压氧气表及 0～4 MPa 的低压氧气表。氧气减压器的外壳是漆成天蓝色的。

(2) QD-1 型减压器的工作原理 QD-1 型减压器的工作原理,见图 4-12。

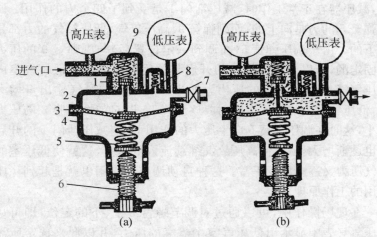

图 4-12 QD-1 型减压器的工作原理示意图

(a) 非工作状态;(b) 工作状态
1—减压活门;2—本体;3—弹性薄膜装置;4—罩壳;
5—调压弹簧;6—调压螺钉;7—出气接头;8—安全阀

如图 4-12(a)所示,当减压器处在非工作状态时,调压螺钉 6 是向外松开的,此时的调压弹簧呈松弛状态。当打开氧气瓶阀时,高压氧气通过进气口进入高压气室,此时由于减压活门被副弹簧 9 紧压在活门座上,所以高压的氧气不能流入低压气室内。同时,在高压氧气表上会显示出氧气瓶内的气压,而低压氧气表应显示"0"(如低压氧气表仍显示前一次使用的低压氧的读数,可将焊炬或割炬的氧气旋钮打开,即可见低压氧气表的读数为零)。

如要使用减压器时,如图 4-12(b)所示,可将调压螺钉 6 顺时针旋入,此时调压弹簧 5 因受到压缩而产生向上的压力,并通过弹性薄膜装置 3 经由活门顶杆传递到减压活门 1 上,以致克服副弹簧 9 的压力后将减压活门 1 顶开,高压氧气由此就从低压活门与减压器本体 2 的间隙中流入低压气室内。高压氧气从高压气室流入低压气室时,由于体积的膨胀而使压力降低,这就是减压器的减压作用。

氧气流入低压气室后,对弹性薄膜装置 3 产生压力,该压力通过活门顶杆而传递到减压活门上 1,压力的方向是向下的。由此可见,减压器在正常工作时,减压活门 1 是受到了四个力的作用:调压弹簧 5 的力是向上的;而副弹簧 9、高压氧气、低压氧气的力都是向下的。由于调压弹簧 5(在调到一定位置后)与副弹簧 9 的压力是固定的,所以减压活门 1 的开启与关闭主要取决于低压气室内低压氧气对弹性薄膜的压力。如当低压气室的氧气输出量增大时,低压气室内的气压也同时要逐渐降低,即对弹性薄膜 3 的压力减小,这时在调压弹簧 5 向上压力的作用下,使减压活门 1 的开启度也逐渐增大,从而使高压氧气继续流入低压室,这就使低压室的氧气压力又逐渐恢复正常。这种自动调节的作用也就是起到稳压作用的工作原理。

在现场操作中,可以通过对调节螺钉 6 上、下的定位,即可从低压氧气表中显示出低压气室中氧气的压力,并以此来选定所需氧气的工作压力。

2) QD-20 型单级式乙炔减压器 QD-20 型单级式乙炔减压器,它是供乙炔减压用的,其进气口最高工作压力为 2 MPa,工作压力调节范围为 0.01~0.15 MPa。

QD-20 型单级式乙炔减压器如图 4-13 所示。其构造及工作原理,基本上与单级式氧气减压器相似,唯一不同的是,乙炔减压器是与乙炔瓶相连接,它是用特殊的夹环并借紧固螺丝加以固定的。

乙炔减压器装有的安全阀,在当乙炔气压大于 0.18 MPa 时,即开始泄气,在压力达到 0.24 MPa 时,安全阀会完全打开。减压器在工作压力为 0.15 MPa,通过直径为 4 mm 喷口时的最大流量为 9 m³/h。

乙炔减压器的本体上装有量程为 0~2.5 MPa 及 0~0.25 MPa 的高、低压乙炔表各一个。

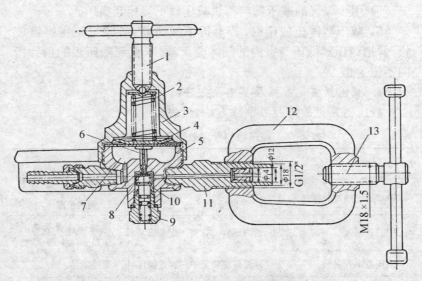

**图 4-13　QD-20 型单级式乙炔减压器的构造**

1—调压螺钉;2—调压弹簧;3—罩壳;4—弹性薄膜装置;5—本体;
6—活门顶杆;7—低压气室;8—减压活门;9—副弹簧;10—高压气室;
11—过滤接头;12—夹环;13—紧固螺钉

　　乙炔减压器的外壳漆成白色,在减压器的压力表上均有指示该压力表最大许可工作压力的红线,以便使用时严格控制。

　　3.减压器使用的注意事项

　　1)安装减压器之前,要略打开氧气瓶阀门,吹去污物,以防灰尘和水分带入减压器。氧气瓶阀开启时,出气口不能朝向人。减压器出气口与氧气胶管接头处必须用铜丝、铁丝或夹头夹紧,防止送气后胶管脱开伤人。

　　2)应先检查减压器调压螺钉是否松开,只有在松开状态下方可打开氧气瓶阀门。打开氧气瓶阀门时要慢慢开启,不要用力过猛,以防高压气体损坏减压器及压力表。

　　3)减压器严禁沾有油脂,如有油脂,应擦洗干净后再使用。

　　4)减压器冻结时,可用热水或蒸气解冻,严禁用火烤。冬天使用时,可在适当距离安装红外线灯加温减压器,以防结冰。

5）用于氧气的减压器与乙炔减压器不得相互换用。

6）减压器停止使用时，若不拆下减压器，必须把调压螺钉旋松，并把减压器低压气室内的气体全部放掉，直到低压表的指针指向零值为止。

4. 减压器常见故障及其消除方法

减压器常见故障及其消除方法，见表 4-6。

表 4-6　减压器的常见故障及其消除方法

| 故 障 特 征 | 可能产生的原因 | 消 除 方 法 |
|---|---|---|
| 减压器连接部分漏气 | 1. 螺纹配合松动<br>2. 垫圈损坏 | 1. 把螺帽扳紧<br>2. 调换垫圈 |
| 安全阀漏气 | 活门垫料与弹簧产生变形 | 调整弹簧或更换活门垫料 |
| 减压器罩壳漏气 | 弹性薄膜装置中的膜片损坏 | 更换膜片 |
| 调压螺钉虽已旋松，但低压表有缓慢上升的自流现象（或称直风） | 1. 减压活门或活门座上有垃圾<br>2. 减压活门或活门座损坏<br>3. 副弹簧损坏 | 1. 去除垃圾<br>2. 调换减压活门<br>3. 调换副弹簧 |
| 减压器使用时，遇到压力下降过大 | 减压活门副密封不良或有垃圾 | 去除垃圾或调换密封垫料 |
| 工作过程中，发现气体供应不上或压力表指针摆动较大 | 减压活门产生了冻结现象 | 用热水或蒸气加热方法消除，切不可明火加温 |
| 高、低压力表指针不回到零值 | 压力表损坏 | 修理或调换压力表 |

## （二）焊炬

焊炬俗称气焊龙头，也称气焊枪，它是气焊工作中的主要工具，也可用于气体火焰钎焊，以及用于焊接结构变形的气体火焰矫正、焊前预热等。

1. 焊炬的作用及分类

1）焊炬的作用　焊炬最主要的作用是使可燃气体与助燃气体，以一定的方式和比例混合起来，经引燃从而形成具有一定热能及不同性能的气体火焰。并可用焊炬来控制火焰的大小，火焰喷射的方向与角度,以此来实施气焊及其他施工工艺所需要的操作。

为了能很好发挥焊炬的作用,因此焊炬在使用中,应能方便地调节氧气与可燃气体的比例及热量大小,同时焊炬的重量要轻,使用时要安全可靠。

2)焊炬的分类　焊炬按可燃气体与氧气混合方式的不同可分为射吸式及等压式两类,最常用的是射吸式。

2. 射吸式焊炬

射吸式焊炬就是可燃气体靠喷射氧流的射吸作用与氧气混合的焊炬。也可称为低压焊炬。

1)射吸式焊炬的构造　以 H01-6 型焊炬为例,如图 4-14 所示。H01-6 型焊炬是使用较广的一种射吸式焊炬,它能焊接 1～6 mm 的低碳钢板材。焊炬备有五个焊嘴,可根据不同的板厚选用。

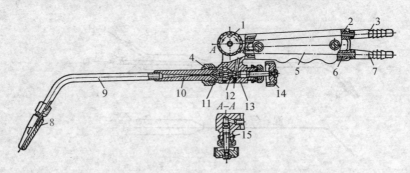

**图 4-14　H 01-6 型焊炬的构造**

1—乙炔调节阀;2—乙炔进气管;3—乙炔接头;4—射吸管螺母;5—手柄;
6—氧气进气管;7—氧气接头;8—焊嘴;9—混合气管;10—射吸管;
11—喷嘴;12—氧气阀针;13—主体;14—氧气调节阀;15—乙炔阀针

焊炬主体由黄铜制成,在主体的右下侧装有氧气调节阀及其阀针和喷嘴,主体的左上侧装有乙炔调节阀及其阀针,通过两种调节阀的顺时针或逆时针方向的旋转,可使阀针作前后移动,并以此来控制氧气与乙炔的开启与关闭,以及控制氧气与乙炔在开启后的流量,以便调节氧乙炔焰的大小、形状及火焰性质。

喷嘴的作用是将氧气与乙炔根据射吸式原理,按所需比例混合,并以一定的流速从射吸管射出至混合管,再从焊嘴喷出供燃烧。射吸管用螺母 4 紧固在焊炬主体的左侧,焊嘴用螺母紧固在混合气管的一端,而混合气管的另一端与射吸管采用银钎料钎接起来。

在焊炬主体的右上侧也采用银钎料钎接的方法,将乙炔进气管及氧气进气管与主体连接在一起,在进气管的另一端焊有乙炔、氧气接头,供连接橡皮气管用。

手柄是由胶木制成,用平头螺钉紧固在进气管的前后侧。

焊炬在装配前就要求所有气体通路的零件必须脱脂,以清除油污,要求其内部孔道不得有杂质。同时要求各零部件必须装接牢固,不得有松动、错缝、偏斜和弯曲等现象,焊炬的两个调节阀能用两手指灵活地开启或关闭气体的通路及均匀地调节火焰。

2) 射吸式焊炬的工作原理  如图 4-15 所示。

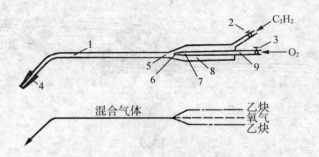

**图 4-15  射吸式焊炬的工作原理示意图**
1—混合气管;2—乙炔调节阀;3—氧气调节阀;4—焊嘴;
5—射吸管;6—喷嘴;7—喷射管;8—乙炔通道;9—氧气通道

当打开乙炔调节阀 2(逆时针方向旋转)时,乙炔聚集在喷嘴 6 的外围,并单独通过混合气管 1 从焊嘴 4 流出,但压力很低。此时若开启氧气调节阀 3(逆时针方向旋转),只要留间隙氧气通道 9,由于氧气的压力大,故氧气即会从喷嘴 6 口快速射出。而聚集在喷嘴外围的乙炔流速相对很慢,根据流体动力学中流体的压强与流速的关系,就可以得知气体的流速快压强小,流速慢压强大,这就使得乙炔被氧气吸出并带走,这也就是所谓的"空吸作用",使氧气与乙炔按一定比例混合后从焊嘴快速喷出。

射吸式焊炬的特点是使用的氧气压力比较高（0.1～0.8 MPa），而使用的乙炔压力较低（0.001～0.1 MPa），这样，利用喷嘴的射吸作用，使高压氧气与低压乙炔能均匀地按一定比例（体积比约为1：1）混合，并以相当高的流速喷出。所以，这种焊炬在乙炔压力大于 0.001 MPa 时即可使用，而且使用中压乙炔也能保证焊炬正常的工作。

我国生产的射吸式焊炬还有如 H01-12 型、H01-20 型等。它们的构造及工作原理与 H01-6 型焊炬相同，主要用于较厚板材的焊接和加热工件用。表 4-7 所列的为 JB/T 6969—1993《射吸式焊炬》标准规定的射吸式焊炬的技术数据，以及 H02-12 型等压式焊炬的主要技术数据。

表 4-7　焊炬的主要技术数据

| 型　号 | 焊嘴号码 | 焊嘴孔径(mm) | 焊接低碳钢厚度(mm) | 氧气工作压力(MPa) | 乙炔使用压力(MPa) | 可换焊嘴个数 | 焰芯长度(mm) | 焊炬总长度(mm) |
|---|---|---|---|---|---|---|---|---|
| H01-2 | 1 | 0.5 | 0.5～2 | 0.1 | 0.001～0.1 | 5 | ≥3 | 300 |
| | 2 | 0.6 | | 0.125 | | | ≥4 | |
| | 3 | 0.7 | | 0.15 | | | ≥5 | |
| | 4 | 0.8 | | 0.2 | | | ≥6 | |
| | 5 | 0.9 | | 0.25 | | | ≥8 | |
| H01-6 | 1 | 0.9 | 2～6 | 0.2 | | | ≥8 | 400 |
| | 2 | 1.0 | | 0.25 | | | ≥10 | |
| | 3 | 1.1 | | 0.3 | | | ≥11 | |
| | 4 | 1.2 | | 0.35 | | | ≥12 | |
| | 5 | 1.3 | | 0.4 | | | ≥13 | |
| H01-12 | 1 | 1.4 | 6～12 | 0.4 | | | ≥13 | 500 |
| | 2 | 1.6 | | 0.45 | | | ≥15 | |
| | 3 | 1.8 | | 0.5 | | | ≥17 | |
| | 4 | 2.0 | | 0.6 | | | ≥18 | |
| | 5 | 2.2 | | 0.7 | | | ≥19 | |
| H01-20 | 1 | 2.4 | 12～20 | 0.6 | | | ≥20 | 600 |
| | 2 | 2.6 | | 0.65 | | | ≥21 | |
| | 3 | 2.8 | | 0.7 | | | | |
| | 4 | 3.0 | | 0.75 | | | | |
| | 5 | 3.2 | | 0.8 | | | | |

（续 表）

| 型 号 | 焊嘴号码 | 焊嘴孔径（mm） | 焊接低碳钢厚度（mm） | 氧气工作压力（MPa） | 乙炔使用压力（MPa） | 可换焊嘴个数 | 焰芯长度（mm） | 焊炬总长度(mm) |
|---|---|---|---|---|---|---|---|---|
| H02－12 | 1 | 0.6 | 0.5～12 | 0.2 | | | ≥4 | 500 |
| | 2 | 1.0 | | 0.25 | | | ≥11 | |
| | 3 | 1.4 | | 0.3 | | | ≥13 | |
| | 4 | 1.8 | | 0.35 | | | ≥17 | |
| | 5 | 2.2 | | 0.4 | | | ≥20 | |

注：焊炬型号的表示——首位 H 表示焊(Han)的第一个字母；第二位 0 表示手工；第三位 1 表示射吸式(2 表示等压式)；尾部数字 2、6、12、20 表示焊接低碳钢最大厚度(mm)。

3. 焊炬使用的注意事项

1）焊前应根据焊件厚度，选择适当的焊嘴，并将其紧固。

2）射吸式焊炬在使用前必须先检查其射吸情况，检查的方法如下：先将橡胶氧气软管紧接在焊炬的氧气接头上，并接通氧气；此时乙炔橡胶软管暂不接，先将乙炔调节阀打开，并用手指按在乙炔接头上；然后开启氧气调节阀，检查乙炔接头处是否有股吸力，如果按在乙炔接头上的手指感到有吸力，则表示焊炬射吸情况正常，反之则表示焊炬射吸情况不正常，这种焊炬不能使用，必须进行检修。

3）射吸情况检查正常后，将乙炔橡胶软管接在乙炔接头上并用细铁丝或夹头扎紧，同时检查焊炬其他各气体通道是否正常。

4）点火时，应先稍微开启氧气调节阀，再开启乙炔调节阀。点火后应随即调整火焰的大小、形状，调整后的火焰应具有明显轮廓的焰芯以及正常的火焰长度。如果调节到将乙炔调节阀完全开启，还未能见到正常的中性焰或出现断火现象，则应检查焊炬的气体通道内是否出现阻塞或漏气等现象，并予以检修。

5）焊炬的各气体通道均不得漏气，如发现有漏气的情况，应立即关闭各调节阀，经检查调整不漏气后才能使用。未在使用的焊炬应挂在适当的场合，严禁将带有气源的焊炬搁置在密封的工具箱内，避免一旦因焊炬漏气后遇明火发生严重的爆炸事故。

6）焊炬所有的气体通道，都不得沾染油脂，以防止油脂遇氧气燃烧甚至发生爆炸事故,另外焊嘴的连接部位不得碰擦损坏,以免影响连接的致密性造成漏气,并导致对焊炬的使用产生严重影响。

7)焊炬在使用过程中,若发生回火现象时,应立即关闭乙炔调节阀,随后关闭氧气调节阀,这样回火就会很快地在焊炬内熄灭。稍等片刻之后,再打开氧气调节阀,将残留在焊炬内的余烟和碳质微粒吹去。

8)焊炬停止使用,应先关闭乙炔调节阀,然后关闭氧气调节阀,这样可防止发生回火和减少烟灰。

**(三)割炬**

割炬,它是气割工作中的主要工具,它也可用来去除钢板表面的氧化皮,用于钢结构的火焰矫正及焊前预热等。

1. 割炬的作用及分类

1)割炬的作用  割炬的作用是将可燃气体与氧气,以一定的方式和比例混合起来,经引燃从而形成具有一定热能和形状的预热火焰,并在预热火焰的中心喷射切割氧实施气割。

为了能使气割工作灵活和顺利的进行以保证气割的质量,割炬的构造必须简单、重量要轻、使用安全可靠。

2)割炬的分类  割炬按可燃气体和氧气混合的方式不同可分为:射吸式和等压式两类;按用途不同可分为:普通割炬、重型割炬以及焊割两用炬等类。

2. 射吸式割炬

射吸式割炬就是可燃气体靠喷射氧流的射吸作用与氧气混合(形成预热火焰)的割炬。也可称为低压割炬,它是最常用的一种割炬。

1)射吸式割炬的构造  射吸式割炬的构造,以 G01 - 30 型割炬为例,如图 4 - 16 所示。它是使用较广的一种射吸式割炬,能切割 2～30 mm 的低碳钢板。割炬备有三个割嘴,可根据不同的板厚选用。

G01 - 30 型射吸式割炬是以射吸式焊炬为基础,其结构可分为两部分:一部分为预热部分,其构造与射吸式焊炬相同;另一部分为切割部分,由切割氧调节阀、切割氧气管以及割嘴等组成。

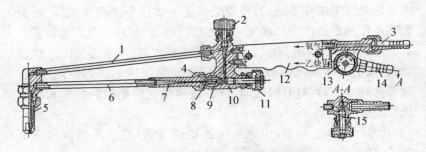

**图 4-16 G 01-30 型割炬的构造**

1—切割氧气管;2—切割氧调节阀;3—氧气接头;4—射吸管螺母;5—割嘴;
6—混合气管;7—射吸管;8—喷嘴;9—氧气阀针;10—主体;11—预热氧调节阀;
12—手柄;13—乙炔调节阀;14—乙炔接头;15—乙炔阀针

割嘴的构造与焊嘴不同,见图 4-17。焊嘴的混合气体喷射孔是一个小圆孔,所以气焊火焰的外形呈圆锥形;而割嘴的混合气体喷射孔是环形或梅花形的,因此气割火焰的外形呈环状分布。

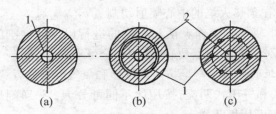

**图 4-17 割嘴与焊嘴混合气体喷射孔的比较**

(a) 焊嘴;(b) 环形割嘴;(c) 梅花形割嘴
1—混合气体喷孔;2—切割氧喷孔

2) **射吸式割炬的工作原理** 射吸式割炬的工作原理,如图 4-18 所示。G01-30 型射吸式割炬预热火焰产生的原理与射吸式焊炬焊接火焰产生的原理是相同的。开始气割前,先逆时针方向稍微开启预热氧调节阀 11,再打开乙炔调节阀 13,并立即点火,然后增大预热氧流量,使氧气与乙炔在喷嘴内混合后,经过混合气管 5 从割嘴 4 的混合气体喷孔射出,形成环形预热火焰,对割件进行预热,待预热火焰将待割件的起割点预热至燃点(一般低碳钢在氧气中的燃点低于熔点 150℃左右)时,即逆时针方向开启切割氧调节阀2,此时高速氧气流从切割氧喷孔以射流形式射出,使切割处的钢材迅速氧化(燃烧)并吹除熔渣,随着割炬的不断移动,即在割件上形成割缝。

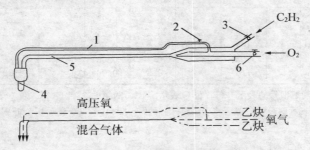

**图 4 - 18  射吸式割炬工作原理示意图**

1—切割氧气管;2—切割氧调节阀;3—乙炔调节阀;
4—割嘴;5—混合气管;6—预热氧调节阀

我国生产的射吸式割炬还有如 G01 - 100 型、G01 - 300 型等。它们的构造及工作原理与 G01 - 30 型割炬相同,主要用于较厚板材的气割。表 4 - 8 所列为 JB/T 6970—1993《射吸式割炬》标准规定的射吸式割炬的技术数据,以及 G02 - 100 型等压式割炬的主要技术数据。

**表 4 - 8  割炬的主要技术数据**

| 型　号 | 割嘴号码 | 割嘴切割氧孔径(mm) | 切割低碳钢厚度(mm) | 氧气工作压力(MPa) | 乙炔工作压力(MPa) | 可换割嘴个数 | 可见切割氧流长度(mm) | 割炬总长度(mm) |
|---|---|---|---|---|---|---|---|---|
| G01 - 30 | 1<br>2<br>3 | 0.7<br>0.9<br>1.1 | 3~30 | 0.2<br>0.25<br>0.3 | | 3 | ≥60<br>≥70<br>≥80 | 500 |
| G01 - 100 | 1<br>2<br>3 | 1.0<br>1.3<br>1.6 | 10~100 | 0.3<br>0.4<br>0.5 | 0.001~0.1 | | ≥80<br>≥90<br>≥100 | 550 |
| G01 - 300 | 1<br>2<br>3<br>4 | 1.8<br>2.2<br>2.6<br>3.0 | 100~300 | 0.5<br>0.65<br>0.8<br>1.0 | | 4 | ≥110<br>≥130<br>≥150<br>≥170 | 650 |

(续　表)

| 型　号 | 割嘴号码 | 割嘴切割氧孔径（mm） | 切割低碳钢厚度（mm） | 氧气工作压力（MPa） | 乙炔工作压力（MPa） | 可换割嘴个数 | 可见切割氧流长度（mm） | 割炬总长度（mm） |
|---|---|---|---|---|---|---|---|---|
| | 1 | 0.7 | | 0.2 | 0.04 | | ≥60 | |
| | 2 | 0.9 | | 0.25 | 0.04 | | ≥70 | |
| G02－100 | 3 | 1.1 | 3～100 | 0.3 | 0.05 | | ≥80 | 550 |
| | 4 | 1.3 | | 0.4 | 0.05 | | ≥90 | |
| | 5 | 1.6 | | 0.5 | 0.06 | | ≥100 | |

注：割炬型号的表示——首位 G 表示割（Ge）的第一个字母；第二位 0 表示手工；第三位 1 表示射吸式（2 表示等压式）；尾部数字 30、100、300 表示切割低碳钢的最大厚度（mm）。

### 3. 割炬使用的注意事项

割炬除了应按焊炬的使用方法进行外，还应注意以下各点：

1）装配割嘴时，必须使内嘴与外嘴严格保持同心，这样才能使切割氧射流位于环形或梅花形预热火焰的中心。

2）由于割炬内通有高压氧气，因此须特别注意割炬各个部分以及各接头处连接的紧密性，以杜绝漏气。

3）在切割过程中，飞溅的金属及其熔渣较多，割嘴预热火焰的喷孔极易被堵塞而引发回火，故应经常用通针疏通。

4）在切割过程中，若遇发生回火，应立即关闭切割氧调节阀及乙炔调节阀，随后即关闭预热氧调节阀，以有效制止回火的延续。

5）为避免高压氧渗漏至环形通道而将预热火焰吹熄，必须特别注意高压氧气通道与内嘴的紧密连接。

### （四）辅助工具

#### 1. 胶管（橡胶软管）

胶管是在气焊、气割中连接氧气瓶、乙炔瓶与焊炬、割炬的输气通道。氧气与乙炔的胶管由内、外胶层及中间棉织纤维层组成，并经过必要的化工处理，以使其达到提高耐磨及耐高温的性能要求。

根据焊接与切割安全国家标准 GB 9448—1999 的指定，依照 GB 2550—1992 及 GB 2551—1992 的规定，氧气胶管为蓝色，允许工作压力为 1.5 MPa;乙炔胶管为红色,允许工作压力为 0.3 MPa。目前一些工厂企业仍沿用 GB 9448—1988 规定的氧气管为黑色的,乙炔管为红色。

氧气胶管的内径为 8 mm,乙炔胶管的内径为 10 mm。连接焊炬及割炬的胶管长度不能小于 10 m,一般以 10～15 m 为佳,过长会增加对气流的阻力。

2. 点火枪

点火枪是气焊、气割的专用辅助工具,分电石点火枪和电子点火枪两种。电子点火枪应用已十分普通。如用火柴引火,必须从焊嘴或割嘴的后面往前引火,以避免灼伤手指。

3. 护目镜

气焊及气割时,必须要用护目镜保护焊工的眼睛不受火焰亮光长时间的刺激,同时还可以防止熔化金属及其熔渣的飞溅微粒损伤眼睛。为了既要保护眼睛不受伤害,又能看清气焊区及气割区,建议使用适宜的镜片。对氧乙炔气焊或气割时,焊炬及割炬会产生亮黄光,希望使用滤光镜以吸收操作视野范围内的黄线或紫外线。

对气焊及气割用护目镜镜片的遮光号有如下规定:

1) 气焊时,板厚<3 mm,采用 3 或 4 号;板厚为 3～13 mm,采用 5 号或 6 号;板厚>13 mm,采用 6 号或 8 号。

2) 气割时,板厚<25 mm,采用 3 号或 4 号;板厚为 25～150 mm,采用 4 号或 5 号;板厚>150 mm,采用 5 号或 6 号。

上述遮光号的数字越大,则镜片的透光度越低。

4. 通针

为了保证焊嘴及割嘴在使用过程中的畅通状态,焊工应备齐一套粗细不同的钢质通针,以便随时清除因金属及熔渣飞溅造成焊嘴、割嘴的阻塞以及其他的垃圾、污物。

5. 手锤、锉刀、钢丝刷

这些工具也是在气焊前、后,以及气割后清理焊缝等所必备的工具。

6. 扳手、钢丝钳、铁丝

在气焊及气割前,为接通氧气及可燃气体的通路,扳手、钢丝钳以及铁丝等也是不可或缺的工具。

## 四、气焊工艺概述

### (一) 气焊用材料

气焊除了其热源需要氧气以及可燃气体之外,为了保证气焊焊缝的质量,就要有符合质量要求的填充金属焊丝及熔剂。

1. 气焊丝

气焊焊缝的质量,除了正确的操作工艺,主要与焊丝的质量有关,因为焊丝在气焊过程中,被不断地熔入熔池并与母材熔合形成焊缝,故要正确选用气焊丝。

1) 对气焊丝的要求

(1) 为了保证气焊焊缝具有不低于母材金属的力学性能,气焊丝应基本上与母材金属的化学成分相符合。

(2) 气焊丝应保证焊缝不产生气孔与夹渣等缺陷,以具有必要的致密性。

(3) 气焊丝的熔点应与母材金属熔点相近,并在焊接过程中不会出现强烈的飞溅或蒸发。

(4) 气焊丝在焊接时,其表面应没有油腻、锈蚀及漆斑等污物。

2) 气焊丝的种类  气焊丝按用途分有焊接低碳钢、铸铁以及焊接有色金属中的铝及铝合金、铜及铜合金等种类的焊丝。

气焊丝的规格一般直径为 $2\sim4$ mm,长度为 1 m。

常用的低碳钢气焊丝牌号有 H08A、H08Mn、H08MnA、H15Mn 等。

铸铁本身含有较多的碳和硅,而这两种元素在气焊过程中烧损也较多,因此为了弥补烧损的元素,在铸铁的气焊丝中适当增加碳和硅的含量,见表 4-9。在采用弧焊焊接铸铁之前,用气焊法焊接铸铁是唯一的方法。气焊法焊接铸铁主要用于小型铸铁构件的焊补。

表 4-9　常用铸铁焊丝的化学成分 （%）

| 焊丝牌号 | C | Si | Mn | S | P | 用　途 |
|---|---|---|---|---|---|---|
| HS401-A | 3.0～4.2 | 2.0～3.6 | 0.3～0.8 | ≤0.08 | 0.15～0.5 | 热焊（预热气焊） |
| HS401-B | 3.0～4.2 | 3.8～4.8 | 0.3～0.8 | ≤0.08 | 0.15～0.5 | 冷焊（不预热气焊） |

铝及铝合金用气焊的方法焊接还是较为普遍的,特别是用于 0.5～2 mm 的薄板构件及铸铝件的焊接与焊补。焊接铝的气焊丝,根据铝及铝合金不同化学成分,一般可以选用与母材金属化学成分相同的焊丝。但考虑到合金元素会在焊接过程中烧损,就要适当增加合金元素的含量。除焊接纯铝时用纯铝焊丝(HS301)含铝 99.6% 外,如焊接铝镁合金时,所用的铝镁合金焊丝(HS331)含镁就比母材金属高 1%～2%。焊接其他铝合金的焊丝还有铝硅合金焊丝(HS311)、铝锰合金焊丝(HS321)等。铝焊丝直径的选择,是根据焊件厚度而定的。焊件厚度增加焊丝直径相应增加。一般厚度在 1.5～20 mm 间,焊丝直径则在 1.5～6 mm 中选用。焊接铝铸件的焊丝直径可适当粗些,一般为 5～8 mm。

铜及铜合金的气焊丝,如特制紫铜焊丝中加入少量锡、锰、硅、磷等,是为了增加熔池的脱氧能力和改善熔池的流动性。另外,由于铜合金的种类、化学成分各异,其焊丝也可取与母材金属成分相同的材料或加上需补充的有关合金元素。铜合金的焊丝有锡黄铜焊丝、铁黄铜焊丝、硅黄铜焊丝以及与锡青铜化学成分相同的铸造青铜棒(锡含量可增加 1%～2%)等。

2. 气焊熔剂

气焊熔剂亦称气焊粉。气焊与所有熔焊一样,经气体火焰高温熔化的金属液体,会与周围空气中的氧及气体火焰中的氧化合,生成氧化物。这不仅会使熔池金属中的有益元素烧损,还会因此造成焊缝中的缺陷,如夹渣和气孔等。为了防止金属的氧化并消除已形成的氧化物,在焊接铸铁、不锈钢以及有色金属时,必须采用气焊熔剂。

1) 对气焊熔剂的要求　在气焊操作中,气焊熔剂一般是通过两种途径加到熔池上去的,一是在焊前直接将气焊粉撒在焊件的坡口上,随气焊丝及母材一起熔化;二是将气焊丝经火焰稍为加热后,蘸上气焊粉与气焊丝一起熔入熔池。熔化了的熔剂,以熔渣的形式,覆盖在熔池表面,既使熔池与空气隔离,防止了熔化金属的氧化;同时也排除在熔池内已经形成的高熔点的氧化物,避免产生夹渣等缺陷。从而改善了焊缝的质量。

气焊熔剂的选择是要根据焊件的成分及其性质而定的。对气焊熔剂总的要求如下:

(1)气焊熔剂应具有很强的物理的和化学的反应能力,如能迅速地溶解一些氧化物及与一些高熔点的化合物作用后,生成新的低熔点的和易挥发的化合物。

(2)熔化后的气焊熔剂,黏度要小,流动性要好;形成的熔渣,熔点要低,密度要小,熔化后易浮于熔池表面。

(3)气焊熔剂应能促使熔化了的填充金属与焊件更易熔合。

(4)气焊熔剂不应对焊件有腐蚀等副作用,形成的熔渣凝固后应容易清除。

2)气焊熔剂的分类  气焊熔剂按所起的作用不同,可分为起化学作用的熔剂及起物理作用的熔剂。

(1)起化学作用的熔剂  起化学作用的熔剂是由一种或几种酸性氧化物(或碱性氧化物)组成的,所以又分成酸性和碱性两种。如被焊金属产生的氧化物是酸性的,就采用碱性的熔剂中和它;相反,如被焊金属产生的氧化物是碱性的,就采用酸性的熔剂中和它。酸性氧化物和碱性氧化物中和后形成低熔点的盐类。

例如焊接铜及铜合金时,产生的氧化铜是碱性氧化物,这时就采用属于酸性的硼砂($Na_2B_4O_7$)、硼酸($H_7BO_3$)、二氧化硅等熔剂中和它,使它形成低熔点盐类的熔渣。焊接铸铁时,因含硅量多,焊接时一部分硅被氧化生成酸性氧化物,这时就采用属于碱性的碳酸钠($Na_2CO_3$)、碳酸钾($K_2CO_3$)等熔剂来中和它,使之形成低熔点盐类。

(2)起物理作用的熔剂  起物理作用的熔剂,是用来溶解和吸收熔池中不能被起化学作用的熔剂所中和的、高熔点的氧化物,使焊接能顺利进行。如在焊接铝及铝合金时,在熔池表面会形成一层高熔点的三氧化二铝膜,它不能被酸性或碱性熔剂所中和,阻碍着焊接的顺利进行,此时就必须使用起物理作用的熔剂,如氯化钾(KCl)、氯化钠(NaCl)、氟化钾(KF)、氟化钠(NaF)等,使三氧化二铝被溶解和吸收,以获得高质量的接头。

气焊熔剂的种类、用途及性能见表4-10。

表4-10　气焊熔剂的种类、用途及性能

| 牌　号 | 名　称 | 应用范围 | 基　本　性　能 |
|---|---|---|---|
| CJ101 | 不锈钢及耐热钢焊粉 | 不锈钢及耐热钢 | 熔点约为900℃。有良好的湿润作用,能防止熔化金属被氧化,焊后熔渣易清除 |
| CJ201 | 铸铁焊粉 | 铸铁 | 熔点约为650℃。呈碱性反应,富潮解性,能有效地去除铸铁在气焊时所产生的硅酸盐和氧化物,有加速金属熔化的功能 |
| CJ301 | 铜焊粉 | 铜及铜合金 | 系硼基盐类,易潮解,熔点约为650℃。呈酸性反应,能有效地熔解氧化铜和氧化亚铜 |
| CJ401 | 铝焊粉 | 铝及铝合金 | 熔点约为560℃。呈碱性反应,能有效地破坏氧化铝膜,因富有潮解性,在空气中能引起铝的腐蚀,焊后必须将熔渣清除干净 |

### (二) 气焊焊接参数的选择

焊接参数是焊接时为保证焊接质量而选定的各项参数。气焊除了依据焊件选定相应的焊丝及熔剂外,其主要的焊接参数是指选用的氧乙炔配比(气焊火焰的种类)、能率、焊接时焊炬的倾角、焊接方向、焊接速度以及焊丝直径等。

1. 氧乙炔气体配比的选择

气焊火焰(氧与乙炔配比)对于焊接不同成分的焊件来说是至关重要的。就普遍采用的氧乙炔焰,如果在混合气体内乙炔量过多,形成碳化焰,对某些焊件就会因焊缝金属渗碳,使焊缝的硬度和脆性增加,而且还会出现气孔等缺陷。如果混合气体内含氧量过多,形成氧化焰,就会使某些焊件的焊缝金属氧化,使其塑性和强度降低。因此,对不同的金属材料必须将氧与乙炔的比例选择好(火焰种类)。详见表4-2。

2. 火焰能率的选择

气焊火焰的能率是指单位时间内可燃气体的消耗量,其单位为 L/h。一般来说,火焰的能率越大,输入给焊缝的热能就越大(当焊接速度不是很大时)。火焰能率的选用,应取决于焊件金属的厚度及其熔点的高低、导热的快慢(导热性),焊件的厚度越大、熔点越高、导热越快,选用的火焰能率就应越大。

通常为了提高生产率,在保证焊缝质量的前提下,应尽量采用较大的火焰能率。

3. 焊炬倾角的选择

焊炬的倾角如图 4-19 所示。倾角的大小,关系到气焊火焰热能传递的指向,直接影响到焊接熔池的深浅,倾角越大,熔深就越大。因此,焊炬倾角的大小,主要取决于焊件的厚度,材料的熔点及其导热性。焊件越厚,熔点及导热性越高,焊炬的倾角应越大,使火焰的热量集中。相反,则采用较小的倾角。在实际操作中,焊炬的倾角应依据实际情况,灵活应用,且可随时变动。如在焊接开始时,为较快地加热焊件及迅速地形成熔池,可将焊炬倾角增大至 80°~90°;当焊接结束时,为了更好地填满焊缝的收尾处及避免烧穿,可将焊炬的倾角减小,使火焰指向焊丝加热,并将火焰上下跳动,对焊丝及熔池间断地加热,也形成良好的收尾。气焊过程中焊

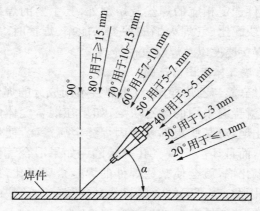

图 4-19 焊炬倾角与焊件厚度的关系

炬倾角的变化,如图 4-20 所示。

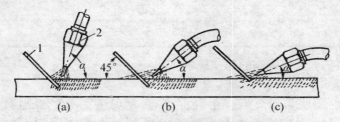

图 4-20 气焊过程中焊炬倾角变化示意图
(a) 焊前预热;(b) 焊接过程中;(c) 焊接结束填满弧坑
1—焊丝;2—焊炬

一般在气焊过程中,焊丝与焊件表面的倾角在 $30°\sim40°$ 之间,而它与焊炬中心线的夹角为 $90°\sim100°$,见图 4-21。

4. 焊接速度的选择

焊接速度与焊件的厚度、材料的导热性、焊接的方向等都有关系,一般来说焊件厚度大、导热慢,焊接速度就要慢些。由于焊接速度是以单位时间完成焊缝的长度来衡量的,因此,在保证焊接质量的前提下,应力求提高焊接速度,以提高生产率。这就要求焊工提高自己的操作水平及熟练程度。

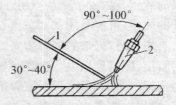

图 4-21 焊炬与焊丝的
相对位置
1—焊丝;2—焊炬

5. 焊丝直径的选择

焊丝的直径要与焊件的厚度相适应,即是由焊件厚度决定的,两者不宜相差太远,如焊丝直径比焊件厚度少得多,那就会出现焊件尚未熔化,而焊丝的熔滴已经下滴的现象,造成未熔合的情况;反之,焊丝过粗,就会出现焊丝未熔化而焊件由于过热,使热影响区过大,降低了焊缝的质量。

当然,焊丝的直径与气焊的具体操作方法也有关系,本书将在气焊的操作技术中介绍。表 4-11 所列为焊丝直径与焊件厚度的关系。

表 4 - 11    焊丝直径与焊件厚度的关系    (mm)

| 焊件厚度 | 1～2 | 2～3 | 3～5 | 5～10 | 10～15 | ＞15 |
|---|---|---|---|---|---|---|
| 焊丝直径 | 不用焊丝或1～2 | 2 | 2～3 | 3～5 | 4～6 | 6～8 |

### （三）气焊操作的基础技术

1. 右焊法及左焊法

右焊法是指焊炬自左向右移动,左焊法则是指焊炬自右向左移动。这两种方法对焊缝的质量及焊接生产率都有较大的影响。

1）右焊法    右焊法如图 4 - 22 所示,焊炬的火焰指向焊缝,焊接过程自左向右,并且焊炬在焊丝前面移动。

由于右焊法时,火焰指向焊缝,因此气体火焰可以遮盖整个熔池,使熔池与周围的空气隔离,得到了较好的保护,防止了焊缝金属的氧化及减少了产生气孔的可能性;同时由于焊缝金属得到充分的加热,可使凝固的焊缝金属缓慢冷却,改善了焊缝组织;还由于右焊法时,火焰的焰芯指向熔池的距离较近,火焰受坡口及焊缝的阻挡,使热量集中,火焰能率的利用率就较高,使熔深增加,也可用稍粗一些的焊丝焊接,使焊接生产率更得到提高。

但是,右焊法也有其不足之处,主要是操作不易掌握,一般采用较少,只适用于较厚的焊件。

2）左焊法    如图 4 - 23 所示,焊炬的火焰背对焊缝而指向焊件的未焊部分,焊接过程自右向左,并且焊炬随着焊丝移动。

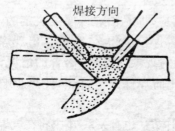

图 4 - 22    右焊法

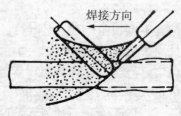

图 4 - 23    左焊法

左焊法时,焊工能很清楚地看到熔池上部凝固边缘,易于掌控焊缝的表面成形,以获得高度与宽度较均匀的焊缝;又由于焊炬火焰指向焊件未焊部分,对焊件有预热作用,因此在焊接薄板时,生产效率较高;左焊法的操作容易掌握,故应用最普遍。

但是,左焊法的不足之处是由于火焰未指向焊缝,熔池及焊缝金属未能得到火焰的有效保护,故焊缝易氧化且冷却快;火焰热量的利用率较低。

左焊法适用于焊接 5 mm 以下的薄板及低熔点的金属。

2. 焊接过程中焊炬及焊丝的运作

为了获得优质且表面美观的气焊焊缝,在焊接过程中,焊炬及焊丝必须要视焊缝的空间位置、焊件的厚度、坡口或间隙的大小以及对焊缝质量的要求等,作相应的运作;焊炬与焊丝间,亦应相互协调作有规律的、均匀的摆动或跳动。以便于熔透且又避免因焊缝金属过热而烧穿,能获得焊道均匀、表面成形良好的焊缝。

在生产实践中,焊炬的动作基本上有三个,即横向摆动,上下跳动及沿焊接方向的移动。而焊丝的动作,除上述三个以外,有时还需作搅拌熔池的动作。总之,两者间运作没有固定的模式,一切以掌控熔池的深度、宽度及熔合状态、表面成形为出发点。

从焊炬的动作来看,横向摆动主要是使焊件坡口边缘能很好地熔化,以使与焊丝的熔滴熔合形成焊缝;焊炬的横向摆动还能控制熔化金属的流动,防止焊缝产生过热甚至烧穿等缺陷;横向摆动能控制获得宽窄一致的焊缝。

所谓焊炬的上下跳动,确切地说是指气焊火焰视熔池出现过热状态,为避免焊缝金属出现下塌或烧穿的缺陷,而作的瞬间离开熔池的跳跃动作。

焊炬沿焊接方向前行,这显而易见是为使焊接过程不断延续的必要运作。

为了解在气焊操作实践中,焊炬及焊丝的运行轨迹,以下以不同板厚的气焊为例作一介绍:

1) 卷边接头的焊接　当焊接厚度小于 2 mm 的低碳钢卷边接头时,可不用焊丝作填充金属,焊炬的运作方式可采用斜环形或锯齿形两种动作,如图 4-24 所示。

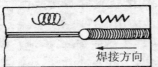

**图 4-24　卷边接头焊接时
焊炬的运行轨迹**

2) 无卷边较薄钢板的焊接　对无卷边较薄钢板的焊接,必须采用焊丝作为填充金属,一般是应用逐步形成熔池的填加焊丝方法。

焊接开始,先对焊件的起焊部位加热,当在该部位形成直径约为 4～5 mm 的熔池时,即将焊丝端部送入熔池,使焊丝被少量熔入熔池,然后将焊丝从熔池中抽出,并置于火焰中,同时将火焰靠近金属表面作急速打圈动作,以形成鱼鳞状焊波。接着将焊炬向焊接方向前移,准备形成第二个熔池及焊波,并使第二个焊波重叠于第一个焊波的 1/3 处,如图 4-25 所示。这种逐步形成熔池法,可获得较高质量的焊缝。要注意的是,为避免焊丝氧化,焊丝的端部不应离开火焰的中心范围。

3) 板厚大于 3 mm Ⅰ形坡口对接焊　如图 4-26 所示,当在钢板厚度大于 3 mm Ⅰ形坡口的对接平焊时,焊炬与焊丝端部的运作轨迹是相互交错的左右摆动,即焊炬向左摆动时,焊丝则往右摆动,这样可保证焊件边缘焊透,同时也能获得焊波均匀和较平整的焊缝。

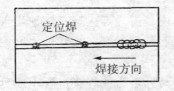

**图 4-25　逐步形成熔池焊接法**

**图 4-26　Ⅰ形坡口对接平焊时
焊炬、焊丝的运行轨迹(实线为
焊炬;虚线为焊丝)**

4）T形接头角焊缝的焊接 如图4-27所示,焊接角焊缝时,火焰与焊丝在焊缝中间移动稍快,而在焊缝两侧可略慢些,且稍作停留,以保证焊缝的良好成形。

5）板厚大于5 mm V形坡口的对接平焊 如图4-28所示,由于板厚较大,可采用右焊法。焊接时,焊炬的火焰应深入到焊件的坡口中去,并沿焊接方向作均匀的直线运行。为了保证焊件边缘较好的熔合及去除熔池中存在的夹杂物,焊丝必须作弧形的摆动。

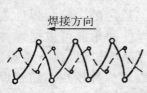

焊接方向

图4-27 T形接头角焊缝焊接时焊炬、焊丝的运行轨迹(图中小圆点为焊炬与焊丝运行时的停滞点)

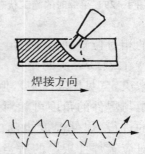

焊接方向

图4-28 V形坡口对接焊时焊炬、焊丝的运行轨迹

**（四）各种空间位置气焊的操作技术**

气焊与焊条电弧焊的操作有相似之处,如按焊接的空间位置不同,亦可分为平焊、立焊、横焊、仰焊四种操作方法。但气焊过程与焊条电弧焊有所不同,在形成焊缝的熔滴过渡过程中,除了金属熔滴的重力及其表面张力的因素外,主要还有电弧吹力及电磁收缩力的作用。而气焊焊缝成形,除了同样存在金属熔滴的重力及其表面张力的因素外,主要还与火焰气流的压力及焊丝熔化端部的运行方式有关。特别当焊接接头处于立焊、横焊及仰焊位置时,为了防止金属熔滴下淌,此时火焰气流的压力及焊丝端部的走向,对焊缝的形成就起着很大的作用。

1. 平焊

平焊是气焊工艺中最常见的一种操作位置,见图4-29。由于

**图 4-29 平焊时的施工状态图**

平焊操作方便,焊接质量可靠,劳动生产率高,焊工的劳动强度相对于其他空间位置来说也较低。因此在实际生产中,视产品结构的具体情况,尽可能将焊缝置于平焊位置施焊。

平焊所采用的接头形式主要是对接,而且普遍采用左焊法焊接。焊接时焊炬与焊丝对焊件的相对位置如图 4-30 所示,火焰焰芯的尖端与焊件表面应保持在 2～6 mm 的距离。焊炬与焊件的角度可根据焊件的厚度来决定(见图 4-20),但无论焊件厚度如何,在开始焊接时,焊炬与焊件的角度可相对大一些,以对焊件预热。随着焊接过程的进行,焊件温度也随之增高,焊炬与焊件的角度便可调整到对应于焊件板厚的适当倾角。在焊接过程中,焊丝可浸沉在熔池中,并不断搅动熔池,同时随着熔池的不断凝固,关注焊缝的表面成形,且及时调整焊丝搅动的姿态。在施焊过程中,火焰必须始终笼罩着熔池和焊丝的熔化端,以防止熔化金属与空气接触而氧化。

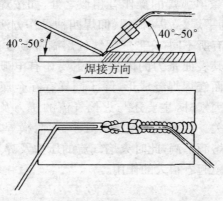

40°~50° 　　 40°~50°

焊接方向

**图 4-30 焊炬与焊丝对焊件的相对位置**

焊接过程中,为更换焊丝或其他原因需中途停顿后再继续焊的俗称接"头"。一般在低碳钢焊接时,更换焊丝有两种方法:一种是将焊丝的残余段丢弃,换上接替的焊丝继续施焊;另一种方法是,让残余的焊丝段与熔池一起凝固在焊缝上,然后将接替焊丝的端部与残余焊丝的尾部,用气焊熔接起来,然后再对原熔池部位加热便可续焊,这样既可避免了焊接材料的浪费,也争取了时间。另外,在续焊接头的过程中,关键要注意避免未熔合或假焊的现象出现,因此必须要使原焊缝焊波及焊件金属熔化,再加入焊丝,沿原波纹状态继续焊接。

当焊至焊缝的终点,要结束焊接的过程,称收尾。此时由于焊件温度较高,焊缝散热条件较差,因此要减小焊炬的倾角,防止熔池因过热而烧穿,并快速加入焊丝金属,以使终点的熔池填满,然后将火陷缓慢离开熔池。要注意在整个收尾过程中,焊接区必须在火焰气体的保护之下,为避免温度过高,可用温度相对较低的外焰保护熔池。

2. 立焊

由于在立焊时,液态金属易往下淌,故比平焊要困难一些,而且焊缝表面不易形成均匀的焊波。为此,在立焊的操作过程中,在火焰能率、焊炬的运行方式等均有别于平焊的操作。

首先,立焊时应采用能率比平焊时小的火焰,以严格控制熔池的温度不致过高;熔池的面积不宜过大,熔池深度也应恰到好处,不应过深。为此,关键是控制熔池的受热状况,在整个施焊过程中,焊炬随时可作上下跳动的运行方式,而不作横向摆动;焊丝则在火焰的范围内,作环形运行,将焊丝金属的熔滴向熔池一层层均匀地堆敷上去。见图 4-31。

其次,为能借助火焰气流的压力来支承熔池而不致下塌,焊炬应沿焊接方向向上倾斜一定角度,一般在 60°左右。另外,起焊与收尾的操作基本与平焊时相似。

3. 横焊

横焊如图 4-32 所示。在横焊时由于操作不当,极易造成焊接

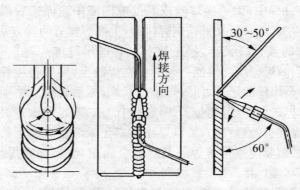

**图 4-31 立焊时焊炬、焊丝的相对位置及运行轨迹**

接头上部咬边、下部出现焊瘤及未熔合的缺陷。所以，与立焊一样应采用较小的火焰能率来控制熔池的湿度；同时焊炬也应向上倾斜一定的角度，一般在 65°～75°，使火焰气流直接指向焊接熔池，利用火焰气流压力，阻止熔化金属的下淌。焊接过程中，焊炬一般不作摆动，但在焊接较厚焊件时，焊炬可作小的环形摆动，而焊丝始终浸在熔池中，并作斜环形的运作，使熔池呈稍倾斜状，这样易使熔池稳定，金属熔液不易下淌，利于焊缝的成形，同时也能防止焊缝产生咬边、焊瘤及未熔合等缺陷。

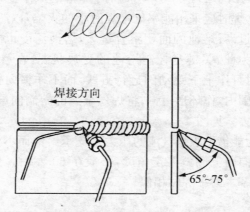

**图 4-32 横焊时焊炬、焊丝的相对位置及运行轨迹**

4. 仰焊

可想而知,仰焊是各种焊接位置中最难焊的,见图 4-33。因此必须要有熟练的操作技能,才能控制住金属熔液不往下淌,且能保证焊缝的质量及均匀、良好的表面成形。

**图 4-33　仰焊操作示意图**
1—焊丝;2—焊炬

与立焊一样,仰焊也必须采用较小的火焰能率,以便控制熔池的温度不至于过高,用目测的话,就要保持熔池处于浓稠状态而不是稀薄状,但前提是要在焊缝金属与焊件熔合的基础上,这样就能使焊缝既保证质量,又不出现未熔合、咬边及金属熔液下淌的现象;焊接时,可采用较细直径的焊丝,以薄层堆敷上去,也有利于控制熔池的温度。

从操作方法来看,仰焊时左焊法及右焊法都可以,但采用右焊法时,焊缝的成形较好,因为此时火焰气流压力及焊丝端部的搅动均可以防止熔化金属下淌;焊接时,焊炬与焊件应保持一定的角度,焊炬可作不间断的运行,焊丝则始终浸在熔池中作月牙形运条,见图 4-34。

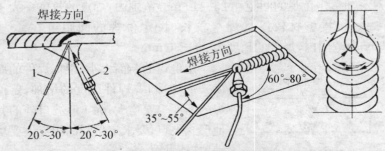

**图 4-34　仰焊时焊炬、焊丝的相对位置及焊丝的运行轨迹**
**1—焊丝;2—焊炬**

还有值得注意的是，仰焊时必须要注重焊工自身的防护，特别是眼睛、脸部等部位严防被跌落的金属液体或飞溅烫伤。要注意操作姿势，选择较轻便的焊炬和细软的气管，以减轻劳动强度。

### (五) 低碳钢气焊技术

低碳钢是常用钢材之一，由于其含碳量低，所以可焊性最好，焊接时不需要采取特殊的工艺措施，如焊前不需要对焊件预热，焊后也不需要热处理等。

但是由于气焊火焰的加热状态不如电弧焊集中，相对来说，气焊时焊件受热面积较大；而且气焊工艺多用于较薄材料的焊接，因此在气焊过程中，必须采取一些防止焊件变形的措施。

低碳钢气焊所采用的气体火焰，常用氧乙炔的中性焰，其填充材料通常是 H08 或 H08A 焊丝，焊接时不需要用气焊熔剂。

气焊的各种空间位置的焊接，对低碳钢来说，最适宜的是厚度在 6 mm 以下的薄钢板或管子，一般较厚的钢材最好采用弧焊等方法。现主要介绍焊件的定位焊、板材、薄壁容器及管子的焊接。

#### 1. 焊件的定位焊

从前述可知，为了防止焊件的焊后变形，所以焊前的焊件定位焊工作非常重要。

焊前定位焊的目的是要保证在焊接过程中，焊接接头的设计要求及接头间隙保持不变。

定位焊焊点的间距，由板材的厚度及焊缝长度决定。一般薄板焊接时，定位焊的间距在 25～40 mm 范围内，焊点的长度不大于 5 mm；焊接板材较厚且焊缝较长时，定位焊的间距可在 40～100 mm 范围内，焊点的长度为 20～30 mm。

定位焊

**图 4-35　V 形坡口(带钝边)
对接定位焊的横断面**

定位焊的断面大小，根据焊件的厚度来决定，随着焊件厚度的增加，定位焊的断面也要增大；除 I 形坡口外的其他形式坡口，要求定位焊的焊点不要填满坡口，见图 4-35。

对定位焊的质量要求同整条焊缝，

为使整条焊缝焊透,要求定位焊的焊点也必须焊透。为了防止在实施定位焊时,造成焊接接头间隙的改变,必须要有合理的定位焊的次序。定位焊的次序一般根据钢板的厚度及焊缝长度决定,当厚度较薄且焊缝又较短时,定位焊焊点的次序可按图4-36所示的方法进行;焊缝较长时,可按图4-37所示方法进行。

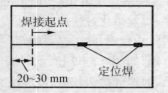

图4-36 薄板短焊缝的定位焊次序

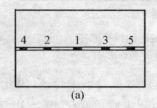

(a)

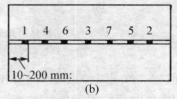

(b)

图4-37 薄板长焊缝的定位焊次序

(a) 由中心向两侧的次序;(b) 由两侧向中心的次序

## 2. 平板的焊接

钢板在焊前必须根据板材的厚度及焊缝长度进行定位焊,并要求两板材间的间隙尽可能沿焊缝全长一致。

2 mm以下薄板的对接,可采用卷边对接接头,一般无需填充焊丝,只要将火焰直接对准卷边部分,并沿焊接方向不断熔化卷边即形成焊缝,见图4-38。在焊接过程中要正确选择焊接参数,采用适当的焊炬摆动轨迹,控制熔池温度及焊缝表面成形,如发现焊缝出现凹陷时,可适当添加焊丝。

焊接2 mm以下薄板的I形坡口对接接头时,可采用本书"气焊操作的基础技术"中有关"逐步形成熔池的填加焊丝方法"进行焊接。如果要采用连续焊接的方

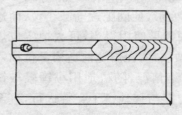

图4-38 低碳钢薄板卷边对接焊

法,则要求焊接火焰稍偏向焊丝,不针对焊件,焊炬倾角在 20°～30°,保持焊丝熔化与焊件熔化状态(熔池温度)正常,以免焊件烧穿、焊丝熔化过快造成的假焊(未熔合)或未熔透的缺陷。同时,为了防止变形,除了必要的定位焊外,还可采取逐步退焊法及跳焊法施焊,如图 4-39 所示。由于这两种方法较能有效地控制焊件变形,但焊缝接头较多,故应注意接头质量。

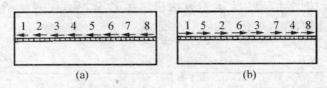

**图 4-39　板材防止变形的焊接顺序**
(a) 逐步退焊法;(b) 跳焊法

　　焊接 5 mm 以上的厚板时,要注意避免发生未焊透,因此要求火焰的能率及焊炬倾角都要大一些,焊炬倾角放在 30°～40°之间。为了防止未焊透,应采取多层焊以及右焊法。如遇焊缝较长,为防止变形,也应采取适当的焊接顺序。

　　3. 薄壁容器的焊接

　　薄壁容器一般均由筒体、筒盖及筒底组成。

　　1) 筒体纵缝的焊接　　一般在板厚为 3 mm 以下的薄壁容器,其筒体都是将钢板卷成筒形后采用气焊焊成的。

　　当筒体纵缝长度小于 1 m 时,在焊接时可不用定位焊,而是采用纵缝末端加大间隙的反变形法来完成焊接的。其纵缝末端的间隙约等于焊缝长度的 2.5%～3%,如图 4-40 所示。然后,由于纵缝焊接过程中焊缝不断的冷却收缩变形,使间隙逐渐减小,从而达到焊缝正常成形的目的。这种方法如果使用得当,可去掉定位焊这道工序,提高了生产率。具体的做法是,在熔池前适当部位插入一个铁楔(或扁铁),根据间隙的收缩情况,随机地用小锤轻敲铁楔,使其向焊接方向前移。这样,焊接与移动楔子交替进行,直至取下楔子到焊接结束。

当筒体纵缝长度大于 1 m 时,首先要用定位焊将筒体点固,焊点的间距还是视焊缝长度及板厚而定,一般在 150～200 mm 之间。焊接可采用从中间向两端的逐步退焊法。见图 4-41。

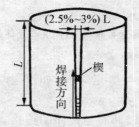

**图 4-40　薄壁容器筒体纵缝小于 1 m 的反变形法焊接**

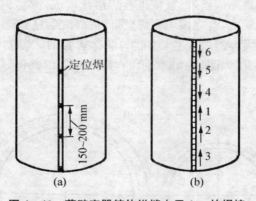

**图 4-41　薄壁容器筒体纵缝大于 1 m 的焊接**

(a) 定位焊;(b) 分段逐步退焊法

2) 筒盖、筒底与筒体的焊接　薄壁容器的筒盖、筒底与筒体的连接,根据筒盖、筒底及筒体的形状不同一般可分为两种形式,即球面形的连接及平面形的连接,如图 4-42 所示。其中球面形的连接方式采用对接接头,平面形的连接方式采用角接接头。无论采用哪一种接头形式,焊前均须加以定位,以定位焊保持连接的正确性。

(1) 球面形的筒盖、筒底是受压容器的受压面,为了保证焊透,焊接一开始就应将火焰对准焊缝根部,在避免烧穿的前提下,

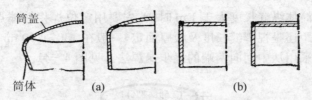

**图 4 - 42　薄壁容器筒盖、筒底与筒体的连接方式**

(a) 球面形；(b) 平面形

形成较深的熔池然后再填充焊丝，如过早填充焊丝则会导致未焊透。

（2）平面形的筒盖、筒底与筒体的连接，如不采用卷边角接接头，其焊接方法与前述方法相同；若采用卷边的角接接头，焊接时一般可不加填充焊丝，可直接将卷边熔化形成焊缝，但如果筒盖及筒底的厚度较大，就应该填充焊丝，使焊缝成形良好。

对于较大容器的筒盖、筒底与筒体焊接时，为防止变形，在定位焊后，可采用如图 4 - 43 所示的对称焊法，以确保厚壁容器的整圆度。

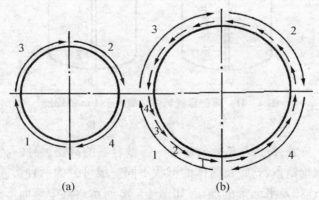

**图 4 - 43　筒盖、筒底与筒体焊接时的对称焊示意图**

4. 管子水平转动的焊接

管子水平转动的气焊，应根据管壁的厚度来确定其焊接的位置。以左焊法为例，壁厚小于 2.5 mm 的 I 形对接接头，为了保证焊透可稍留间隙,并将熔池置于管子顶点的水平位置,其操作方法与水平对接基本相同,熔滴靠自重自然过渡,操作比较容易。

当管壁厚度增大时,就不应在水平位置施焊,这样易造成未焊透或表面成形不良的状况,故应采用爬坡焊的方式。如图4-44所示,其施焊位置应在与管子水平中心线成50°～70°的范围内,管壁越厚,角度也越小,即应在更低的爬坡位置施焊,目的是为了熔透。第一层焊接须保证焊透,可采用穿孔焊法或非穿孔焊法焊接。

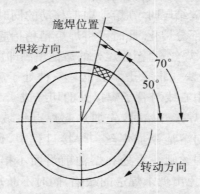

**图4-44 厚壁管子水平转动时的施焊位置**

1) 穿孔焊法 穿孔焊法就是在焊接过程中,使熔池的前端始终保持一个小熔孔的焊接方法,见图4-45。

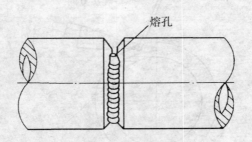

**图4-45 管子水平转动时的穿孔焊法**

焊接时,加热起焊部位的焊件,在间隙处开始熔化时,即加入焊丝金属熔滴,使其与焊件金属形成熔池,直至在熔池的前端形成与装配间隙相当的小圆孔(熔孔)后才可继续焊接,而且在焊接过程中要保证小圆孔不断地随熔池向前移动,同时不断地向熔池添加焊丝形成焊缝。熔孔的出现实际就是说明管壁已被焊透,故熔孔不能间断,也不能因熔孔扩大而致管壁烧穿。在保持正常的焊接过程中,焊炬可作圆圈形运行,以搅拌熔池金属,利于杂质及气体的排出,避免夹渣及气孔等缺陷的产生。焊接中途因故停顿后的接头,同样要用火焰先将前一凝固的熔池熔化,然后再用穿孔焊法继续施焊。焊缝结尾时,在熔池向前移动的同时,用火焰加热起焊点的焊缝使其部分熔化,此时可将焊炬稍稍抬起,在用外焰保护熔池的同时,加入焊丝,直至收尾处的熔池填满即可。

2)非穿孔焊法 非穿孔焊法也是一种处于爬坡位置的焊接方法,将焊嘴的中心线与管子焊接处的切线成45°左右的倾角,如图4-46所示。焊接开始时,先加热起焊点将坡口钝边熔化,在形成熔池后,即向熔池添加焊丝。焊接过程中,焊炬要不断地作圆圈形运行,而焊丝则一直处在熔池前沿而不挡住火焰,使焊件根部得以熔化以免出现未焊透的缺陷,同时不断加入焊丝金属熔滴。收尾时,应待管子环缝接头处重新熔化后,才能让火焰缓慢地离开熔池。

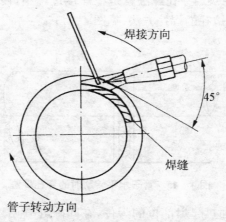

图4-46 管子水平转动时的非穿孔焊法

3) 管子环缝多层焊其他各层的焊接　管子环缝在完成第一层的根部焊道后,此后的每一层焊道在起焊时,必须待起焊处的金属熔化后方可向熔池添加焊丝,以避免未熔合的缺陷出现。每层的起焊点不应在同一位置,一般各层起焊点之间的距离应保持在 20 mm 以上。

在各层的焊接过程中,焊炬应作适当的横向摆动,而焊丝则可视熔池的实际状态,仅作上下跳动,即焊丝向下与气焊火焰相遇时形成熔滴进入熔池。

在焊接各中间层时,气焊的火焰能率可适当加大,以便多添加一些填充金属,提高焊接生产率。当焊接盖面层时,火焰能率又应适当减小,使焊缝表面成形良好。另外,每层焊缝要尽量一次焊完,可谓"趁热打铁",避免过多接头。

收尾时,应将终端与始端重叠 10～20 mm 左右,并使火陷缓慢脱离焊接区,防止熔池金属被氧化。

5. 固定管子的焊接

固定管子的焊接按管子所处的状态,基本上有两种情况,即管子中轴线与水平面平行的管子水平固定的焊接及管子中轴线与水平面垂直的管子垂直固定的焊接。

1) 管子水平固定的焊接　管子水平固定时的对接,其对接环缝的焊接位置,基本上是属于空间的全位置,因此它的气焊操作,完全可以参照"各种空间位置气焊的操作技术"的操作方法。图4-47 所示为管子水平固定时各种焊接位置的分布情况。

管子水平固定的焊接,首先在焊前要进行定位焊,然后才能正式开始施焊,一般采用以管子截面的中垂线为分界,分成左右两个半圆环缝进行自下而上的焊接。在焊接管子接头的前半圆时,其起点、终点都应超过管子截面的中垂线,超出长度一般在 5～10 mm 之间;而当在焊后半圆时,其起点、终点均应与前半圆焊缝搭接一段,搭接长度一般在 10～20 mm 左右(如图 4-48 所示),搭接的接头方式,目的是为了避免在起焊处及终点处可能出现的缺陷。

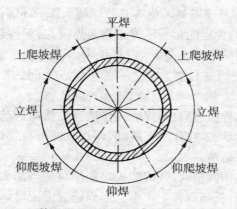

图 4-47　管子水平固定时各种焊接位置的分布情况

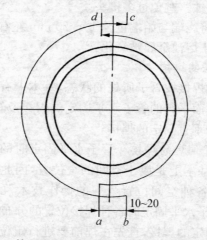

图 4-48　管子水平固定气焊时起点、终点及其搭接长度

　　另外,由于水平固定管子焊接的特殊状态,施焊的位置在不断地变化着,因此必须注意在操作过程中焊炬、焊丝及焊件间的相对位置。一般来说,在整个焊接过程中焊炬与焊丝的相对位置应始终保持不变,它们间的夹角应为 90°;焊炬、焊丝与焊件的夹角为45°。但在实际操作中,可以视管壁的厚薄及熔池的状态(包括温度、形状等),灵活地调整相对位置,主要是能在不同的焊接位置,

使熔池达到合适的形态,这样既能使焊缝根部焊透,又不出现过烧或烧穿;同时,也能使在不同位置焊接时的焊缝表面成形与整圈焊缝相适应。

特别要注意的是在仰焊时,尤其是在仰爬坡的位置时,焊接火焰与焊丝更要配合得当,要时刻关注熔池的温度,火焰应不时地跳动,适时离开熔池,以防熔池过热及至熔池金属下淌形成焊瘤。

2) 管子垂直固定的焊接  管子垂直固定时的对接,其对接环缝的焊接位置为横焊。根据管子的壁厚,其常用的对接接头形式,见图 4-49。

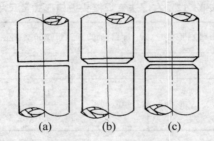

**图 4-49  管子垂直固定时对接接头的形式**

(a) I形坡口对接接头;(b) 单边 V 形坡口对接接头;(c) V 形坡口对接接头

由于管子垂直固定,焊接接头处于横焊位置,所以气焊操作与气焊直缝横焊相似。但由于是环缝,则使焊接方向随焊接接头作环形运行,而焊炬、焊丝与管子切线方向的夹角保持不变,这就相当于直缝的横焊,焊工在操作过程中就应随着变换位置,以随时控制熔池的形状。

在具体操作时,对不同的坡口形式及焊接方式,有不同的焊接顺序及焊缝层数。如单边 V 形坡口及 V 形坡口的对接接头,若采用左焊法,就须进行多层焊或多层多道焊,其焊接顺序就如图 4-50 中 1、2、3 所示。

若采用右焊法,对于壁厚在 7 mm 以下的管子垂直固定的横焊,操作技术熟练的焊工可以做到一次完成单面焊双面成形。采用右焊法焊接不同壁厚的管子时,其坡口形式及尺寸,见表 4-12。

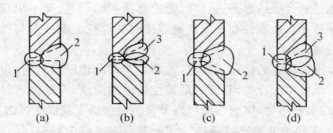

图 4 - 50　单边 V 形及 V 形坡口对接的焊接顺序

(a)、(b) 单边 V 形坡口多层焊;(c)、(d) V 形坡口多层焊

表 4 - 12　右焊法气焊接头坡口形式及尺寸

| 管壁厚度(mm) | 坡口形式 | 坡口角度 | 对接间隙(mm) | 钝边(mm) |
|---|---|---|---|---|
| 2.0 | I 形 | — | 2.0 | — |
| 3.0~4.0 | V 形 | 60°~70° | 1.0~2.0 | 1.0~1.5 |
| 5.0~7.0 | | | 2.0~3.5 | 1.0~2.0 |

　　右焊法的操作可采用穿孔焊法,焊炬(焊嘴)、焊丝与管子中轴线的夹角,如图 4 - 51 所示;焊炬(焊嘴)与管子切线方向的夹角,如图 4 - 52 所示。火焰的能率与焊接平对接横焊缝相同或稍小。起焊时应先将焊件起焊处加热至熔化,形成熔池后即将熔池前端熔穿并呈现一小熔孔,熔孔的大小以等于或稍大于焊丝直径为宜。熔孔形成后,开始填充焊丝,焊接正常进行。在整个焊接过程中,焊炬不作横向摆动,而只在熔池与熔孔间作前后微小移动,一来可控制熔池温度,二来能保持熔孔呈正常状态即保证焊件根部熔透及防止烧穿。而焊丝在整个焊接过程中,始终浸沉在熔池中不停地以如图 4 - 53 所示的轨迹,向上拨动金属熔液,以保证 V 形坡口表面的熔合。要注意的是,焊丝在向上拨金属熔液的运行轨迹,不要超过下部坡口的 1/2,见图 4 - 54。其上下范围仅在图中所示的 a 区内,如向下范围过大就容易造成熔液下垂及产生咬边、焊瘤等缺陷,如图 4 - 55 所示。另外,为了达到单面焊双面成形一次焊成

的目的,焊接速度不宜过快,这样不仅可保证焊透,而且可以获得适宜的余高。

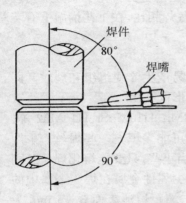

图 4-51 焊嘴、焊丝与管子中轴线的夹角

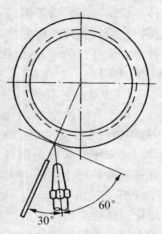

图 4-52 焊嘴、焊丝与管子切线方向的夹角

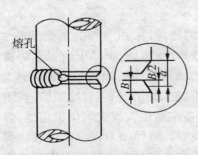

图 4-53 气焊右焊法单面焊双面成形焊丝拨动金属熔液的运行轨迹

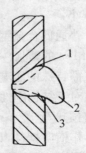

图 4-54 熔孔形状及焊丝运行范围

图 4-55 焊丝运行不当易造成的缺陷

1—咬边;2—焊瘤;3—未熔合

### (六) 其他常用金属(含有色金属)材料的气焊

在常用的金属材料中,除了低碳钢以外,中碳钢、普低钢、奥氏体不锈钢、铸铁,以及铜、铝等有色金属及其合金,也可用气焊来焊接。它们的具体操作方法,大同小异,但由于材料化学成分及物理性能方面存在的差异,因此与低碳钢气焊相比,在工艺措施上有着明显的不同。

#### 1. 中碳钢的焊接

由于含碳量增加,中碳钢的焊接易产生淬硬组织和裂纹。同时,焊接过程中生成的 CO 也较多,易形成气孔。

可采用低碳合金钢焊丝,如 H08Mn、H10MnSi、H10Mn2 等。焊件的坡口尺寸应适当大些,以便尽可能多填充一些焊丝。采用中性焰,并保护好熔池。火焰能率适当小些,只要能熔化焊丝及刚熔化焊件接头边缘的金属即可,以减少焊件金属在焊缝金属中的熔入量。焊炬至焊件的距离以焰芯末端距熔池表面 3～5 mm 为宜。尽可能使焊件处于自由状态下施焊,以减少焊接应力。焊前将焊件被焊区稍加预热(150～250℃),焊接结束时要缓慢抬高焊炬,使之缓冷。

#### 2. 普通低合金钢的焊接

其中的高强度钢焊接时,热影响区具有一定的淬硬倾向,易产生冷裂纹。强度等级低、含碳量也很低的普低钢,淬硬倾向较小。

普通低合金钢一般采用电弧焊施焊,采用气焊的都是 300～350 MPa 的薄板。它们的焊接性较好,特别是 300 MPa 的钢,焊接时不需特殊的工艺要求。350 MPa 的钢,淬硬倾向较 Q235 钢大些。对于结构刚性大或在冬季野外施工的情况下,有冷裂倾向,则焊前预热至 100～150℃。焊接时要注意用气焊火焰保护熔池,焊炬不作横向摆动,以免合金元素烧损。施焊中不得中间停顿。焊缝收尾时,火焰须缓慢离开熔池,以免产生缺陷。焊后立即用火焰将接头加热至暗红色(600～800℃),然后缓慢冷却,以减少焊接应力和加速氢的扩散。

3. 奥氏体不锈钢的焊接

焊接时不会出现冷裂纹,因此不必采取特殊的工艺措施。只是由于气焊时元素烧损较多,热量不集中,易出现晶间腐蚀及热裂纹等缺陷。奥氏体不锈钢一般宜用焊条电弧焊或氩弧焊。但因气焊方便易行,特别对各种位置的焊缝,所以某些不重要的薄板结构和薄壁小直径管子,在没有耐腐要求的情况下可以采用气焊。

选用的焊丝应与焊件化学成分和性能相一致,并配用 CJ101。有关工艺数据见表 4 - 13。采用中性焰左焊法。为避免过热,焊嘴比焊同厚度的低碳钢要小。焊炬与焊件倾角为 $40°\sim50°$。焰芯至熔池的距离以 $2\sim4$ mm 为宜。焊炬不作横向摆动,焊速要快,尽量避免焊接过程中断。焊丝末端要接触熔池,用外焰很好地保护熔池。焊接结束时,焊炬应缓慢离开熔池,以填满弧坑,避免气孔。

表 4 - 13　奥氏体不锈钢气焊工艺的有关数据

| 接头形式 | 焊件厚度 (mm) | 接头尺寸 | | | 焊接参数 | | |
|---|---|---|---|---|---|---|---|
| | | 间隙 (mm) | 钝边 (mm) | 坡口角度 | 焊丝直径 (mm) | 焊嘴号码 (配 H01 - 6 焊炬) | 氧气压力 (MPa) |
| I 形 | 0.8 | 1.0 | — | — | 2 | 2 | 0.20 |
| | 1.0 | 1.0 | — | — | 2 | 2 | 0.20 |
| | 1.2 | 1.5 | — | — | 2 | 2 | 0.20 |
| | 1.5 | 1.5 | — | — | 2 | 2 | 0.20 |
| V 形(带钝边) | 1.5 | 1.5 | 0.5 | 60° | 2 | 2 | 0.20 |
| | 2.0 | 1.5 | 1.0 | 60° | 2 | 2 | 0.20 |
| | 2.5 | 1.5 | 1.0 | 60° | 2 | 2 | 0.25 |
| | 3.0 | 2 | 1.0 | 60° | 2 | 2 | 0.25 |

4. 铜及铜合金的焊接

1) 铜的焊接　气焊铜时可选用 2 号铜丝(HSCu - 2)和 1 号铜

丝（HSCu-1），也可用一般铜丝或母材剪条，配用 CJ301 熔剂。焊件及焊丝的表面应清理并露出光泽。采用中性焰，火焰能率较大。焊前预热至 500℃左右，以表面起波发黑为准。熔剂的添加往往在预热时进行，在预热的焊丝上沾一层熔剂，当焊件达到预热温度后，再向接头处洒一薄层熔剂。焊件厚度小于 5 mm 时采用左焊法，超过 5 mm 时采用右焊法。火焰的焰芯末端离焊件表面 4～6 mm。当看到坡口处铜液发亮无气泡时，便可加入焊丝进行焊接。焊接时焊炬运作要快，围绕熔池前后左右摆动。靠火焰的吹力防止铜液四散。为减少热影响区粗晶组织，应一次焊完。焊后用小锤轻击焊缝，以消散应力，提高力学性能，防止裂纹产生。也可将接头加热至暗红色后浸入水中急冷。

2）黄铜的焊接　气焊黄铜时选用 3 号黄铜焊丝（HSCuZn-3）、4 号黄铜焊丝（HSCuZn-4），配用 CJ301 熔剂。采用中性焰预热，以免焊件氧化。采用轻微氧化焰焊接，使熔池表面形成一层氧化锌薄膜，阻止锌大量蒸发。焊炬只作上下运动，不作横向摆动，焊速要快。其他操作同铜。

5. 铝的焊接

气焊铝时可用母材剪条或 3 号纯铝焊丝（HSA1-3），配用 CJ401。焊前将焊件清理干净，直至露出金属光泽，这是保证气焊铝质量的重要措施。焊前将熔剂加蒸馏水在容器内搅匀，涂在焊丝及焊件坡口上。采用中性焰或轻微碳化焰，不必预热。由于薄焊件易烧穿，火焰能率选择小些；而厚焊件散热量大，火焰能率要比焊钢时大。焊接开始时，不断用沾有熔剂的焊丝端头拨动受热金属表面。当感到带有黏性，熔化的焊丝能与焊件金属熔合在一起或焊件金属表面逐渐变成暗淡的银灰色，氧化膜微微起皱，母材在火焰吹力作用下有游动现象时，就可进行焊接。薄小焊件可用左焊法，以防烧穿；厚大焊件可用右焊法，以便观察熔池受热和液体游动的情况。焊缝应一次焊完。不得已中断时，焊炬火焰应缓慢地离开熔池，防止熔池因突然冷却而产生缩孔。重新起焊时，应在接头处重叠 20～30 mm 焊缝。尽量避免多层焊，以防接头晶粒粗大,产生气孔或裂纹。焊后必须用热水清理焊缝上的残渣,并用硬毛刷刷洗,至看不出有白色或黑色渣斑为止。

### 6. 铅的焊接

气焊铅时可选用化学成分相同的焊丝或母材剪条。焊接前,必须清除焊件坡口边缘的油脂、污物等。由于铅表面的氧化膜熔点高达1 525℃,所以焊前必须用刮刀将焊接区的氧化铅层刮净,要随焊随刮。多层焊时应将前一层焊缝表面刮净,或用细砂纸擦净。由于铅的熔点仅为327℃极易烧穿。故可利用气割后换下的压力很低的氧气瓶和乙炔瓶作气源,并使用特小号专用焊炬。火焰为中性焰,因为乙炔过剩易产生渗碳,氧气过剩会使熔池氧化,造成焊缝缺陷。焊接时尽可能将焊缝处于平焊位置,其他位置操作难度更高。焊缝背部可采用衬垫(视实际情况而定)。焊炬与焊件的倾角为50°~70°,焊炬采用往复直线形、三角形或圆圈形摆动。焊接过程中要随时注意熔池状况,以防温度偏高而烧穿。为使焊缝成形美观,焊后用气焊火焰在整条焊缝上作一次整形。另外值得注意的是,铅的沸点为1 619℃,其蒸气与空气中的氧化合,会生成有毒的氧化物,因此在焊接过程中要注意通风与必要的防护。

### 7. 灰铸铁的焊补

用气焊法焊补灰铸铁件,质量比较好,而且易于切削加工。焊补前用放大镜或煤油渗透法找出裂纹位置,在裂纹两端各钻一小孔,以防裂纹扩展。选用HS401铸铁焊丝和CJ201熔剂。采用中性焰或轻微碳化焰,火焰能率稍大些。尽可能放在平焊位置施焊,待母材熔化后送入焊丝,同时对焊丝施加一定压力。火焰焰芯末端与熔池表面的距离为10~12 mm,对着熔池往复摆动。当熔池底部有杂质时,可用焊丝搅拌,也可将火焰指向熔池深处,使杂质浮起。若熔池温度很高,杂质仍浮不起,可用沾熔剂的焊丝深入熔池,挑清杂质。

焊接结束前要对焊缝整形,用火焰加热整形部位,当金属达到熔化状态后,用焊丝在其平面用力刮平。焊后用碳化焰加热,使焊缝缓冷。

## 五、气割工艺概述

### （一）气割的原理

气割亦称氧气切割，它是利用钢材在达到一定温度的条件下，能在切割氧流中剧烈燃烧（氧化），并且释放出大量的反应热，从而继续对深层的金属加热至燃烧温度（在氧气中的燃点），使金属在切割氧中燃烧的过程能持续进行下去；同时，金属在氧气中燃烧生成的氧化物（熔渣），就利用切割氧的射流将其吹除，使金属形成切口。见图 4-56。

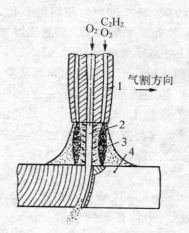

**图 4-56　氧气切割过程示意图**

1—割嘴；2—切割氧射流；
3—预热焰；4—割件

1. 气割的过程

综上所述，气割的过程包括如下三个阶段：

1）预热　在气割开始时，先用预热火焰将起割处的割件金属预热到能在氧气中燃烧的温度（燃点）。

2）燃烧　向被加热到燃点的割件金属起割处喷射切割氧，使该处的金属剧烈地燃烧。

3）吹渣　金属燃烧氧化后生成熔渣及产生反应热，氧化物熔渣被切割氧射流吹除。

同时，金属燃烧的反应热及预热火焰的热量，将割件下层及前沿的金属继续加热至燃点，自此，气割过程一方面使金属在氧气中的燃烧不断深入直至割穿，另一方面随着割炬的移动，将割件切割成所需的形状与尺寸。

但是，氧气切割并不是对所有金属都适用的，即使同样是铁碳合金的材料，也未必都能气割。

2. 氧气切割的条件

要实施氧气切割的金属，必须符合下列条件：

1) 金属在氧气中的燃点应低于其熔点 这是金属能进行氧气切割的最基本的条件。因为只有这样,才能保证氧气切割是金属燃烧的过程,而不是熔化的过程。如果熔点低于燃点,那么金属的熔化必然先于燃烧,就无法实施氧气切割的过程,也就无法获得我们所需的一定形状及尺寸的割件。

低碳钢是实施氧气切割最佳的金属材料,其在氧气中的燃点约为 1 350℃,而其熔点约为 1 500℃。但是含碳量为 0.7% 的碳钢,其熔点及燃点差不多等于 1 300℃就不易切割了。若含碳量高于 0.7% 的高碳钢,其燃点要比熔点还高,那就更不易用氧气切割了。铜、铝以及铸铁的燃点比熔点高,所以不能用普通的氧气切割。

2) 燃烧产生的金属氧化物的熔点应低于金属熔点 氧气切割过程产生的金属氧化物的熔点必须低于该金属的熔点,同时流动性要好,这样的氧化物才能以液体状态从割缝处被吹除。

3) 金属在切割氧射流中燃烧应该是放热反应 在气割过程中这一条件也很重要,因为放热反应的结果是上层金属燃烧产生很大的热量,对下层金属起着预热作用。相反,如果金属燃烧是吸热反应,则下层金属得不到预热,气割过程就不能进行。

4) 金属的导热性不能太高 如果被割金属的导热性太高,则预热火焰及气割过程中氧化所供给的热量会被传导散失,这样气割处温度急剧下降而低于金属的燃点,使气割不能开始或中途停止。由于铜和铝等金属具有较高的导热性,因而会使气割发生困难。

5) 金属中阻碍气割过程和提高钢的可淬性的杂质要少 被气割的金属中,阻碍气割过程的杂质,如碳、铬以及硅等要少;同时提高钢的可淬性的杂质如钨与钼等也要少。这样才能保证气割过程正常进行,同时气割后在割缝表面也不会产生裂纹等缺陷。

金属的氧气切割过程主要取决于上述五个条件。

铸铁不能用普通方法气割,原因是除了它在氧气中的燃点比熔点高很多以外,同时还会产生高熔点的二氧化硅($SiO_2$),而且氧化物的黏度也很大,流动性又差,切割氧射流不能把它吹除。此外由于铸铁中含碳量高,碳燃烧后产生一氧化碳和二氧化碳冲淡了切割氧射流,降低了氧化效果,使气割发生困难。

高铬钢和铬镍钢会产生高熔点的氧化铬和氧化镍(约1 990℃),遮盖了金属的割缝表面,阻碍下一层金属燃烧,也使气割发生困难。

铜、铝及其合金有较高的导热性,加之铝在切割过程中产生的氧化物熔点高,而铜产生的氧化物放出的热量较低,都使气割发生困难。

目前铸铁、高铬钢、铬镍钢、铜、铝及其合金均采用等离子切割。

**(二) 气割参数的选择**

氧气切割的参数主要包括切割氧压力、切割速度、预热火焰的性质与能率、割嘴与割件间的倾角以及割嘴离割件表面的距离等。

1. 切割氧压力

气割时,氧气的压力与割件厚度、割嘴号码以及氧气纯度等因素有关。割件越厚,要求氧气的压力越大;割件较薄时,则要求氧气的压力就较低。但氧气的压力有一定范围,如氧气压力过低,会使气割过程氧化反应减慢,同时在割缝背面形成粘渣,甚至不能将割件的全部厚度割穿。相反氧气压力过大,不仅造成浪费,而且对割件产生强烈的冷却作用,使割缝表面粗糙,割缝加大,气割速度反而减慢。

随着割件厚度的增加,选择的割嘴号码应增大,使用的氧气压力也相应地要增大。

氧气的纯度对于切割氧的压力来说是相辅相成的,因为氧气的纯度对气割速度、气体消耗量以及割缝的质量有很大的影响。当氧气的纯度为97.5%～99.5%的范围内,随着其纯度的提高,氧气消耗量可明显降低,气割的速度和割缝的质量均能得到提高。

2. 切割速度

切割速度与割件厚度及使用的割嘴形状有关。割件越厚,切割速度越慢;反之割件越薄,则切割速度越快。但切割速度太慢,就会使割缝边缘熔化;而速度过快,则会产生很大的后拖量或割不穿,直接影响到割缝的质量。图4-57为氧气切割时产

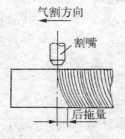

气割方向

割嘴

后拖量

**图4-57 氧气切割时产生后拖量的示意图**

生的后拖量示意图。

后拖量在气割过程中是难免的,尤其是在切割厚板时。为了减小后拖量,要选择适当的切割速度,在不至于使割件熔化及其底部有严重黏渣的前提下,尽可能加大切割氧的压力,适当降低切割速度,使后拖量降到较低的程度。

3. 预热火焰的性质与能率

切割时的预热火焰应采用中性焰,若采用碳化焰,会使切口边缘产生增碳现象。

预热火焰的作用除了加热金属割件的切口处以外,同时能使钢材表面的氧化皮剥离和熔化,便于切割氧射流与铁化合。在切割过程中,预热火焰能始终保持其燃烧的温度。

预热火焰的能率与割件厚度有关,割件越厚,火焰能率应越大。但火焰能率过大会使割缝上缘出现连续珠状突起,甚至熔化成圆角,同时造成割缝底部粘渣增多而影响切割质量;而火焰能率过小时,割件得不到足够的热量,迫使气割速度减慢,甚至造成气割发生困难,这种情况在厚板切割时,更应避免出现。

因此,在切割厚板时,由于相对于薄板来说,其切割速度较慢,为防止割缝上缘熔化,火焰能率可适当弱些,但绝对不能过小。

但在切割薄板时,因切割速度快,可采用稍大一些的火焰能率。不过,割嘴与割件的距离应适当拉大,且保持一定的倾角,并防止气割中断。

4. 割嘴与割件间的倾角

割嘴与割件间的倾角,直接影响气割的速度及后拖量。当割嘴逆切割方向倾斜一定角度时,能使氧化燃烧产生的熔渣吹向切割线前缘,可充分利用燃烧反应产生的热量来减小后拖量,从而提高了切割速度,在进行直线切割时,可充分利用这一特性。

但是,割嘴的倾角,主要根据割件的厚度来确定,并非都能采用逆向倾斜的方法。如图 4-58 所示,切割 10～30 mm 厚的钢板,割嘴应垂直于割件;切割小于 10 mm 的钢板,割嘴可逆向倾斜 6°～10°,并随板厚减小可倾斜至 20°～30°或更大(图 4-59);切割板厚大于 30 mm 的割件,开始割嘴应顺切割方向倾斜 5°～10°,待割穿后割嘴垂直于割件,快割完时,随着割件温度的升高,割嘴便可逐渐向逆切割方向倾斜至 5°～10°或更大。

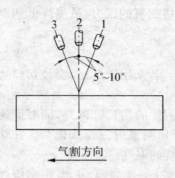

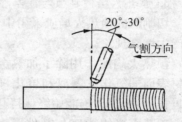

**图 4－58　割嘴的倾角与割件　图 4－59　薄板气割时割嘴的倾斜角**
　　　　　　　厚度的关系

　　上述各种板厚在切割时,割嘴的倾斜角度,并不是机械地规定的,因为除了钢板的厚度之外,预热火焰的能率、氧气的纯度、切割氧射流的强弱、切割速度等的综合影响,要求施工人员灵活掌控割嘴的倾斜方向及倾斜角度,关键是保证切割的质量。

　　5. 割嘴距割件表面的距离

　　由于割炬与焊炬的功能及结构的不同,割炬预热火焰仅为预热割件仅此而已,故在切割时,一般割嘴距割件约在 3～5 mm,并保持在焰芯不触及割件表面的距离。这样的加热条件好,割缝渗碳的可能性小。但如果焰芯触及割件表面,就可能造成割缝上缘熔化,而且有使割缝渗碳的可能,同时割嘴也易被飞溅堵塞导致回火。

　　在切割 20 mm 左右的中厚板时,预热火焰的能率提高,火焰长度会加长,此时割炬与割件间距离也应增大。

　　在切割更厚钢板时,由于切割速度较慢,为了防止割缝上缘熔化,所需的预热火焰反而应短些,割嘴与割件的距离相对可减小些,这样还能保持切割氧的纯度(防止空气混入),提高了气割的质量。

综上所述,气割参数的选择应根据实际情况而定。

### (三) 手工气割的操作技术

1. 体位及割炬的掌控

手工气割时,为了保证加工的精确度,对操作者的体位也有一定的要求,目的是使人在操作时的姿态平稳,又能在较大范围内控制割炬进行直线或弧线的移动。

对切割平板而言,如是直线切割,操作者的位置在直线的一侧;如切割弧线或圆,操作者的位置就在圆心一侧。人采取蹲姿,两腿成外八字形,这样便于随人体的扭转带动割炬移动而仍能保持平稳。

右手握住割炬的手柄,右手的拇指与食指控制住手柄下部的预热氧调节阀,以便点火时及时左旋开启或发生回火时及时右旋关闭预热氧调节阀。左手的拇指与食指,在点火、熄火及发生回火时用来及时开启或关闭乙炔调节阀;在正常切割时,左手的拇指与食指要把住割炬上部的切割氧调节阀,以便切割时及时左旋开启并控制切割氧射流的大小,此时左手的其余三个手指,则要稳稳托住割炬的下部,以协助控制割嘴与割件间的距离并防止抖动。另外,手臂的摆放位置要既能让割炬在一定的范围内自由移动,又能平稳控制割炬。若悬空操作,不仅难以保证割炬不发生抖动或偏离切割线,而且操作者的劳动强度也因此而加大。这方面的操作姿态,由于各人的习惯不同,样式很多,但有一个共同点,那就是借下蹲的腿部作为依靠。一般可将右手臂肘部内侧靠住右膝盖,左臂在两膝之间。这样,随着操作时身躯的扭转,割炬便能平稳地移动。

上述的体位及割炬的握法,有利于自右向左的切割。在切割时,呼吸要保持匀称,以免割炬出现不规则的抖动,在割炬移动到可及位置的尾端时,应及时关闭切割氧调节阀,如要继续切割,预热火焰可不用熄灭,随后移动位置后再继续操作。

由于气割时割嘴与割件距离较近,较易发生回火,一旦发生必须及时制止,首先关闭乙炔调节阀,随之关闭预热氧调节阀,回火即可制止。

点火也与焊炬一样,先稍开启预热氧调节阀,再开启乙炔调节阀,点火后再进行预热火焰的调节。

气割结束时,应先迅速关闭切割氧调节阀,再相继关闭乙炔及预热氧调节阀。

在气割过程中,气割速度对气割的质量有较大影响。如果速度适中,由割件下部流出的熔渣其流动方向就会基本上与割件的表面相垂直;如果速度太快则会出现较大后拖量,甚至未割穿,如图4-60所示;而速度太慢则又可能使割件上缘熔化。因此,在操作过程中,除了瞄准切割线及控制住割炬与割件间的距离之外,一定要保持适宜的切割速度均匀一致。

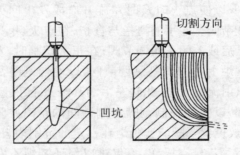

**图4-60  切割速度过快造成的未割穿**

2. 厚度小于4 mm 的薄钢板气割

厚度在4 mm 以下的钢板,气割时预热火焰的能率要小些,可选用G01-30型割炬及小号割嘴。为避免钢板过热变形、熔化及粘渣,割嘴距割件表面的距离可适当放至10～15 mm,割炬逆向倾斜的角度可达25°～45°,而且气割速度要较快些,这样可保证切割的质量。

3. 5～20 mm 中等厚度钢板的气割

厚度在5～20 mm 的钢板,气割时仍可选用G01-30型割炬,因其切割厚度可达30 mm(参见表4-8)。预热火焰的能率可随厚度的增加稍有增加;割炬逆向倾斜的角度在20°～30°之间,随着厚

段 段落段段段

---

度的增加,倾斜角度应逐渐减小,切割速度也要随之减缓;割嘴到割件表面的距离应该以预热火焰焰芯加 2～4 mm 为准。

4. 大厚度钢板的气割

气割大厚度的钢板,要选用大型号的割炬及割嘴,如 G01 - 100 型及 G01 - 300 型割炬,为的是提高预热火焰的能率。

开始切割时,预热火焰要稍大些,割炬垂直对准割件边缘的棱角处预热,见图 4 - 61(a),将该部位加热到气割温度(在实际操作时,是将割件起割表面灼红,而尚未熔化的状态),然后缓慢地打开切割氧调节阀,并将割嘴顺切割方向倾斜 20°～30°,以将燃烧氧化生成的熔渣,向逆切割方向的钢板边缘外侧吹除,见图 4 - 61(b)。同时随着割缝深度的增加,逐渐加大切割氧的气流,并将割嘴向垂直于割件表面方同步调整。待割件边缘全部切透时,切割氧射流已调大至最适宜的程度,此时割嘴垂直于割件表面,沿切割线以作横向月牙形摆动的运行方式,见图 4 - 61(c),向切割方向慢慢移动。割炬的横向摆动宽度,以能顺利将熔渣从钢板底部吹除及割缝中无熔渣黏连为准,不宜过大,以免过多损耗气割材料。

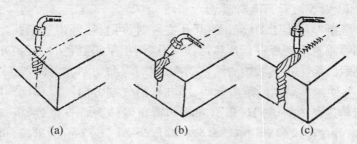

(a)　　　　　　　(b)　　　　　　　(c)

图 4 - 61　大厚度钢板的气割

在整个气割过程中,必须保持切割速度适当(熔渣及火花垂直向下飞去)、均匀。切割速度太快,会产生较大的后拖量(火花向后飞去),不易割透,甚至造成熔渣向上飞溅,易发生回火。同时,一旦出现割不穿的情况,若不立即停止气割,就会在割缝内发生气体涡流,使氧气及熔渣在切口内旋转,使切割面产生凹坑,故一发现有割不穿的情况,必须立即关闭切割氧,停止气割。重新起割应选择钢板的另一端作起割点。反之,如果切割速度太慢,钢板切口两侧熔化。气割的速度是否适当,不仅可通过观察氧化铁熔渣的流动方向,也可以听气割时发出的声音加以判断,然后灵活控制。图 4 - 62 所示为气割时钢板割缝切口上缘熔化的标准。

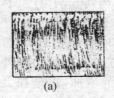 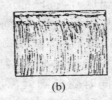 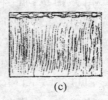

(a)　　　　　　　　(b)　　　　　　　　(c)

**图 4 - 62　气割钢板切口上缘熔化的标准**

(a) 正常;(b) 较差;(c) 差

当气割厚度在 100 mm 以上时,为使氧气供应充足和不使气割过程中断,一般采用氧气瓶汇流排供气,即用多瓶氧气(五瓶为一组)并联使用,并以两组交替供气。

5. 钢板的开孔及割圆

气割厚度小于 20 mm 的开孔零件时,可直接开出气割孔。先将割嘴垂直于钢板进行预热,当起割点钢板呈暗红色时,可稍开启切割氧。为防止飞溅熔渣堵塞割嘴,割嘴应向切割方向倾斜 15°～20°,并使割嘴离割件距离大些。同时,沿气割方向缓慢移动割嘴,然后再逐渐增加切割氧压力和将割嘴角度转为垂直位置,将割件割穿,并按要求的形状继续气割。厚度为 20～50 mm 的钢板,也可用气割直接开出起割孔。

手工割圆时,可采用简易划规式割圆器。

6. 圆钢的气割

气割圆钢时,先从一侧开始预热。预热时,火焰应垂直于圆钢的表面。开始切割时,在慢慢打开切割氧阀门的同时,将割嘴转为与地面相垂直的方向。这时加大切割氧流,使起割部位的圆钢割透。割嘴在向前移动的同时,还要稍作横向摆动。最好使圆钢一次气割完成。但若圆钢直径较大,一次无法完成切割,可采用分瓣切割法,见图4-63。

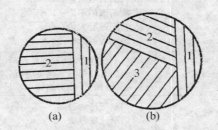

(a)　　　　　　(b)

**图4-63　圆钢的分瓣气割**

(a)分两瓣气割;(b)分三瓣气割

手工气割是一种较为灵活且常用的操作工艺,其切割对象众多,在此不能一一列举。综前所述,对于不同厚度的割件(低碳钢),建议使用的割炬型号、割嘴号码,以及采用的氧气压力、乙炔压力等,列于表4-14中,供参考。

表4-14　割件厚度与使用的割炬型号及其割嘴号码、气体压力的关系

| 割件厚度 (mm) | 割　炬 | | 氧气压力 (MPa) | 乙炔压力 (MPa) |
|---|---|---|---|---|
| | 型　号 | 割嘴号码 | | |
| ≤4<br>>4~10 | G01-30 | 1~2<br>2~3 | 0.3~0.4<br>0.4~0.5 | 0.001~0.12 |
| >10~25<br>>25~50<br>>50~100 | G01-100 | 1~2<br>2~3<br>3 | 0.5~0.7<br>0.5~0.7<br>0.6~0.8 | 0.001~0.12 |
| >100~150<br>>150~200<br>>200~250 | G01-300 | 1~2<br>2~3<br>3~4 | 0.7<br>0.7~0.9<br>1.0~1.2 | 0.001~0.12 |

7. 手工气割常见缺陷及其产生的原因

手工气割的常见缺陷如表4-15所示,可按表找出原因,进行处理。

表 4-15　手工气割的常见缺陷及产生原因

| 切 割 面 缺 陷 | 产 生 原 因 |
|---|---|
| 切割面粗糙 | 1. 切割氧压力过高<br>2. 割嘴选用不当<br>3. 切割速度太快<br>4. 预热火焰能率过大 |
| 切割面直线度偏差过大 | 1. 切割过程中断多,重新起割衔接不好<br>2. 表面有较厚的氧化皮、铁锈等<br>3. 割坡口时预热火焰能率不足 |
| 切割面平面度偏差过大 | 1. 切割氧压力过高<br>2. 切割速度过快 |
| 切割面垂直度偏差过大 | 1. 割炬与割件板面不垂直<br>2. 切割氧流歪斜<br>3. 切割氧压力过低 |
| 切割面上缘熔塌 | 1. 预热火焰太强<br>2. 切割速度太慢<br>3. 割嘴高度过低 |
| 切割面下缘挂渣较多 | 1. 切割氧压力低<br>2. 预热火焰太强<br>3. 切割速度过快或过慢 |
| 后拖量大 | 1. 切割速度太快<br>2. 切割氧压力不足 |
| 切割面渗碳 | 1. 割嘴高度过低<br>2. 预热火焰呈碳化焰 |

### (四) 机械气割简介

　　机械气割具有切割质量好,劳动强度低,批量生产时生产效率高,成本低等特点。常用的气割机有小车式半自动气割机,仿形气割机,其他类型的还有光电跟踪气割机、光电跟线气割机和数控气割机等。

　　1. 小车式半自动气割机

　　CG1-30 型小车式半自动气割机(图 4-64),它由机身、割炬、气体分配器、横移架、升降架及控制板等部分组成,机身内装有电动机和减速机构,气体分配器主要提供氧气和乙炔给割炬使用。直线切割时要采用导轨,板厚范围为 5~60 mm,切割圆周割件时,要采用半径架,可切割直径为 $200 \sim 2\,000$ mm 的割件。由于小车式半自动气割机结构简单、质量小、可移动、操作维护方便,所以得到广泛使用。

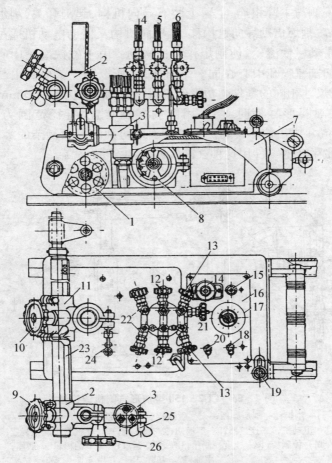

**图 4 - 64　CG1 - 30 型气割机的构造**

1—滚轮;2—升降架;3—割炬;4—乙炔;5—预热氧;6—切割氧;
7—机身;8—电动机;9、10—横移手轮;11—横移架;12—预热氧调节阀;
13—切割氧调节阀;14—炬形插座;15—指示灯;16—操纵板;17—速度调整器;
18—起割开关;19—离合器手柄;20—倒顺开关;21—压力开关阀;22—乙炔调节阀;
23—移动杆;24—移动手柄;25—蝶形螺母;26—调节手轮

2. 仿形气割机

CG2-150 型气割机(图 4-65)主要由机身、主轴、仿形机构、摇臂、底座及气体分配器等组成,主轴上装有基臂和速度控制箱,基臂一侧与主臂相连,主臂上装有导向机构、起割开关、割炬架及割炬等,割炬借助导向机构移动,导向机构又借助电动机通过减速机构带动磁铁滚轮,使割炬作匀速转动。由于磁铁滚轮中心与焊炬上切割氧喷孔中心在同一垂直线上,所以割炬就可割出与样板形状、尺寸相同的零件。仿形气割机可切割厚度为 5~50 mm 的钢板,气割圆形零件时,要采用圆周气割装置,直径范围为 30~600 mm。由于仿形气割机能较精确地切割出形状复杂的零件,对于批量生产的零件用这种气割机气割,生产效率高。

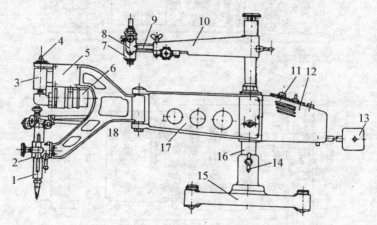

**图 4-65 CG2-150 型仿形气割机的构造**
1—割炬;2—割炬架;3—永久磁铁装置;4—磁铁滚轮;5—导向机构;
6—电动机;7—连接器;8—型板架;9—横移架;10—样板紧定调整装置;
11—控制板;12—速度控制箱;13—平衡锤;14—调节圆棒;15—底座;
16—主轴;17—基臂;18—主臂

# 六、操作实例

## (一)异径三通管的水平固定气焊

异径三通管由管径不同的主管和支管组合而成。主管 $\phi108\times4$

垂直放置,支管 $\phi 57 \times 3.5$ 水平放置,材质都为 Q235 - A 的低碳钢,见图 4 - 66。焊接工艺要点如下:

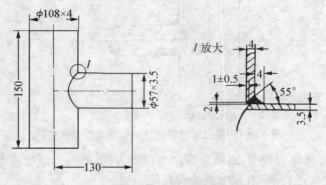

图 4 - 66  异径三通管的结构尺寸图

1) 首先将两管的接缝处加工成带钝边的 V 形坡口,钝边 0.5 mm。

2) 清理坡口周围的铁锈和油污等。

3) 在 V 形架上进行装配,装配间隙为 1.5~2.0 mm。

4) 气焊时主要的焊接参数选择见表 4 - 16。

表 4 - 16  异径三通管气焊的焊接参数

| 焊 丝 | | 焊炬型号 | 焊嘴号码 | 氧气压力 (MPa) | 乙炔压力 (MPa) | 火焰性质 |
|---|---|---|---|---|---|---|
| 材料 | 直径(mm) | | | | | |
| H08A | 2 | H01 - 6 | 3 | 0.35 | 0.01 | 中性焰 |

5) 焊接时为了减少变形采用如图 4 - 67 所示的定位焊和焊接顺序。

6) 焊缝分两层焊,焊第一层时采用穿孔焊法,即在起焊处适当加热,然后将熔池前端熔穿形成熔孔,并将熔孔一直保持至结束,以保证根部焊透。每层在焊接时,均分成两个半圆进行焊接,焊接前半圆时的起点及终点都要超过管子垂直中心线 5~10 mm;焊后半圆时,起点及终点都要与前段焊缝搭接 10~20 mm,以避免接头可能出现的缺陷。

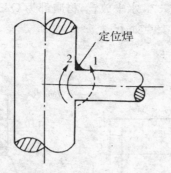

**图 4-67 异径三通管定位焊位置及焊接顺序**

7）施焊过程中，火焰应偏向直径较大的钢管，焊炬要随操作位置的改变进行调整，以保持施焊角度不变。

**（二）加热炉通风管道部件的气焊**

加热炉的通风管道用厚度为 1.5 mm 的低碳钢板制成，其外形如图 4-68 所示。焊接工艺要点如下：

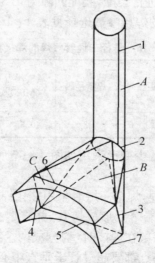

**图 4-68 加热炉通风管道部件的结构图**

1) 焊前被焊处用砂布打磨至露出金属光泽。

2) 采用 H08 或 H08A、直径为 2 mm 的焊丝;使用 H01-6 型、配 1 号或 2 号焊嘴的焊炬;火焰为中性焰。

3) 图中所示零件(A, B 及 C),在组装前先行装配定位。定位焊的焊缝长度为 5～8 mm,间隔为 50～80 mm。注意,在零件间相互连接的交叉焊缝处,不准有定位焊缝,见图 4-69。为防止变形,定位焊按图 4-69 所示的顺序操作。

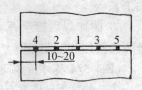

图4-69　定位焊的顺序

4) 零件组装后的焊接顺序为:

(1) 零件 B 上的直缝从圆口向方口方向焊接。环缝 2 采取自下而上两半圆对称焊接。

(2) 零件 A 上的直缝,放置在水平位置,用分段逐步退焊法,参见图 4-41(b)或跳焊法,参见图 4-39(b)焊接。

(3) 零件 C 的接口焊缝 7(共 4 条),要从零件 B 处起焊。零件 B 与零件 C 的 4 条连接焊缝,先焊焊缝 3、4,后焊焊缝 5、6。

5) 采用左焊法,焊接速度要快,注意焊嘴与熔池的距离,使焊丝与母材的熔化速度相适应。

6) 收尾时,火焰缓慢离开熔池,以免冷却过快而出现缺陷。

**(三) 铜圆棒的气焊**

两根直径为 8 mm 的铜圆棒对接,其气焊工艺要点如下:

1) 接头按图 4-70 制备,并用砂布打磨焊接部位表面,使其露出新的金属光泽,然后按图装配定位。

2) 使用型号为 H01-12、配 1 号焊嘴的焊炬;选用直径为 2 mm 的 1 号钢丝(HSCu-1)或 2 号铜丝(HSCu-2);配用熔剂为 CJ301;气焊火焰为中性焰。

3) 施焊时,接口处加热到红热状态后,即敷上熔剂,不要在氧

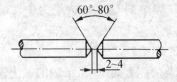

图4-70　铜圆棒的接头形式

化剧烈后才敷上,并用焊丝不断蘸熔剂加在熔池内。

4) 焊接过程中火焰始终要笼罩住熔池,使熔池不与空气接触。并不时地转动圆棒直至焊完。焊缝表面应有一定余高,以备焊后加工。

5) 圆棒焊后冷至 500～600℃ 时,放在水中急冷,以改善接头金属的塑性和韧性。

**(四) 3/4 英寸黄铜阀座的气焊焊补**

铸造的黄铜阀座常有缩孔,或者在使用一段时间后,因组织疏松而出现渗透性微裂纹。这些缺陷可用气焊焊补,其工艺要点如下:

1) 使用 H01-12 型焊炬,配 1 号或 2 号焊嘴;选用 3 号黄铜焊丝(HSCuZn-3)或 4 号黄铜焊丝(HSCuZn-4);配用气焊熔剂 CJ301。

2) 焊补区先用中性焰预热至 400～500℃。

3) 焊补区刚加热至熔化温度时采用轻微氧化焰,使熔池表面覆盖一层氧化锌薄膜,以防止锌的蒸发。

4) 随即用蘸有熔剂的黄铜焊丝挑去熔池内杂质,此时焊丝并不熔入熔池。如果焊补微裂纹,则应自始至终挑清裂纹内杂质,并不停地加入熔剂。

5) 当杂质基本上去除后,可向熔池熔入焊丝,直至填满缺陷。

6) 焊后放至石棉粉中缓冷,或加热到 350～400℃ 进行消除应力热处理,以防焊缝开裂。

**(五) 导电铝排的气焊**

在变电站安装中,常遇导电纯铝排(图 4-71)的气焊,其工艺要点如下:

1) 使用 01-12 型焊炬,配 3 号焊嘴;选用 3 号纯铝焊丝(HSAl-3)或用母材的剪条;配用气焊熔剂 CJ401;火焰为中性焰或轻微碳化焰。

2) 焊接接头的坡口,按图 4-71 加工。

3) 焊前用钢丝刷及砂布将坡口及两侧表面 100 mm 内的氧化膜除净,并将用蒸馏水调制成的糊状熔剂涂在坡口及光洁的两侧表面上。

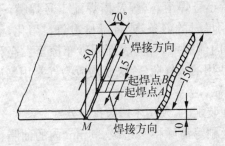

**图 4 - 71　铝排接头及其焊接顺序**

4) 第一层焊缝可以从中间向两边焊接,如图 4 - 71 中所示,从距焊缝一端 M 处 50 mm 的 A 点起焊,至焊缝的另一端 N 处;然后再从距 M 65 mm 的 B 点反向起焊直至 M 处,以保证有 15 mm 的重叠。

5) 在将正面焊缝全部填满后,将铝排翻身把焊缝背面的焊瘤用气焊火焰熔化平整,并用焊丝薄薄地焊上一层,最后将焊缝两端填满修平。

6) 焊后,用硬毛刷加 80℃ 以下的热水冲刷残渣及剩余熔剂,以免铝排被腐蚀。

**(六) 铅板的气焊**

铅板作为铬酸电镀池内壁的衬板,具有抗酸腐蚀的性能,用厚度为 6 mm 的铅板做成衬板,其形状、尺寸如图 4 - 72(a) 所示。各铅板之间采用如图 4 - 72(b) 所示的搭接接头形式。整体有平、横、立三种位置的焊缝,焊接工艺如下:

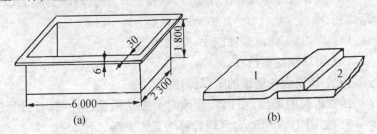

**图 4 - 72　铬酸电镀池铅衬板的气焊**

(a) 铅衬板的形状及尺寸;(b) 铅板的搭接接头

1) 使用特小号焊炬,立焊及横焊配 1 号焊嘴,平焊配 2 号焊嘴;焊丝可选用母材的剪条,或将母材边角料熔化,清除表面熔渣后浇注在角钢内侧制成,焊丝表面用砂布擦至发亮、光滑;火焰选用中性焰,但使用的氧气瓶、乙炔瓶均应为气割用剩后调换下来的压力极低的气瓶。

2) 铅板在装配时,须用木锤敲打池外壁。

3) 用钢丝刷等清除接头边缘 20 mm 内的油脂、污物等,随焊随清。

4) 定位焊缝间距为 300～350 mm。

5) 因接头采用搭接形式,焊接时火焰可偏向板 2 处,见图 4-72(b),并稍微摆动,使焊丝熔滴滴在板 2 上,与板 1 边缘连接良好。

6) 平焊时,焊炬与焊缝保持 50°～70°夹角,焊丝与焊炬的夹角约 80°。焊丝微微抬起,前后递送。根据熔池温度,焊炬作适当的月牙形摆动,以防止过热、烧穿。

7) 立焊与横焊时,为防止液态金属下淌,尽量采用小的火焰,焊丝准确地送入熔池。焊完后再用焊炬对焊缝从头至尾作月牙形摆动加热,使之整形。

铅在气焊时产生蒸气,若被焊工吸入,会引起慢性铅中毒。为保障焊工身体健康,必须采取如下防护措施:

(1) 焊接现场要有良好的通风条件,以减少空气中的含铅量。

(2) 焊接现场与休息室之间必须有隔离措施。

(3) 施焊时要穿戴好工作服、口罩和手套,离开现场要脱下,下班后要洗澡。

(4) 焊铅后,饭前必须洗手、洗脸、刷牙。

(5) 定期作健康检查。

### (七)铸铁齿轮崩齿的气焊焊补

铸铁齿轮的崩齿,在机床修理时会经常遇到。一般均可用气焊焊补,如图 4-73 所示,气焊焊补的工艺要点如下:

1) 使用 H01-12 型或 H01-20 型焊炬,配用 3 号、4 号或 5 号焊嘴;焊丝的选用可根据齿轮的体积及厚度而定,体积小、厚度薄的齿轮可选用 QHT‐1 焊丝,反之用 QHT‐2 焊丝;熔剂为 CJ201;火焰为碳化焰。

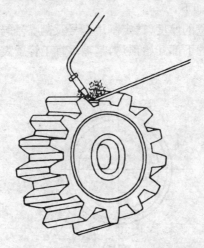

**图4‐73 铸铁齿轮崩齿的气焊焊补**

2) 施焊前用较强的氧化焰对焊补处加热,以去除表面杂质,并用钢丝刷子刷净。

3) 用火焰加热整个焊接面,至红热状态时撒上一薄层熔剂,然后继续将金属表面加热至熔化,接着用蘸有熔剂的焊丝刮去表面的熔化金属层,以保证焊补的质量。

4) 经焊补表面处理干净后,即用沾有熔剂的焊丝不间断地向熔化金属面添加熔滴,在焊补第一层时,要特别注意填充金属与熔合面是否熔合在一起,然后一层层地按一定尺寸堆焊,直至超过原齿的尺寸。

5) 趁焊补处红热时,用焊炬火焰将各侧面多出的部分熔化,同时用冷焊丝按原齿的厚度和形状修刮整形,整形后齿轮应即埋入石棉粉缓冷至室温。可不经机械加工。

6) 如遇齿距小的齿轮,且在焊补后需经机械加工,则在焊补时连同附近的齿一起补焊。焊补后齿轮立即埋进石棉粉缓冷至室温,再取出进行机械加工。

### (八) 直径小于 200 mm 固定管子的气割

一般直径在 200 mm 以下的固定碳钢管子，都是用手工气割的，其工艺要点如下：

1) 根据管壁的厚度，选定割炬型号及割嘴号码，参阅表 4-8。

2) 从管子的下部开始预热，割嘴垂直于管子表面，见图 4-74。

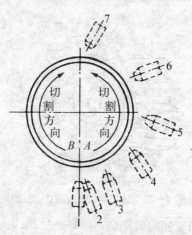

图 4-74 固定管子的气割

3) 预热到接近熔化温度时，即打开切割氧调节阀。气割时，割嘴沿接近管子表面切线的方向，自下而上进行切割，如图中 A 所示。当切割到顶点水平位置时，关闭切割氧调节阀。

4) 在切割另一半圆时，从管子下部的原起割处开始，以同样方法自下而上切割。气割结束时，割炬的位置正好是顶端的水平位置。此时必须注意割断下落的管段应在远离操作者的一端，以免发生安全事故。

### (九) 铆钉的气割

在拆修工作中，常会遇到铆钉的气割，如老式桥梁及老式锅炉等。多数的铆钉是圆头铆钉，也有平头铆钉。

铆钉的切割，主要是割去铆钉"帽"，而不伤及钢板。由于钢制的铆钉与钢板之间的连接非常紧密，几乎可看作连成一体，因此切割时的预热火焰要大一些，且要集中于铆钉的"帽"体处，而切割氧的压力要适当小些，以避免损坏钢板。

1) 圆头铆钉的气割

圆头铆钉的结构如图4-75(a)所示。为了防止割坏钢板,割嘴可垂直于帽体预热,使热量集中,尽可能减少钢板受热,以免切割氧引发钢板剧烈氧化燃烧而损坏。

开始气割时,割嘴平行于钢板,从铆钉帽中央自上而下割开一条槽,再沿钢板平面往两边分割,如图4-75(a)左所示;也可先将铆钉帽上部割去,留下3mm左右的帽体,见图4-75(a)中,然后将割嘴与铆钉的距离拉大(比气割钢板时大20~50mm),让切割氧流沿着没有预热的钢板平面向帽体剩余部分吹去,见图4-75(a)右。切割氧不宜开得太大,只要能将氧化铁熔渣吹出即可,割透后割嘴迅速移开。

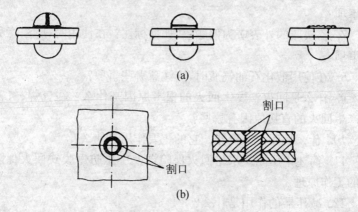

图4-75 铆钉的气割

(a) 圆头铆钉的气割;(b) 平头铆钉的气割

2) 平头铆钉的气割

对平头铆钉的气割,首先将凹进钢板的平头铆钉头快速加热,当达到切割温度时,就从平头的边缘开始,割炬斜向铆钉中心割去。割到铆钉体边缘处,就沿着钉体边缘进行圆周切割,如图4-75b左所示,此时切割氧不可开得太大,而且要断续开启,只要将钉体边缘断离钉体即可继续向圆周方向移动割嘴(图4-75b右),注意不要割伤钢板。待整圈钉体边缘割离钉体后即可。此后待铆钉体冷却后,用冲头往下冲出铆钉。

## 复习思考题

1. 气焊及气割最常用的热源是什么?

2. 气焊及气割常用的可燃气体及其分子式是什么? 它是由什么方法提取的?

3. 为什么说乙炔是一种具有爆炸性的危险气体?

4. 氧乙炔焰分为哪三种? 它们各适用哪些材料的焊接?

5. 气焊及气割的设备主要有哪些?

6. 氧气瓶的外表应为何颜色,如何标注? 在使用时,应注意哪些事项?

7. 乙炔瓶的外表应为何颜色,如何标注? 在使用时,应注意哪些事项?

8. 在使用液化石油气瓶时,应注意哪些事项?

9. 什么是回火? 发生回火的根本原因是什么? 在气焊、气割时产生回火的直接原因有哪些?

10. 什么是回火保险器? 它的主要作用是什么?

11. 简述中压闭式水封回火保险器及中压防爆膜式回火保险器的工作原理。

12. 减压器的作用是什么?

13. 简述 QD-1 型(单级反作用式)减压器的工作原理。

14. 使用减压器有哪些注意事项?

15. 焊炬的作用有哪些? 它可分为哪几类?

16. 射吸式焊炬的工作原理如何?

17. 使用焊炬要注意哪些事项?

18. 割炬的作用有哪些? 它可分为哪几类?

19. 以 G01-30 型(射吸式)割炬为例,其结构可分为哪两部分?

20. 割嘴与焊嘴在构造上有何不同?

21. 简述 G01-30 型割炬的工作原理。

22. 使用割炬要注意哪些事项?

23. 气焊、气割的工具除了减压器、焊割炬以外,还有哪些必备的辅助工具? 各有何作用?

24. 气焊用的材料有哪些?

25. 对气焊丝有哪些要求?

26. 对气焊熔剂有哪些要求? 常用的有哪几种? 各有哪些用途?

27. 气焊的焊接参数主要有哪些?

28. 焊炬倾角的大小主要取决于哪些因素? 焊炬倾角的大小对焊接熔池有何影响?

29. 气焊焊接速度的选择与哪些因素有关?

30. 在气焊操作的基础技术中,什么叫右焊法及左焊法? 各有什么利弊?

31. 气焊时,焊炬的动作基本上有哪三个? 各有什么作用?

32. 简述钢板对接平焊的操作技术。

33. 气焊在立焊、横焊、仰焊时的操作技术,各要注意哪些问题?

34. 定位焊的目的是什么? 对于不同厚度低碳钢板的定位焊有什么相同及不同的要求?

35. 什么是穿孔焊法? 其作用是什么?

36. 简述管子水平固定的气焊操作技术(附图说明)。

37. 简述中碳钢气焊的操作技术要点。

38. 钢材气割的原理是什么?

39. 钢材气割过程的三个阶段各有何作用?

40. 能够实施氧气切割的金属,必须符合哪些条件?

41. 氧气切割有哪些主要参数?

42. 手工气割时,操作者的左、右手各起什么作用?

43. 气割过程中出现较大的后拖量或割件上缘熔化的原因是什么? 如何解决?

44. 简述薄钢板及中等厚度钢板气割的操作技术。

45. 如何在厚度小于 20 mm 的钢板上,用气割开孔?

46. 手工气割的常见缺陷及其产生的原因是什么?

# 第**5**章　安全作业与焊接质量检验

本章要点

*1. 焊割安全生产的重要性及现场安全作业技术。*

*2. 禁火区的动火管理。*

*3. 各种焊接及切割方法的安全操作技术。*

*4. 焊接质量检验的分类及典型检测方法。*

## 一、焊接与切割的安全作业

### （一）焊接及切割安全作业的重要性

从事焊接及气割的工人,要同易燃易爆的气体、各种等级的电流与电压的设备,以及压力容器等接触;要同在焊接与气割时产生的有害气体、金属蒸气及粉尘以及高温和强辐射接触;有时需要在高空、隧道深处、水面或水下作业;还有的需要钻进密闭容器、锅炉、船舱、地沟或管道等狭小的空间里作业等。如果在设备管理或施工管理上存在着问题,就可能出现灼伤,甚至引发火灾、爆炸、触电、中毒以及其他灾害性事故,这直接危及焊接、气割工人及其他工作人员的生命安全,也给国家财产造成损失。

国务院《关于加强企业生产中安全工作的几项规定》,以及在全国安全生产会议的决议中,都明确指出,对于电气、起重、锅炉、受压容器、焊接等特种作业的操作工人,必须进行专门的安全操作技术训练,经过考试合格后,才能允许现场操作。

安全事故是可以避免的,只要每位焊割工紧紧绷住安全作业这根弦,牢牢掌握安全操作技术,那么,平安将会陪伴我们一生。

**(二)焊接与切割现场安全作业的基本知识**

1. 焊割作业前的准备工作

**1)弄清情况,保持联系**

工程无论大小,焊工在检修前必须弄清楚设备的结构及设备内储存物品的性能,明确检修要求和安全注意事项,对于需要动火的部位(凡利用电弧和火焰进行焊接或切割作业的,均为动火),除了在动火证上详细说明外,还应同有关人员在现场交待清楚,防止弄错。特别是在复杂的管道结构上或在边生产边检修的情况下,更应注意。在参加大修之前,还要细心听取现场指挥人员的情况介绍,随时保持联系,了解现场变化情况和其他工种相互协作等事项。

**2)观察环境,加强防范**

明确任务后,要进一步观察环境,估计可能出现的不安全因素,加强防范。如果需动火的设备处于禁火区内,必须按禁火区的动火管理规定申请动火证。操作人员按动火证上规定的部位、时间动火,不准许超越规定的范围和时间,发现问题应停止操作,研究处理。

2. 焊割作业前的检查和安全措施

**1)检查污染物**

凡被化学物质或油脂污染的设备都应清洗后动用明火。如果是易燃易爆或者有毒的污染物,更应彻底清洗,经有关部门检查,并填写动火证后,才能动火。

一般在动火前采用一嗅、二看、三测爆的检查方法。

一嗅,就是嗅气味。危险物品大部分有气味,这要求对实际工作经验加以总结。遇到有气味的物品,应重新清洗。

二看,就是查看清洁程度如何,特别是塑料,如:四氟乙烯等,这类物品必须清除干净,因为塑料不但易燃,而且遇高温会裂解产生剧毒气体。

三测爆,就是在容器内部抽取试样用测爆仪测定爆炸极限,大型容器的抽样应从上、中、下容易积聚的部位进行,确认没有危险,方可动火作业。

应该指出："一嗅、二看、三测爆"，是常用的检查方法，虽然不是最完善的检查方法，但比起盲目动火，安全性更好些。

2）严防三种类型的爆炸

（1）严禁带压设备动用明火，带压设备动火前一定要先卸压，并且焊割前必须敞开所有孔盖。未卸压的设备严禁动火，常压而密闭的设备也不许动火。

（2）设备零件内部被污染了，从外面不易检查到爆炸物，虽然爆炸物数量不多，但遇到焊割火焰而发生爆炸的威力却不小，因此必须清洗无把握的设备，未清洗前不应随便动火。

（3）混合气体或粉尘的爆炸。即动火时遇到了易燃气体（如乙炔、煤气等）与空气的混合物，或遇到可燃粉尘（如铝尘、锌尘）和空气的混合物，在爆炸极限之间，也会发生爆炸。

上述三种类型爆炸的发生均在瞬息间，且有很大的破坏力。

3）一般动火的安全措施

（1）拆迁：在易燃易爆物质的场所，应尽量将工件拆下来搬移到安全地带动火。

（2）隔离：就是把需要动火的设备和其他易燃易爆的物质及设备隔离开。

（3）置换：就是把非燃性气体（$N_2$、$CO_2$）或水注入有可燃气体的设备和管道中，把里面的可燃气体置换出来（即所谓"扫阀"）。

（4）清洗：用热水、蒸气或酸液、碱液及溶剂清洗设备的污染物。对于无法溶解或溶化的污染物，应采取另外措施清除。

（5）移去危险品：将可以引火的物质移到安全处。

（6）敞开设备、卸压通风，开启全部人孔阀门。

（7）加强通风：在有易燃易爆气体或有毒气体的室内焊接，应加强室内通风，在焊割时可能放出有毒有害气体和烟尘，应采取局部抽风。

（8）准备灭火器材：按要求选取灭火器，并了解灭火器的使用性能。

（9）为防止意外事故发生，焊工应做到焊割"十不烧"。有下列情况之一的，焊工有权拒绝焊割，各级领导都应支持，不违章作业。

① 无焊工操作证，又没有正式焊工在场指导，不能焊割。

② 凡属一、二、三级动火范围的作业，未经审批，不得擅自焊割。

③ 不了解作业现场及周围的情况，不能盲目焊割。

④ 不了解焊、割的容器内部是否安全，不能盲目焊割。

⑤ 盛装过易燃易爆、有毒物质的各种容器，未经彻底清洗，不能焊割。

⑥ 用可燃材料做保温层的部位及设备，未采取可靠的安全措施，不能焊割。

⑦ 有压力或密封的容器、管道不能焊割。

⑧ 附近堆有易燃易爆物品，在未彻底清理或采取有效的安全措施前，不能焊割。

⑨ 作业部位与外部位相接触，在未弄清对外部位有否影响，或明知危险而未采取有效的安全措施，不能焊割。

⑩ 作业场所附近有与明火相抵触的工种，不能焊割。

3. 焊割时的安全作业

1）登高焊割作业安全措施

焊工在离地面 2 m 以上的地点进行焊接与切割操作时，即称为登高焊割作业。

登高焊割作业必须采取安全措施防止发生高处坠落、火灾、电击伤和物体打击等工伤事故。

（1）在登高接近高压线或裸导线排，或距离低压线小于 2.5 m 时，必须停电并经检查确无触电危险后，方准操作。电源切断后，应在电闸上挂"有人工作，严禁合闸"的警告牌。高空焊割近旁应设有监护人，遇有危险征象时立即拉闸，并进行抢救。在登高作业时不得使用带有高频振荡器的焊机，以防万一触电，失足摔落。

（2）凡登高进行焊割操作和进入登高作业区域，必须戴好安全帽，使用标准的防火安全带，使用前应仔细检查，并将安全带紧固牢靠。安全绳长度不可超过 2 m,不得使用耐热性差的材料(如尼龙等材料)。登高应穿胶底鞋。

(3)登高作业时,应使用符合安全要求的梯子。梯脚需包橡皮防滑,与地面夹角不应大于 60°,上下端均应放置牢靠。使用人字梯时应将单梯用限跨铁钩挂住,使其夹角约 40°±5°为宜。不准两人在一个梯子上(或人字梯的同一侧)同时作业,不得在梯子顶挡工作。

登高作业的脚手板应事先经过检查,不得使用有腐蚀或机械损伤的木板或铁木混合板。脚手板单人道宽度不得小于 0.6 m,双人道宽度不得小于 1.2 m,上下坡度不得大于 1∶3,板面要钉防滑条和装扶手。

(4)登高作业时的焊条、工具和小零件等必须装在牢固无洞的工具袋内,工作过程中和工作结束后,应随时将作业点周围的一切物件清理干净,防止坠落伤人。焊条头不得随意往下扔,否则不仅砸伤、烫伤地面人员,甚至会造成火灾事故。

(5)登高焊割作业时,为防止火花或飞溅引起燃烧和爆炸事故,应把动火点下部的易燃易爆物移至安全地点。对确实无法移动的可燃物品要采取可靠的防护措施,例如用石棉板覆盖遮严,在允许的情况下,喷水淋湿以增强耐火性能。高处焊割作业火星飞得远,散落面大,应注意风力风向,对下风方向的安全距离应根据实际情况增大;以确保安全。焊割结束后必须仔细检查是否留下火种,确认安全后才能离开现场。例如某化工厂一座新建车间,房顶在进行电弧焊,地面上在铺沥青,并堆有油毡等,电弧焊火星落下引燃油毡,造成火灾,烧毁了整个车间建筑物。

(6)登高焊割时,焊工应将焊钳及焊接电缆线或切割用的割炬及橡皮管等扎紧在固定地方,严禁缠绕在身上或搭在背上操作。

(7)氧气瓶、乙炔瓶、电弧焊机等焊接设备器具应尽量留在地面。

(8)登高人员必须经过健康检查合格。患有高血压、心脏病、精神病、癫痫病等疾病及酒后人员,一律不准登高作业。

(9)六级以上的大风、雨天、下雪和雾天等禁止登高焊割作业。

（10）其他事项参看电弧焊、气焊与气割的安全操作技术。

2）进入设备内部动火的安全措施

（1）进入设备内部前，先要弄清设备内部的情况。

（2）对设备和外界联系的部位，都要进行隔离和切断，如电源和附带在设备上的水管、料管、蒸气管、压力管等均要切断并挂告示牌。如有污染物的设备应按前述要求进行清洗后才能进入内部焊割。

（3）进入容器内部焊割要实行监护制。派专人进行监护。监护人不能随便离开现场，并与容器内部的人员经常取得联系。

（4）设备内部要通风良好，这不仅要驱除内部的有害气体，而且要向内部送入新鲜空气。但是，严禁使用氧气作为通风气源。在未进行良好的通风之前禁止人员进入。

（5）氧乙炔焊割炬要随人进出，不得任意放在容器内。

（6）在内部作业时，做好绝缘防护工作，防止触电等事故。

（7）做好个人防护，减少烟尘对人体的侵害，目前多采用静电口罩。

3）焊修一般燃料容器的安全措施

燃料容器内即使有极少量残液，在焊割过程中也会蒸发成蒸气，并与空气混合后能引起强烈爆炸，因此必须进行彻底清洗。

（1）施焊前须打开容器的孔盖，卸除压力。

（2）有条件移动和拆卸的容器应放在固定动火区焊补。

（3）对盛装过易燃物的容器应做彻底的置换和清洗。清洗方法有以下几种：

① 一般燃烧容器，可用 1 升水加 100 克苛性钠或磷酸钠水溶液仔细清洗，时间可视容器的大小而定，一般约 15～30 分钟，洗后再用强烈水蒸气吹刷一遍方可施焊。

② 当洗刷装有不溶于碱液的矿物油的容器时，可采用 1 升水加 2～3 克肥皂粉，用水蒸气加热吹刷，吹刷时间视容器大小而定，一般 2～24 小时。

如清洗不易进行时，可采用下述方法：把容器装满水，以减少可能产生爆炸混合气体的空间，但必须使容器上部的口敞开，防止容器内部压力增高。

（4）容器上的聚四氟乙烯、聚丙烯等填料填圈，焊前必须拆除，防止在高温下分解成易燃易爆或剧毒气体。

（5）操作者应站立于出气口的侧后方，禁止坐在容器上焊接。

4. 焊割作业后的安全检查

1）仔细检查漏焊、假焊，并立即补焊。

2）对加热的结构部分，必须待完全冷却后，才能进料或进气。因为焊后炽热处遇到易燃物质也能引起燃烧或爆炸。若炽热部分因快冷使金属强度降低，可能使设备受压能力减低而引起爆炸。

3）检查火种。对作业区周围及邻近房屋进行检查，凡是经过加热、烘烤，发生烟雾或蒸气处，应彻底检查确保安全。

4）最后彻底清理现场，在确认安全、可靠下才能离开现场。

**（三）禁火区的动火管理**

所谓动火即动用明火，因此在禁火区必须严格管理。

1. 为防止火灾、爆炸事故的发生，确保人民生命财产的安全，各企业单位应根据本企业的具体情况，制定有关动火管理制度。

2. 企业各级领导应在各自职责范围内，严格贯彻执行动火管理制度。

3. 企业安全消防部门应认真督促检查动火管理制度的执行。

4. 企业必须根据生产特性、原料、产品危险程度及仓库车间布局，划定禁火区域（如易燃易爆生产车间、工段、仓库、管道等）。在禁火区内需要动火，必须办理动火申请手续，采取有效防范措施，经过审核批准，才能动火。

5. 企业在禁火区域内动火，一般实行三级审批制。

1）在危险性不大的场所、部门动火，由申请动火车间、部门领导批准，在消防部门登记，即可动火。

2）在危险性较大、重点要害部门动火，由申请动火车间或部门领导批准，有关技术人员介绍情况，消防、安全部门现场审核同意后，进行动火。

3）特别危险区域、重点要害部门和影响较大的场所动火，由需要动火的车间或部门领导提出申请，采取有效防范措施，并由安全、消防保卫部门审核提出意见,经企业领导批准后,才能动火。

6. 申请动火的车间或部门在申请动火前,必须负责组织和落实对要动火的设备、管线、场地、仓库及周围环境,采取必要的安全措施,才能提出申请。

7. 动火前必须详细核对动火批准范围,在动火时动火执行人必须严格遵守安全操作规程,检查动火工具,确保其符合安全要求。未经申请动火,没有动火证,超越动火范围或超过规定的动火时间,动火执行人应拒绝动火。动火时发现情况变化或不符合安全要求,有权暂停动火,及时报告领导研究处理。

8. 企业领导批准的动火,要由安全、消防部门派现场监护人。车间或部门领导批准的动火(包括经安全消防部门审核同意的),由车间或部门指派现场监护人,监护人员在动火期间不得离开动火现场,监护人应由责任性心强、熟悉安全生产的人担任,动火完毕后,应及时清理现场。

9. 一般检修动火,动火时间一次都不得超过一天,特殊情况可适当延长,隔日动火的,申请部门一定要复查。较长时间的动火(如基建、大修等),施工主管部门应办理动火计划书(确定动火范围、时间及措施)按有关规定,分级审批。

10. 动火安全措施,应由申请动火的车间或部门负责完成,如需施工部门解决,施工部门有责任配合。

11. 动火地点如对邻近车间、其他部门有影响的应由申请动火车间或部门负责人与这些车间或部门联系,做好相应的配合工作,确保安全。关系大的应在动火证上会签意见。

**(四) 焊接与切割安全操作技术**

1. 焊条电弧焊安全操作技术

1) 焊机的电源线必须有足够的导电截面积和良好绝缘,焊机所有外露带电部分必须有完好的隔离防护装置。

2) 焊机的各接触点和连接件必须连接牢固,在运行中不松动和脱落。

3) 焊机接地回线应采用焊接电缆线,且接地回线应尽量短;软线绝缘应良好,焊钳绝缘部分应完好。

4) 焊机的电源线长度不超过 3 m,如确需使用较长的电源线时,应采取架空高 2.5 m 以上,沿墙用绝缘子布设,严禁将电源线拖在工作现场地面上。

5) 焊接电缆采取整根的,中间不应有接头,如需接长则接头不宜超过两个,接头应用纯铜导体制成,并且连接要牢靠,绝缘要良好,可采用 KDJ 系列电缆快速接头。

6) 操作行灯电压应采用 36 V 以下的电源。

7) 在狭小舱室或容器内焊接时,舱室(容器)外应有人监护,同时应加强绝缘和有效通风措施,以防有害气体和烟尘对人体的侵害。

8) 焊接作业处应离易燃易爆物 10 m 以外;严禁在有压力和有残留可燃液体和气体的容器、管道上进行焊接作业。

9) 在场内或人多的场所焊接,应放置遮光挡板,以免他人受弧光伤害。

10) 雨天禁止露天作业。

11) 合理使用劳动保护用品,扣好各种纽扣。上装不应束在裤腰里。

12) 清除焊渣应戴防护眼镜。

13) 对于存有残余油脂或可燃气体的容器,焊接时应先用水蒸气和热碱水冲洗,并打开盖口,确定容器清洗干净后方可进行焊接。

14) 登高作业时,脚手架应牢靠,带好合格的安全带并扎在结实可靠的地方,作业点下面不得有其他人员,焊件下方须放遮板,以防火星落下,引起事故;作业过程中,禁止乱抛焊条头等物,下面不得放置任何易燃易爆物。

15) 严禁利用厂房金属结构、导轨、管道、暖气设施或其他金属物搭接起来作焊接接地线使用。

16) 焊接电缆的绝缘应定期进行检验,一般为每半年检查一次。

17) 工作结束后,应及时切断电源,将焊钳放在与线路隔绝的地方,并卷好焊接电缆线,检查周围场地有否火种残留等。

2. 埋弧焊安全操作技术

1) 操作者应了解埋弧焊的工作原理及设备性能,掌握操作技术及有关附属设施的使用方法。

2) 埋弧焊的小车轮子要有良好的绝缘,导线应绝缘良好,焊接过程中应理顺导线,防止扭转及被熔渣烧坏。

3) 控制箱外壳的接线板罩壳必须盖好。

4) 操作前,焊工应穿戴好个人防护用品,如绝缘鞋、皮手套、工作服等;注意检查焊机各部分的导线连接是否良好、可靠;焊接设备应有可靠的接地或接零保护线。自动焊车的轮子必须与焊件绝缘。

5) 在焊接过程中,焊工应防止电弧从焊剂层下暴露出来,以免眼睛受到电弧光辐射的伤害;在敲除覆盖在焊道表面的渣壳,特别是在清除角焊缝的焊渣时,必须戴上平光防护眼镜。

6) 埋弧焊焊接时,由于金属与焊剂处在高温状态下,因熔化甚至蒸发,会产生一些有害气体,因此在通风不良的舱室或容器内施工,应使用灵活、轻便的通风设备;夜间工作或在自然采光条件不良的地点工作,应当装有足够照明的灯具,容器内使用行灯的电压不能超过12 V。

7) 所使用的设备、机具发生电器故障或机械故障时,应立即停机,通知专职维修工进行修理,不得自行拆修。

8) 进行大直径外环缝埋弧焊时,应执行登高作业的有关规定。

9) 工作结束,必须切断焊接电源,自动焊车应妥善安放。

3. 气焊与气割安全操作技术

焊割设备及主要工具的使用(安全)注意事项,已在第四章《气焊与气割》中作了详细叙述。除了要遵循上述安全注意事项外,在操作中还应注意下列几点:

1) 点火前,为检查焊(割)炬的通气状态,可急速打开氧气阀试风,但切不可对准脸部试风。如有阻塞不得使用。

2) 射吸式焊(割)炬在点火时,应先微微开启氧气阀,再开启乙炔阀,然后用点火枪点火,再调节所需的火焰性能。

3) 使用气割机时,应先放乙炔气,再放氧气后点火。

4) 发生回火时,必须立即关闭乙炔阀门,情急时可由其他人员及时卡断乙炔软管送气(将乙炔软管折弯 180°),同时将焊(割)炬放入水中冷却(注意最好不关氧气阀门)。

5) 焊(割)作业结束要熄灭火焰时,焊炬应先关乙炔阀,再关氧气阀;割炬应先关切割氧,再关乙炔及预热氧气阀门。

6) 作业时必须穿、戴好劳动防护用品及护目镜等,严防飞溅灼伤眼睛及身体。

7) 气割时,尤其要注意防止气割熔渣烫伤脚部,以及被割下的工件或余料砸伤。

8) 在容器内进行焊割作业,时间不宜过长,且尽可能在容器外预先点燃氧乙炔火焰;禁止用焊(割)炬的火焰来照明。

9) 在操作焊炬和割炬时,不准将橡胶软管扛在背上进行作业。

10) 焊(割)人员,在距地面 2 m 以上进行作业时,必须按照登高焊割作业安全措施的有关规定执行。

## 二、焊接质量检验

### (一) 焊接质量检验概述

质量检验是在焊接结构生产中,保证和提高产品质量的一项重要任务。为此,在结构制造的各道工序之间,都必须进行质量检验工作,这里重点介绍焊接质量检验。

焊接检验的任务是把好结构的焊接质量关,尤其对电弧焊接来说更具有重要的意义,这是因为产品的高参数化(高温、高压、高性能)的要求。对于焊缝的质量是出不得半点瑕疵的,而焊接产品绝大多数是由电弧焊接来完成的,尤其是焊条电弧焊。鉴于焊工操作技术水平的差异,其焊接的质量稳定性,更应予以关注。

整个焊接检验工作包括焊前检验、焊接过程中的检验及成品检验三个部分。

焊前检验:检验技术文件(图纸、工艺规程)是否齐全;焊接材料(焊条、焊剂等)及原材料的质量检验;构件装配及焊件边缘质量的检验;焊接设备是否完善,以及焊工操作水平的鉴定。其目的是预先防止和减少焊接时可能产生的缺陷。

焊接过程中的检验:对焊接设备运行情况、焊接参数的控制及对焊接过程中是否出现夹渣、未焊透的自检等。目的是防止焊接过程中缺陷的形成与及时发现缺陷。

成品检验:成品检验是包括总装焊之前的零、部件的焊接检验。焊接工作(包括必要的焊后热处理)完成后,即可进行成品检验。

焊接检验的方法很多,总的可分为破坏检验及无损检验两大类,如表 5 - 1 所示。

表 5 - 1 焊接检验方法的分类

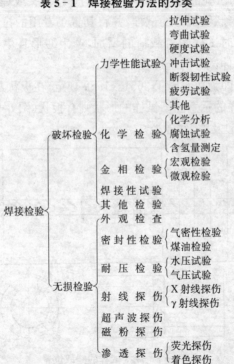

### （二）破坏检验

破坏性检验一般是用于对焊接材料、原材料及焊接试样的检验。破坏检验是从焊件或试件上切取试样，或以产品（或模拟件）的整体做破坏试验，以检查其各种力学性能的试验方法。同时观察金相组织、分析其他学成分，对要求耐腐蚀的结构及抗氢致裂纹的结构还需分别做耐晶间腐蚀及含氢量测定的试验。

### 1. 力学性能试验

对于焊接接头的力学性能试验，根据产品的要求，一般进行拉伸、弯曲、冲击、硬度及压扁等试验。试验应按国家标准 GB/T 2649—1989～GB/T 2655—1989，或其他专业标准进行。

### 1）拉伸试验

（1）拉伸试验的方法　将被测试的焊接接头或焊缝金属，按规定制成一定形状及尺寸的试样，并将其置于专用的拉力机上，加以轴向载荷，此时试样随着载荷的增加，产生变形且生长，直至被拉断，这就是拉伸试验的全过程。

图 5 - 1 即为按 GB/T 2651—1989 规定，在板状及管子对接试件上切取试样的示意图。试样的形状则有板状（图 5 - 2）、圆形（第一章图 1 - 16）及整管（外径≤38 mm）三种。

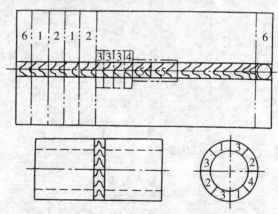

**图 5 - 1　焊接试样的截取位置**

1—拉伸；2—弯曲；3—冲击；4—硬度；5—焊缝拉伸；6—舍弃

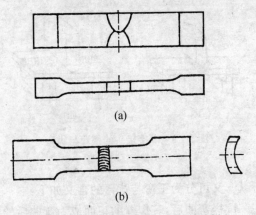

**图 5－2　板接头及管接头的板状试样**

（a）板接头板状试样；（b）管接头板状试样

（2）拉伸试验的目的　通过拉伸试验可测得焊接接头或焊缝金属的强度（抗拉强度 $R_m$、屈服强度 $\sigma_s$）及塑性（断后伸长率 $A$、断面收缩率 $Z$），还可发现断面中的缺陷。

2）弯曲试验

（1）弯曲试验的方法　将被测试的焊接接头，按规定制成一定形状及尺寸的试样，并将其置于专用的压力机上，加以垂直于试样的载荷，使试样弯曲一个角度 $\alpha$，且以试样在任何部位出现第一条裂纹时的弯曲角度为评定标准（见第一章图 1－18）。这就是弯曲试验的方法。

（2）弯曲试验的种类　弯曲试验可分为横弯、纵弯及侧弯三种，而横弯与纵弯又分为正弯及背弯。图 5－3 所示为横弯与纵弯的示意图。

① 横弯　焊缝轴线与试样纵轴线垂直时的弯曲称为横弯。试样在机械加工后，焊缝中心线应位于试样长度的中心，如图 5－3a 所示。

② 纵弯　焊缝轴线与试样纵轴线平行时的弯曲称为纵弯。试样在机械加工后，焊缝中心线应位于试样宽度的中心，如图 5－3b 所示。

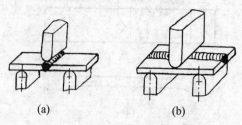

**图 5－3  焊接接头的横弯与纵弯**

（a）横弯；（b）纵弯

横弯与纵弯又可分为正弯与背弯的含义如下：

正弯——试样弯曲后，其焊缝的正面成为弯曲后的拉伸面。

背弯——试样弯曲后，其焊缝的背面成为弯曲后的拉伸面（图 5-3 所示，均为背弯）。

③ 侧弯  试样弯曲后，其焊缝的一个侧面成为弯曲后的拉伸面。

（3）弯曲试验的目的  弯曲试验的目的主要是检验焊接接头的塑性，并反映出各区域塑性的差别，同时可考核熔合线的质量及暴露缺陷。

如横弯与纵弯时的正弯，除了考核焊缝的塑性外，还可考核正面焊缝与母材交界处熔合区的结合质量；背弯时，除了考核焊缝的塑性外，还可考核焊缝根部的质量。

总的来说，作为弯曲试验，其最大的弯曲角可达到 180°，即试验可进行到使试样的两端面相互平行。在实际生产中，对不同材料、不同结构的不同焊接接头，有不同的技术要求，故对弯曲试验的弯曲角也提出不同的要求，如 50°、90°、100°、180°等。到弯曲到规定的弯曲角时再检查有无裂纹。试样按 GB/T 2653—1989 有板材与管材两种。

3）冲击试验  冲击试验可用表测定焊接接头的冲击韧度及缺口敏感性，作为评定材料断裂韧度及冷作时效敏感性的一个指标。

冲击试验的试样根据 GB/T 2650—1989 标准的规定，有带有 V

形缺口的试样(图5-4)与带有U形缺口的试样(见第一章图1-20)两种。国家标准是以带有V形缺口的试样为标准试样,而带有U形缺口的试样为辅助试样,因为前者能充分反映焊件上如裂纹等尖锐缺陷破坏的特征,而后者缺口太钝,对缺口韧性反应不敏感。

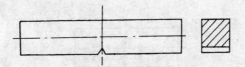

**图5-4 带有V形缺口的冲击试验试样**

冲击试样根据试验的要求,其缺口可开在焊缝、熔合区或热影响区上。

冲击试验的示意图见图5-5。冲击试验时,试样缺口应背向摆锤的冲击方向。

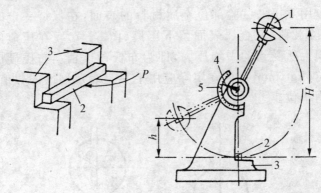

**图5-5 冲击试验示意图**

1—摆锤;2—试样;3—机架;4—指针;5—刻度盘

4)硬度试验 硬度试验的目的是测量焊缝及热影响区金属材料的硬度,并间接判断材料的焊接性。

焊接接头的硬度试验是在接头的横截面上进行的,在横截面上划出标线及测点位置后开始试验,图5-6为焊接接头硬度测定位置的示意图。

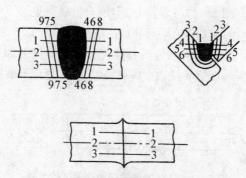

**图 5-6  焊接接头测定硬度的位置示意图**

　　硬度试验的方法很多,常用的有布氏硬度试验法、洛氏硬度试验法及维氏硬度试验法三种。

　　(1)布氏硬度的硬度值符号为 HB(HBS、HBW)。布氏硬度试验是以已知直径的淬火小钢球(或硬质合金球),在一定载荷作用下压入试验部位金属材料的表面,在保持一定时间后,去除载荷,使金属表面留下压痕(图 5-7)。在压痕的单位面积上所受到的平均压力,即为布氏硬度值。布氏硬度虽有单位($kgf/mm^2$),但在实际应用上只是表示硬度的数值,而不标明单位。

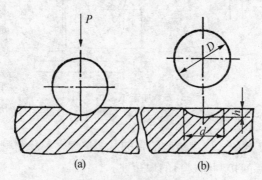

**图 5-7  布氏硬度测定示意图**

　　布氏硬度表示符号中的"S"、"W"为试验时所用压头的材料代号。

（2）洛氏硬度的硬度值符号为 HR（HRA、HRB、HRC）。洛氏硬度的试验原理与布氏硬度相同，但并不是测量压痕的面积，而是测量压痕的深度，压痕越深，说明硬度越低，见图 5-8。

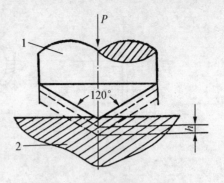

**图 5-8　洛氏硬度试验示意图**
1—压头；2—试样

洛氏硬度试验机上的压头，除了用金刚石制成的圆锥体外，也有用淬火钢球的。其硬度的数值就是在一定的载荷下，将压头压入试样表面，去除载荷后，根据试样表面压痕的深度来确定的。

洛氏硬度表示符号中的"A"、"B"、"C"是区分不同压头的材料及其加载的符号。其中最常用的是 HRC（压头为金刚石圆锥体，预载荷 10 kgf，主载荷达 140 kgf）。洛氏硬度的数值也没有单位，它与布氏硬度的关系大致为：HRC≈0.1 HB。

（3）维氏硬度的硬度值符号为 HV。其试验原理与布氏硬度基本相同，也是以压痕表面积上的平均应力作为硬度值，但其压头形状不同，它是两面夹角为 136°的金刚石四棱角锥体。

维氏硬度由于其压痕较小，故用于测量比较薄的材料，也可测量经电镀、渗碳或渗氮表面处理后的材料（表面层厚度为 0.03～0.05 mm）。当维氏硬度试验的负荷小于 1 kgf（一般为 5～100 gf）时，可以用来测定金属显微组织中一个极小范围内的硬度，这种硬度称为显微硬度。

5）压扁试验　压扁试验的目的是测定管子焊接接头的塑性。按 GB/T 2653—1989 标准，压扁试验的形式有两种，即环缝压扁与纵缝压扁（见图 5-9）。试验时，将管子压至 H 值时，检查焊缝拉伸部位有无裂纹或焊接缺陷，并按相应标准或产品的技术条件评定。

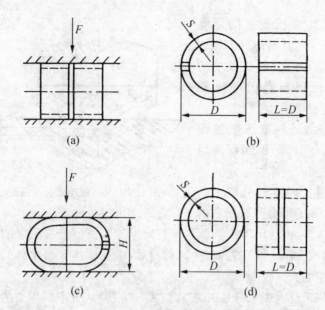

**图 5 - 9　压扁试验及其试样**
(a) 环缝压扁试验；(b) 纵缝压扁试样；(c) 纵缝压扁试验；(d) 环缝压扁试样

2. 化学检验

1) 化学分析　焊缝的化学分析是检查焊缝的化学成分。焊缝金属化学分析的试样，应从堆焊层内或焊缝金属内取得。为了在堆焊层内取得试样，堆焊层必须具有规定的长度、宽度和厚度。从焊缝中取样，一般用直径为 6 mm 左右的钻头钻取。采集试样的工具应干燥纯净，样品的数量根据所分析的化学元素多少而定，一般常规分析需试样 50～60 g。经常被分析的元素有碳、锰、硅、硫及磷等。对一些合金钢或不锈钢中含的镍、铬、钼、钛、钒、铜作分析，要多取一些试样，如果同时还要测定氮、氧、氢，则需取更多的试样。

2) 晶间腐蚀试验　为了保证奥氏体型和奥氏体-铁素体型不锈钢焊接结构在使用时具有良好的抗晶间腐蚀性能，需要对焊接接头进行晶间腐蚀倾向试验。晶间腐蚀倾向的试验方法及适用范围可参见 GB/T 4334.1—2000～GB/T 4334.5—2000 标准。

3. 金相检验

焊接接头的金相检验是为了检查焊缝、热影响区及母材的金相组织情况,以及确定其内部存在的缺陷。通过对焊接接头金相组织的分析,可以了解到在焊缝金属中各种显微氧化物的数量、晶粒度以及组织状况,以此研究焊接接头各项性能优劣的原因,以便为改进焊接工艺、制定热处理规范、选择焊接材料等提供资料。

金相检验分为宏观和微观检验两种。宏观检验是在试片上用肉眼或借助于低倍放大镜(5~10倍)观察目见组织,可以清晰地看到焊缝各区的界限、焊缝金属的结构、未焊透、夹渣、气孔、裂纹、偏析等。微观检验是在100~1 500倍显微镜下观察金属的显微组织,确定焊接接头各部分的组织特性、晶粒大小及近似的力学性能;焊缝金属和热影响区的冷却速度;合金钢在焊接时,焊缝金属和热影响区内碳化物的析出情况,以及焊接接头的显微缺陷(气孔、夹渣、裂纹和未焊透)、组织缺陷(淬火组织)、氧化、氮化夹杂物和过烧现象。

根据分析结果,确定焊接材料、焊接工艺方法、焊接热规范的大小和焊后热处理方法是否合理,以及它们改进的方向。

焊接接头的金相组织检查方法,首先是在焊接试板上截取试样,经过刨削,再用砂纸打磨、抛光,然后进行腐蚀、吹干,最后放在金相显微镜下观察。必要时可以把典型的金相组织通过照相制成金相照片,如图5-10所示,为焊接热影响区中微裂纹的金相照片,

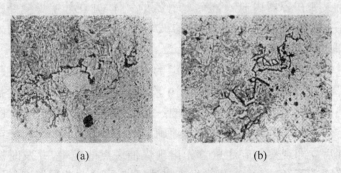

(a)　　　　　　　　　　　(b)

**图5-10　焊接热影响区中的微裂纹 500×**

照片中裂纹的长度通常不超过 250 $\mu$(0.025 cm),该照片是在放大500 倍的显微镜观察下拍摄的。这类裂纹的形态断断续续,蜿蜒曲折,很不规则,但危害性较小,可以允许存在。但如果焊件是在受疲劳载荷或在腐蚀介质的条件及环境下运行,这些微小裂纹会慢慢扩展,则必须引起注意。

**(三) 无损检验**

无损检验是指不损坏被检查材料或成品的性能和完整性而检测其缺陷的方法。

**1. 外观检查**

外观检验是指用肉眼或借助样板,或用低倍放大镜观察焊件,以发现未熔合、气孔、咬边、焊瘤以及焊接裂纹等表面缺陷的方法。采用这种检查方法的另一目的是测定焊缝的外形尺寸。

**2. 密封性检验**

密封性检验是检查有无漏水、漏气和渗油、漏油等现象的试验。一般有气密性检验、煤油检验等。

1) 气密性检验　气密性检验是将压缩空气(或氨氟利昂、氦、卤素气体等)压入焊接容器,利用容器内外气体的压力差检查有无泄漏的试验法。

如在密闭容器中通入远低于容器工作压力的压缩空气,在焊缝外表面涂上肥皂水,若焊缝及其热影响区存在穿透性缺陷时,在容器内气体压力的作用下,肥皂水就会起泡,该处就是缺陷所在。

又如在容器内通入含有 10% 氨的气体,并在外壁焊缝处贴上一条比焊缝略宽的硝酸汞溶液的试纸,只要有气体泄漏,泄漏处试纸即会呈现出黑色斑点。

2) 煤油检验　检验时在焊缝的一面涂抹上白垩粉水溶液,而在焊缝的另一面涂煤油,若焊缝中有细微的裂纹或穿透性气孔等缺陷,煤油会渗过缝隙,在白粉的一面形成明显的油斑,由此即可确定焊缝的缺陷位置。为准确地确定缺陷的大小和位置,应在涂煤油后立即观察。应注意首先出现煤油斑点的地带,并及时标出缺陷区。若经过 5 min 仍未发现煤油斑点,可认为此焊缝密封性合格。煤油检验适用于不受压容器的密封性试验。

3. 耐压检验

耐压检验是指将水、油、气等充入容器内徐徐加压,以检查其泄漏、耐压、破坏等的试验。耐压检验常用的有水压试验及气压试验。

1)水压试验  水压试验一般是超载检验,即试验压力常为产品工作压力的 1.25~1.5 倍。试验用的水温不低于 5℃,合金钢材料水温应不低于 15℃。

试验时,将被试容器注满水,彻底排尽空气并密封,并用压力(水)泵向容器内徐徐加压。升压过程应按规定逐级上升,中间应短暂停压,当水压达到设计规定试验压力后,即停止加压,并关闭进水阀,并保持现时水压一定时间,以视压力是否有下降的现象。此后,再将水压缓慢降至产品的工作压力,并用质量为 0.4~0.5 kg 的圆头小锤,沿焊缝方向,在焊缝两侧 15~20 mm 处轻轻敲打,若发现焊缝有水珠、细水流或潮湿现象,即作好标志,以便卸载后返修。若无上述现象,即为水压试验合格。

在水压试验时,必要时可在容器外侧安置应变仪,以防试验时的应力超过材料的屈服强度,发生非正常爆破,造成人身伤害。

2)气压试验  气压试验是比水压试验更为灵敏和迅速的试验,但其危险性较大。试验时,将气压缓慢升至规定试验压力的 10%,保持 10 min。然后对所有焊缝作初次检查,合格后可继续升压至试验压力的 50%,其后每次逐级升压 10% 至规定试验压力,并保持 10~30 min,然后再降至设计压力,并至少保持 30 min,同时进行检查,直至试验合格。

气压试验必须采取一系列安全措施。试验用的气体应为干燥、洁净的空气、氮气或其他惰性气体。试验必须在隔离场所或用切实具有防护、隔离效能的装置予以隔离。处在气体压力下的产品,不得敲击、振动或修补缺陷。试验力的施加必须严格按照相关工艺规程的规定执行,整个试验过程必须严格遵守有关安全防护法规及条例的规定。

4. 射线探伤

射线探伤是采用 X 射线或 γ 射线照射焊接接头检查内部缺陷的无损检验法。

1) 射线及其探伤的原理

(1) X 射线与 γ 射线　在自然界中,可见光与无线电波、红外线、紫外线、X 射线、γ 射线等都是一种电磁波,在本质上都是相同的。只是由于它们的频率或波长的不同而呈现出各自不同的特性。

按照它们的电磁波的频率(或波长)的排列成一波谱,这波谱称为电磁波谱,如表 5-2 所示。

表 5-2　电磁波谱

| 电磁波种类 | 频率(Hz) | 在真空中的波长(μm) |
|---|---|---|
| 无线电波 | $10^5 \sim 3 \times 10^{12}$ | $3 \times 10^9 \sim 10^2$ |
| 红外线 | $10^{12} \sim 3.9 \times 10^{14}$ | $3 \times 10^2 \sim 7.7 \times 10^{-1}$ |
| 可见光 | $3.9 \times 10^{14} \sim 7.5 \times 10^{14}$ | $7.7 \times 10^{-1} \sim 4 \times 10^{-1}$ |
| 紫外线 | $7.5 \times 10^{14} \sim 5 \times 10^{16}$ | $4 \times 10^{-1} \sim 6 \times 10^{-3}$ |
| X 射线 | $3 \times 10^{16} \sim 3 \times 10^{20}$ | $10^{-2} \sim 10^{-6}$ |
| γ 射线 | $3 \times 10^{19}$ 以上 | $10^{-5}$ 以下 |

从表 5-2 可见,X 与 γ 射线的波长较短而频率高。X 射线的穿透能力很强,能穿透很厚的钢板与其他物质及小于 1 cm 厚的铅板且有破坏细胞组织的能力。γ 射线的性质与 X 射线极相似,但其穿透能力更比 X 射线强。

(2) 射线探伤的原理　射线探伤是检验焊缝内部缺陷准确而又可靠的方法之一,同时可以非破坏性地显示出缺陷在焊缝内部的形状、位置和大小。

X 射线除了能穿透一些物质外,还能使照相底片产生感光作用。由于 X 射线在透过物质的同时会被吸收,如同一种金属,厚度越大,射线被吸收越多;不同的金属或物质,密度越大,射线被吸收就越多。因此当射线通过被检查的焊缝时,在存在缺陷或不同的缺陷及无缺陷的地方,被吸收的程度也不同。这就使得射线在透过接头后的强度衰减有明显的差异,如作用在胶片上,胶片的感光程度也就不一样。通过缺陷处的射线对胶片感光较强,冲洗后的颜色较深,无缺陷处则底片感光弱,冲洗后颜色较淡。这样通过观察底片上的影像,就能发现焊缝内有无缺陷及缺陷的种类、大小与分布。这就是射线探伤的原理。

γ射线是利用镭、铀或钴等放射性元素,放射出 γ 射线。常用的是钴(Co),用钴作为 γ 射线源,并将其放在铅盒内,使用时将开口的面向着被检验的焊缝。其探伤原理与 X 射线相同,而能检测更厚钢板的焊缝缺陷。

图 5-11、图 5-12 分别为 X 射线探伤及 γ 射线探伤的示意图。

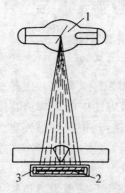

图 5-11　X 射线探伤示意图

1—X 射线管;2—照相底片;3—底片夹

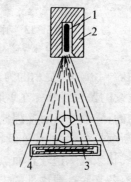

图 5-12　γ 射线探伤示意图

1—射线源;2—铅盒;
3—照相底片;4—底片夹

2)射线探伤对缺陷的识别　用 X 射线及 γ 射线探伤,一般只用于重要结构上。这种探伤方法是由专业人员进行的,但作为一名焊工具备一定的评定焊缝透视底片的知识,能够正确识别缺陷的种类及部位,对返修工作,及避免以后出现同类缺陷、提高焊接操作技术水平也是有很大好处的。

经射线探伤后在照相底片上留下的缺陷痕迹是在较淡色焊缝

上较黑色的斑点或条纹，其尺寸、形状与焊缝内部存在的缺陷是相当的。在射线探伤的胶片上，能识别的缺陷一般是裂纹、未焊透、气孔及夹渣。

图 5－13 所示为射线探伤胶片影像的示意图。

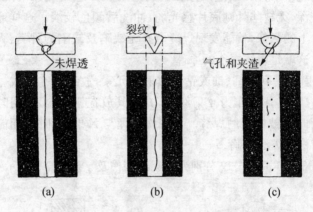

**图 5－13　射线探伤胶片影像示意图**
(a) 未焊透；(b) 裂纹；(c) 气孔及夹渣

图 5－13(a)所显示的为未焊透的影像。其在胶片上是一条断续或连续的黑直线状。在 I 形坡口对接焊缝中的未焊透宽度常是较均匀的；V 形坡口对接焊缝中的未焊透，其位置多是偏离焊道中心，呈断续的线状，即使连续也不会太长，宽度也不一致，黑度不太均匀，线状条纹一边较直而黑；V 形及双 V 形带钝边的坡口双面焊的焊缝，若其底部或中部的未焊透，在胶片上呈现为黑色较规则的线状；角接接头、T 形接头及搭接接头中的未焊透呈断续线状。

图 5－13(b)所显示的为裂纹的影像，多为略带曲折的、波浪状的黑色细条纹，有时也呈直线细纹，轮廓较为分明；两端较为尖细，中部稍宽，不大有分枝；两端黑度逐渐变浅，最后消失。

图 5－13(c)所呈现的是气孔及夹渣的影像。气孔在胶片上多呈现圆形或椭圆形黑点，其黑度一般是中心处较大而均匀地向边缘减小，分布不一致，有稠密的，也有稀疏的。夹渣在胶片上呈现为不同形状的点或条状。点状夹渣呈单独黑点，外观不太规则，带

有棱角,黑度均匀;条状夹渣呈宽而短的粗线条状;长条形的夹渣,线条较宽,宽度不太一致。

射线探伤的评定标准,按 GB/T 3323—1978《钢熔化焊对接接头射线照相和质量分级》标准执行。

焊缝质量分为四级:

Ⅰ级焊缝内应无裂纹、未熔合、未焊透和条状夹渣。

Ⅱ级焊缝内应无裂纹、未熔合和未焊透。

Ⅲ级焊缝内应无裂纹、未熔合以及双面焊和加垫板的单面焊中的未焊透。

标准中对Ⅰ、Ⅱ、Ⅲ级焊缝内允许存在的气孔,包括点状夹渣的尺寸、数量等都有明确规定。

Ⅳ级焊缝内存在的缺陷为超出Ⅰ、Ⅱ、Ⅲ级允许值的标准。

各种产品对焊缝的射线探伤,要求达到哪一等级是由产品设计部门规定的。

3) X、γ 射线探伤的比较  X 射线透照时间短,速度快;被检查的焊缝厚度小于 30 mm 时,其显示缺陷的灵敏度高;但设备复杂,费用高,穿透能力较 γ 射线小。而 γ 射线设备轻便,操作简便,有可能在 X 射线装置不可能达到的地方应用它;穿透能力强,能透照 300 mm 厚的钢板;透视时不需要电源,野外工作比较方便;在检查环焊缝时,可采用一次曝光;但透视时间较长,透视小于 50 mm 的焊缝时,显示缺陷的灵敏度小。

5. 超声波探伤

超声波是一种人耳听不见的高频率声波,其频率超过 20 000 Hz。它能在金属的内部传播,并在遇到两种介质的界面上时,会发生反射和折射。超声波探伤就是利用超声波探测材料内部缺陷的无损检验法。

1) 超声波的产生和超声波的性质  超声波产生的方法很多,在检验中使用的超声波是利用压电效应产生的。当对某些晶体(压电晶体)施加一定方向的机械力(拉、压),使其产生弹性变形时,在晶体受力方向的两面上,就会产生符号相反的电荷,形成电场。当机械力大小改变时,晶体表面的电荷数量也就改变;当机械力方向改变时,则表面电荷的极性也改变,这种现象叫做压电效应。压电晶体还具有逆压电效应,即在晶体上加上一个交变电压时,在电场作用下,晶体的体积将起伸长和压缩的变化,形成机械振动。若所加电压的频率在2 000 Hz以上时,即产生超声振动,形成超声波。石英、钛酸钡、硫酸锂等均为压电晶体。

超声波是依靠介质传播的,在气体和液体中,以纵波形式向前传送。在固体介质中除了以纵波传播以外,还会以横波形式传播,但横波声速约为纵波声速的50%。超声波在金属中有良好的穿透能力。当超声波从固体传播到气体时,则几乎全部反射。

6. 磁粉探伤

利用在强磁场中,铁磁性材料表层缺陷产生的漏磁场吸附磁粉的现象而进行的无损检验法,就称磁粉探伤。

磁粉探伤首先将焊缝两侧局部充磁,焊缝中便有磁感线通过。对于断面尺寸相同,内部材料均匀的焊缝来说,磁感线分布是均匀的。而对断面形状不同,或者内部有气孔、夹渣、裂纹等缺陷存在的焊缝,则磁感线会因各段磁阻不同而产生弯曲,磁感线将绕过磁阻较大的缺陷。若缺陷位于焊缝表面或接近于表面,则磁感线不但在焊缝内部产生弯曲,而且会穿过焊缝表面形成漏磁,见图5-14。此时在焊缝表面撒布细的针状铁粉,在缺陷处漏磁的作用下,铁粉就会被吸附在缺陷上,根据被吸附铁粉的形状、多少、厚薄程度,可判断缺陷的大小及位置。

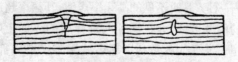

**图5-14　焊缝中存在缺陷时产生漏磁的现象**

缺陷的显露及缺陷与磁感线的相对位置有关。与磁感线相垂直的缺陷,显现得最清楚。如果缺陷及磁感线平行则显露不出来。所以探测横向缺陷时,应使焊缝充磁后产生的磁感线方向与焊缝的轴向一致;探测纵向缺陷时,应使焊缝充磁后产生的磁感线方向与焊缝垂直。如图 5 - 15 所示。

磁粉探伤适用于薄壁件或焊缝表面裂纹的检测。它能很好地显露出焊缝及焊件金属表面上的裂纹，也能显露出一定深度和大小的未焊透。但难于发现气孔上的夹渣，以及隐藏在深处的缺陷。

用磁粉探伤检测焊缝有无缺陷，有干法及湿法两种：

干法：在焊件充磁后撒上铁粉；

湿法：在充磁焊件的焊缝表面上，涂上铁粉混浊液。

上述两种方法都能很好地显示缺陷。

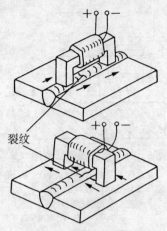

**图 5 - 15　磁粉探伤时焊缝缺陷的显露**

（a）横向缺陷；（b）纵向缺陷

要注意的是，经过磁粉探伤后，构件中会有剩磁存在，这对于某些不允许有剩磁存在的构件来说，必须在磁粉探伤后进行消磁处理。

磁粉探伤所用的设备，有专用的磁力探伤机，也可以用交流弧焊机的二次导线缠绕在焊件上，在通电后以其产生的电磁场进行检测。

7. 渗透探伤

渗透探伤就是采用带有荧光染料（荧光法）或红色染料（着色法）的渗透剂的渗透作用，显示缺陷痕迹的无损检验法。

1）荧光探伤　荧光探伤是用来发现焊缝表面缺陷的一种方法。检查对象是不锈钢、铜、铝及镁合金等非磁性材料。这个方法也可用于焊接结构的密封性检验。

荧光探伤是利用浸透矿物油的氧化镁粉在紫外线的照射下，能发出黄绿色荧光的特性而进行检查的。将被检验的焊件预先浸在煤油和矿物油的混合液中数分钟，然后取出使之干燥。由于矿物油具有很好的渗透能力，极细微的裂缝也能渗进，当焊件表面干燥后，缺陷内仍存有矿物油。此时撒上氧化镁粉末，然后将焊件表

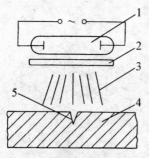

**图 5-16 荧光探伤示意图**

1—水银石英灯；2—滤光板；
3—紫外线；4—被检验工件；
5—嵌入荧光物质的缺陷

面氧化镁粉清除干净，而在缺陷的空隙内，仍有少量氧化镁粉存在。当在暗室里，在水银石英灯发出的紫外线辐射作用下，渗入缺陷内的荧光粉发光，缺陷就被显现。荧光探伤法的示意图，如图 5-16 所示。

2）着色探伤　着色探伤的原理与荧光探伤相似，不同处在于用着色剂来替代荧光液显示缺陷，故无需用紫外线照射，及配置其他专用设备。

着色探伤前，应先将焊件表面的油脂、污垢用清洗剂清洗干净。干燥后，用涂刷、浸沾或喷射的方法，将着色剂（带有红色染料的渗透剂）置于受检焊件表面。要注意的是，如用涂刷法时，涂刷次数不能少于 3 次，且使涂刷表面保持湿润状态的时间不少于 10 min。然后再将受检表面擦拭干净，用显示剂涂刷，片刻后渗入缺陷内的着色剂遇显示剂便会显现缺陷的痕迹。着色探伤的示意图如图 5-17 所示。

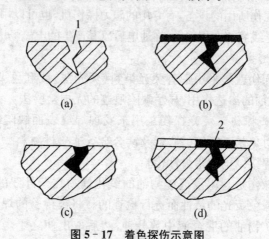

(a)　　　　　　　(b)

(c)　　　　　　　(d)

**图 5-17 着色探伤示意图**

1—不可见裂纹；2—可见痕迹

(a) 清洁表面；(b) 涂上着色剂；(c) 去除多余的着色剂；(d) 涂上显示剂

# 复习思考题

1. 在焊割作业前,可用怎样的检查方法检查被焊割件的污染物?

2. 在焊割作业前,首先要严防哪三种类型的爆炸?

3. 一般动火的安全措施有哪些?

4. 为防止意外事故的发生,焊工应该也有权做到焊割"十不烧"的内容是什么?

5. 登高焊割作业的安全措施有哪些?

6. 进入设备内部动火有哪些安全措施?

7. 焊修一般燃料容器的安全措施有哪些?

8. 焊割作业后,有哪些安全检查的内容?

9. 简述本人在作业时有哪些安全操作技术?

10. 整个焊接检验工作包括哪三部分?

11. 焊前检验的内容有哪些? 其目的是什么?

12. 焊接过程中的检验有哪些内容? 其目的是什么?

13. 焊接检验可分为哪两大类? 各有哪些检验方法?

14. 什么是破坏检验?

15. 力学性能试验主要有哪几种试验方法?

16. 化学分析的目的是什么? 常被分析的元素有哪些?

17. 焊接接头金相检验的目的是什么?

18. 什么是无损检验?

19. 外观检查的目的是什么?

20. 密封性检验的目的是什么? 有哪些检验方法?

21. 什么是耐压检验? 常用的是哪两种?

22. 水压试验时,为什么有时要在容器外侧安置应变仪?

23. 什么叫射线探伤?

24. 射线探伤的原理是什么?

25. γ 射线的射线源是什么?

26. 如何识别经射线探伤后在照相底片上留下的缺陷痕迹？

27. 什么是超声波？什么是超声波探伤？

28. 什么是磁粉探伤？磁粉探伤适用于检测什么？有何不足之处？

29. 磁粉探伤有哪两种方法？

30. 什么是渗透探伤？有哪两种方法？

31. 荧光探伤的原理是什么？用于何处？

32. 着色探伤是如何操作的？

# 复习思考题题解

## 第一章　焊接基础知识

1. 第 1 页"一、焊接概述"第一段 4～5 行。

2. 第 1 页"(一) 焊接的基本原理"第一段。

3. 第 1 页"(一) 焊接的基本原理"第二段。

4. 第 3 页第一段。

5. 第 8 页第二段。

6. 第 8 页第三段。

7. 第 11 页"(三) 金属焊接的分类"第一段。

8. 第 12 页"1. 熔焊(熔化焊)……"～第 13 页"3. 钎焊……"。

9. 第 15 页"(一) 钢的力学性能"第一、二段。

10. 第 15 页"(一) 钢的力学性能"第三段。

11. 第 16 页"1) 屈服强度……";第 17 页"2) 抗拉强度……"。

12. 第 18 页"2. 塑性……"。

13. 第 19 页"3. 硬度……";第 19 页"4. 韧性……";第 20 页"5. 疲劳……"。

14. 第 20 页"(二) 碳钢组织的基本组成物"第二段。

15. 第 20 页"1. 纯铁在固态下的同素异构转变……"。

16. 第 22 页"1) 合金的基本组织结构……"。

17. 第 23 页武末段第一行;第 23 页倒数第二段。

18. 第 25 页"3. 碳钢的基本组成物"第一段。

19. 第 25 页"1) 铁素体……";第 25 页"2) 奥氏体……";第 26 页"3) 渗碳体……";第 26 页"4) 珠光体……"。

20. 第 28 页"1) 碳素钢的分类……"。

21. 第 28 页"2) 常用碳素结构钢的牌号"中"(1) 碳素结构钢……"。

22. 第 31 页"①普通含锰量钢……";第 32 页"②较高含锰量钢……"。

23. 第 32 页"2. 合金钢……";第 32 页"1) 合金钢的分类"中(1)、(2)。

24. 第 39 页"三、焊接电弧"第二段;第 39 页"1. 电弧与焊接电弧……"。

25. 第 40 页第 3～4 行,"气体的电离及两极间的电子发射"。

26. 第 40 页"1) 气体电离"的第一、二段。

27. 第 41 页"2) 电子发射"的第一段 1～3 行及第二段。

28. 第 42 页"3) 焊接电弧的引燃"的第一段及第三段。

29. 第 43 页第 3 行;第 44 页第 10 行;第 44 页倒数第 4 行;第 45 页第 9 行。

30. 第 43 页"1) 阴极区"第一段;第 44 页"2) 阳极区"第二段。

31. 第 45 页倒数第 2 行;由电弧电压与弧长的关系式可知,$a = U_y + U_{ya}$,即因阴极区与阳极区在电弧长度方向的尺寸很小,且不会由于弧长改变而发生显著变化,故视阴极区压降与阳极区压降之和为常数 $a$。又因弧长≈弧柱长度,故可将电弧电压看作是与弧长(弧柱长度)成正比的。

32. 第 46 页"3. 焊接电弧的静特性"的第一段。

33. 第 46 页倒数第 4～3 行;第 47 页第四段。

34. 第 47 页"1. 焊接时的极性及接线法"的第一、二段。

35. 第 48 页"(四) 焊接电弧的偏吹……"。


## 第二章　焊条电弧焊

1. 1) 具有陡降的外特性;2) 适当的空载电压;3) 良好的动特性;4) 均匀灵活的调节特性;5) 弧焊电源的短路电流不应过大。

2. 第 56 页"2. 焊机的主要技术指标……"。

3. 常用的弧焊变压器可分为串联电抗器式(同体式弧焊变压器)和增强漏磁式(动铁式弧焊变压器、动圈式弧焊变压器)两大类。前者是借电抗线圈产生的电压降来获得下降外特性,而后者是靠弧焊变压器本身的漏磁来获得下降外特性的。

4. 第 64 页倒数第 2～1 行。

5. 第 69 页"1) 电流类型……";"2) 焊接电源的功率……"。

6. 第 74 页"(一) 对焊条的要求"1～6。

7. 第 75 页第一段。

8. 第 75 页"(二)"中"焊芯中各合金元素对焊接的影响如下："1～5

9. 第 76 页"1. 焊条药皮的作用"1)～4)。

10. 第 77 页"2. 焊条药皮的类型"1)～8)。

11. 第 79 页"1) 按焊条的用途分"(1)～(10)。

12. 第 80 页"2) 按熔渣的性质分"(1)、(2)。

13. 第 82 页"1) 碳钢焊条型号";第 83 页"2) 低合金钢焊条型号";第 84 页"3) 不锈钢焊条型号"。

14. 第 94 页"2. 滤光玻璃……"。

15. 第 96 页第 11～12 行。

16. 第 97 页第 3～4 行。

17. 第 97 页"(二) 焊条电弧焊的焊接参数"第一段。

18. 第 97 页"1. 焊条直径"1)～3)。

19. 第 104 页第 7 行;第 105 页"2. 影响熔滴过渡的作用力"1)～5)。

20. 第 106 页 1)、2);第 107 页"2. 运条的方法"第一段。

21. 第 109 页 1)、2)、3);第 110 页 4)、5);第 111 页 6)。

22. 第 112 页"1. 焊缝的起头……"。

23. 第 112 页"2. 焊缝的收尾……"。

24. 第 114 页"1. 焊接的工作位置……",并参见图 2-34。

25. 第 118 页"2. 平焊位置的焊接"第一段及 1)、2)。

26. 第 125 页"4. 横焊位置的焊接"第一段。

27. 第 128 页第 3 行～倒数第 5 行。

28. 第 133 页"6. 仰焊位置的焊接"第一段、第二段。

29. 第 138 页第 9～14 行。

30. 第 138 页"(一) 焊缝尺寸及形状不符合要求……"。

31. 第 139 页"(二) 咬边……"。

32. 第 139 页"(三) 焊瘤……"。

33. 第 140 页"(四) 夹渣……"。

34. 第 141 页"(五) 凹坑与弧坑……"。

35. 第 141 页"(六) 未焊透与未熔合……"。

36. 第 143 页"(七) 下塌与烧穿……"。

37. 第 143 页末段;第 144 页"1) 氢气孔"(1)、(2);第 145 页"2) 一氧化碳气孔"(1)、(2);第 146 页"2. 防止的方法"1)~3)。

38. 第 147 页"1) 热裂纹的特点"(1)~(4);第 148 页"2) 产生的原因"……;第 149 页"3) 防止的方法"(1)~(4)。

39. 第 149 页"1) 冷裂纹的特点"(1)~(4);第 150 页"2) 产生的原因"(1)~(3);第 151 页"3) 防止的方法"(1)~(4)。


## 第三章　埋弧焊

1. 第 165 页"一、埋弧焊概述"第一段。

2. 第 166 页"(三) 埋弧焊的特点,1. 生产率高……"。

3. 第 168 页"2. 焊缝质量好……"。

4. 第 168 页"3. 节省焊接材料和电能……"。

5. 第 168 页"4. 焊件变形小……"。

6. 第 168 页"5. 劳动条件改善"第一段。

7. 第 168 页"5. 劳动条件改善"第二段。

8. 第 170 页第 2~4 行:粗丝埋弧焊常用于 20 mm 以上厚板的焊接,且可一次焊透 20 mm 以下的 I 形坡口对接焊缝;细丝埋弧焊主要用于薄板的焊接。

9. 熔敷速度是指熔焊过程中,单位时间内熔敷在焊接上的金属量(kg/h)。

10. 熔敷系数是指熔焊过程中,单位电流、单位时间内,焊芯(或焊丝)熔敷在焊件上的金属量[g/(A·h)]。

11. 第 170 页"1) 附加金属粉末埋弧焊……"。

12. 第 170 页"2) 窄间隙埋弧焊……"。

13. 第 172 页"2. 热丝埋弧焊……"。

14. 第 173 页"3. 多丝埋弧焊……"。

15. 第 175 页"4. 带极埋弧焊"第一段，第三段。

16. 第 177 页第二段。

17. 第 177 页倒数第二段。

18. 第 180 页倒数第 6 行～第 181 页第 15 行。

19. 第 183～185 页"表 3－4 埋弧焊机常见故障及排除方法"的相关内容。

20. 第 183～185 页"表 3－4 埋弧焊机常见故障及排除方法"的相关内容。

21. 第 183～185 页"表 3－4 埋弧焊机常见故障及排除方法"的相关内容。

22. 第 183～185 页"表 3－4 埋弧焊机常见故障及排除方法"的相关内容。

23. 第 183～185 页"表 3－4 埋弧焊机常见故障及排除方法"的相关内容。

24. 第 185 页"(二) 焊剂"第一段；第 185 页 1)、2)～第 186 页 3)～6)。

25. 第 186 页第 8～16 行。

26. 第 186 页"3. 焊剂牌号的编制"第一段。

27. 第 191 页"(三) 焊接材料的选配……"。

28. 第 191 页"(一) 焊缝的成形系数及熔合比对焊缝质量的影响……"。

29. 第 193 页末段。

30. 第 194 页"2. 电弧电压对焊缝形状的影响……"。

31. 第 195 页"3. 焊接速度对焊缝形状的影响……"。

32. 第 196 页参见图 3－26(a)、(b)；第 196 页第 5～11 行。

33. 第 196 页倒数第 5～1 行。

34. 第 197 页"4. 电流种类及极性对焊缝形状的影响……"。

35. 第 198 页"1. 选择原则……"。

36. 第 198 页"(一) 埋弧焊的焊前准备……"。

37. 为了防止熔渣和熔池金属的泄漏，常用焊剂垫来进行焊接，还有焊剂——铜垫、锁底接头衬垫、手工焊封底或用于 I 形坡口无间隙（或间隙小于 1 mm）的对接焊缝的悬空焊等方法。

38. 第 200 页"1. 焊剂垫埋弧焊"第一段。

39. 第 207 页"6. 多层埋弧焊"第三段。

40. 第 208 页"(三) 对接环焊缝的操作技术"第三段。

41. 第 209 页 1～3。


## 第四章　气焊与气割

1. 氧乙炔焰。

2. 气焊及气割最常用的可燃气体是乙炔气，其分子式是 $C_2H_2$，它是由电石（碳化钙 $CaC_2$）与水发生反应后获得的。

3. 第 239 页"(2) 乙炔的物理及化学特性"第四、五段。

4. 氧乙炔焰分为中性焰、碳化焰及氧化焰三种。中性焰适用于一般碳钢及有色金属的焊接；碳化焰适用于高碳钢、铸铁及硬质合金等的焊接；氧化焰适用于青铜及黄铜等的焊接。（可参照第 245 页表 4－2）。

5. 第 245 页"二、气焊及气割的设备"第一段。

6. 氧气瓶（包括瓶帽）的外表为天蓝色，并在气瓶上用黑漆标注"氧气"两字；第 248 页"3. 氧气瓶使用的注意事项"1)～6)。

7. 乙炔瓶外表涂白色，并用红漆标注"乙炔"两字；第 251 页"3. 乙炔瓶使用的注意事项"1)～9)。

8. 第 252 页"(三) 液化石油气瓶"第四段及 1)～8)。

9. 回火就是混合气体的火焰伴有爆鸣声进入焊（割）炬，并熄灭或在喷嘴重新点燃。如火焰进入焊（割）炬继续燃烧就可能达到乙炔气瓶；第 254 页"1. 发生回火的原因……"及 1)～4)。

10. 第 255 页"2. 回火保险器及其种类"第一段及 1)。

11. 第 255 页"(1) 中压闭式……"；"第 256 页(2)……"。

12. 第 258 页"1) 减压器的作用"(1)、(2)。

13. 第 261 页"(2) QD-1 型减压器的工作原理……"。

14. 第 263 页"3. 减压器使用的注意事项"1)~6)。

15. 第 264 页"1. 焊炬的作用及分类"1)、2)。

16. 第 266 页"2) 射吸式焊炬的工作原理……"。

17. 第 268 页"3. 焊炬使用的注意事项"1)~8)。

18. 第 269 页"1. 割炬的作用及分类"1)、2)。

19. 第 269 页"1) 射吸式割炬的构造"第二段。

20. 第 270 页第一段。

21. 第 270 页"2) 射吸式割炬的工作原理……"。

22. 第 272 页"3. 割炬使用的注意事项……"1)~5)。

23. 第 272 页"(四) 辅助工具"1~6。

24. 气焊用的材料除了其热源需要氧气以及可燃气体之外,还有符合质量要求的焊丝及熔剂。

25. 第 274 页"1) 对气焊丝的要求"(1)~(4)。

26. 第 275 页"1) 对气焊熔剂的要求"(1)~(4);第 277 页"表 4-10 气焊熔剂的种类、用途及性能"牌号、名称及应用范围。

27. 第 277 页"(二) 气焊焊接参数的选择"第一段。

28. 第 278 页"3. 焊炬倾角的选择……"。

29. 第 279 页"4. 焊接速度的选择……"。

30. 第 280 页"1. 右焊法及左焊法"1)、2)。

31. 气焊时,焊炬的动作基本上有三个,即横向摆动、上下跳动及沿焊接方向的移动;第 281 页倒数第 11~3 行。

32. 第 282 页"1) 卷边接头的焊接";第 282 页"2) 无卷边较薄钢板的焊接";第 282 页"3) 板厚大于 3 mm I 形坡口对接焊";第 283 页"5) 板厚大于 5 mm V 形坡口的对接平焊"。

33. 第 285 页"2. 立焊……";第 285 页"3. 横焊……";第 287 页"4. 仰焊……"。

34. 第 288 页"1. 焊件的定位焊……"。

35. 第 293 页"1) 穿孔焊法……"。

36. 第 295 页"1) 管子水平固定的焊接……";第 296 页图 4-48

37. 第 300 页"1. 中碳钢的焊接……"。

38. 第 304 页"(一) 气割的原理"第一段。

39. 第 304 页"1. 气割的过程"1)～3)。

40. 第 304 页"2. 氧气切割的条件"1)～5)。

41. 氧气切割的主要参数是：切割氧压力、切割速度、预热火焰的性质与能率、割嘴与割件间的倾角以及割嘴离割件表面的距离等。

42. 第 309 页"1. 体位及割炬的掌控"第三段。

43. 第 310 页第 6～11 行。

44. 第 310 页"2. 厚度小于 4 mm 的薄钢板气割……"；第 310 页"3. 5～20 mm 中等厚度钢板的气割……"。

45. 第 312 页"5. 钢板的开孔及割圆"第一段。

46. 第 314 页"表 4 - 15 手工气割的常见缺陷及其产生的原因"。


## 第五章　安全作业与焊接质量检验

1. 在焊割作业(动火)前可采用一嗅、二看、三测爆的检查方法。一嗅，就是……，二看，……，三测爆……(第 329 页倒数第 7～第 330 页第 1 行)。

2. 第 330 页"2) 严防三种类型的爆炸"(1)～(3)。

3. 第 331 页"(9) 为防止意外事故发生，焊工应做到焊割'十不烧'……"①～⑩。

4. 第 330 页"3) 一般动火的安全措施"(1)～(9)。

5. 第 331 页"1) 登高焊割作业安全措施"(1)～(10)。

6. 第 333 页"2) 进入设备内部动火的安全措施"(1)～(7)。

7. 第 333 页"3) 焊修一般燃料容器的安全措施……"(1)～(5)。

8. 第 334 页"4. 焊割作业后的安全检查"1)～4)。

9. 第 335 页"(四) 焊接与切割安全操作技术……"。

10. 整个焊接检验工作，包括焊前检验、焊接过程中的检验及成品检验三个部分。

11. 第 338 页"二、焊接质量检验"第四段。

12. 第 339 页第二段。

13. 第 339 页"表 5 - 1"。

14. 第 340 页"(一)破坏检验"第一段。

15. 力学性能试验主要有拉伸、弯曲、冲击、硬度及压扁试验。

16. 化学分析的目的是检查焊缝金属的化学成分。经常被分析的元素有 C、Mn、Si、S 及 P 等。

17. 第 347 页"3. 金相检验"第一段。

18. 第 348 页"(三) 无损检验"第一段。

19. 第 348 页"1. 外观检查"。

20. 第 348 页"2. 密封性检验"第一段。

21. 第 349 页"3. 耐压检验"第一段。

22. 第 349 页"3. 耐压检验"第四段。

23. 第 350 页"4. 射线探伤"第一段。

24. 第 350 页末段。

25. 镭、铀或钴等放射性元素,都会放射出 γ 射线,但常用的是用钴($C_0$)作为 γ 射线源。

26. 第 351 页"2) 射线探伤对缺陷的识别……"。

27. 第 353 页"5. 超声波探伤"第一段。

28. 第 354 页"6. 磁粉探伤"第一段;第 355 页第二段。

29. 磁粉探伤有干法(在焊件充磁后撒上铁粉)及湿法(在充磁焊件的焊缝表面上,涂上铁粉混浊液)两种方法。

30. 第 355 页"7. 渗透探伤"第一段。

31. 第 355 页倒数第 5～4 行;荧光探伤常用于不锈钢、铜、铝及镁合金等非磁性材料,也可用于焊接结构的密封性检验。

32. 第 356 页末段。

# 各种坡口、接头、焊缝形式

## （摘自 GB/T 3375—1994）

| 序号 | 简　图 | 坡口形式 | 接头形式 | 焊缝形式 |
|---|---|---|---|---|
| 1 | | I 形 | 对接接头 | 对接焊缝 |
| 2 | | I 形 | 对接接头 | 对接焊缝 |
| 3 | | I 形（有间隙带垫板） | 对接接头 | 对接焊缝 |
| 4 | | I 形 | 对接接头 | 对接焊缝（双面焊） |
| 5 | | V 形（带垫板） | 对接接头 | 对接焊缝 |
| 6 | | V 形（带垫板） | 对接接头 | 对接焊缝 |
| 7 | | V 形（带钝边） | 对接接头 | 对接焊缝（有根部焊道） |
| 8 | | X 形（带钝边） | 对接接头 | 对接焊缝 |
| 9 | | V 形（带钝边） | 对接接头 | 对接焊缝和角焊缝的组合焊缝 |
| 10 | | X 形（带钝边） | 对接接头 | 对接焊缝 |
| 11 | | I 形 | 对接接头 | 角焊缝 |

**(续 表)**

| 序号 | 简 图 | 坡口形式 | 接头形式 | 焊缝形式 |
|------|-------|----------|----------|----------|
| 12 | | 单边 V 形（带钝边） | 对接接头 | 对接焊缝 |
| 13 | | 单边 V 形（带钝边、厚板削薄） | 对接接头 | 对接焊缝 |
| 14 | | 单边 V 形（带钝边） | 对接接头 | 对接和角接的组合焊缝 |
| 15 | | 单边 V 形（带钝边） | 对接接头 | 对接和角接的组合焊缝 |
| 16 | | 单边 V 形 | T 形接头 | 对接焊缝 |
| 17 | | I 形 | T 形接头 | 角焊缝 |
| 18 | | K 形 | T 形接头 | 对接焊缝 |
| 19 | | K 形 | T 形接头 | 对接和角接的组合焊缝 |
| 20 | | K 形（带钝边） | T 形接头 | 对接焊缝 |

（续　表）

| 序号 | 简　图 | 坡口形式 | 接头形式 | 焊缝形式 |
|------|--------|----------|----------|----------|
| 21 | | 单边 V 形 | T 形接头 | 对接焊缝 |
| 22 | | K 形 | 十字接头 | 对接焊缝 |
| 23 | | I 形 | 十字接头 | 角焊缝 |
| 24 | | I 形 | 搭接接头 | 角焊缝 |
| 25 | | — | 塞焊搭接接头 | 塞焊缝 |
| 26 | | — | 槽焊接头 | 槽焊缝 |
| 27 | | 单边 V 型（带钝边） | 角接接头 | 对接焊缝 |
| 28 | >30° <135° | — | 角接接头 | 角焊缝 |
| 29 | | — | 角接接头 | 角焊缝 |

| 序号 | 简　图 | 坡口形式 | 接头形式 | 焊缝形式 |
|------|--------|----------|----------|----------|
| 30 | | — | 角接接头 | 角焊缝 |
| 31 | 0°~30° | — | 端接接头 | 端接焊缝 |
| 32 | | — | 套管接头 | 角焊缝 |
| 33 | | — | 斜对接接头 | 对接焊缝 |
| 34 | | — | 卷边接头 | 对接焊缝 |
| 35 | | U 形(带钝边) | 对接接头 | 对接焊缝 |
| 36 | | 双 U 形(带钝边) | 对接接头 | 对接焊缝 |
| 37 | | J 形(带钝边) | T 形接头(A)对接接头(B) | 对接焊缝 |
| 38 | | 双 J 形 | T 形接头(A)对接接头(B) | 对接焊缝 |
| 39 | | V 形 | 锁底接头 | 对接焊缝 |
| 40 | | 喇叭形 | — | |

附录二

## 气焊、焊条电弧焊及气体保护焊焊缝坡口的基本形式与尺寸
### （摘自 GB/T 985—1988）

| 序号 | 工件厚度 δ(mm) | 名称 | 符号 | 坡口形式 | 焊缝形式 | 坡口尺寸(mm) | | | | |
|---|---|---|---|---|---|---|---|---|---|---|
| | | | | | | α°(β°) | b | p | H | R |
| 1 | 1~2 | 卷边坡口① | | | | — | — | — | — | 1~2 |
| 2 | 1~3 | I形坡口 | | | | — | 0~1.5 | — | — | — |
| | 3~6 | | | | | — | 0~2.5 | — | — | — |

注：① 大多不加填充材料。

附　录

（续表）

| 序号 | 工件厚度 δ(mm) | 名称 | 符号 | 坡口形式 | 焊缝形式 | 坡口尺寸(mm) α°(β°) | b | p | H | R |
|---|---|---|---|---|---|---|---|---|---|---|
| 3 | 2~4 | I形带垫板坡口 |  | 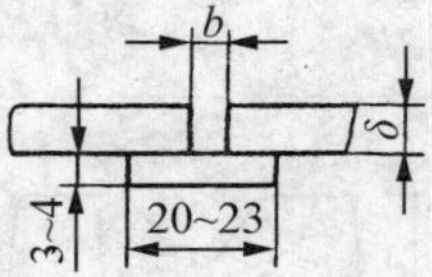 |  | — | 0~3.5 | — | — | — |
| 4 | 3~26 | Y形坡口 |   | 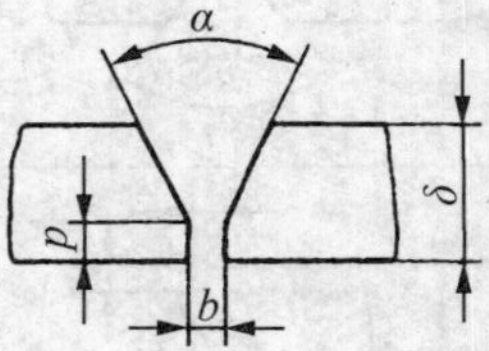 |  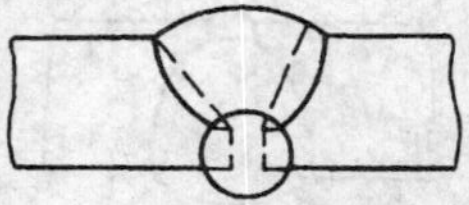 | 40~60 | 0~3 | 1~4 | — | — |
| 5 | >20 | VY形坡口 |  | 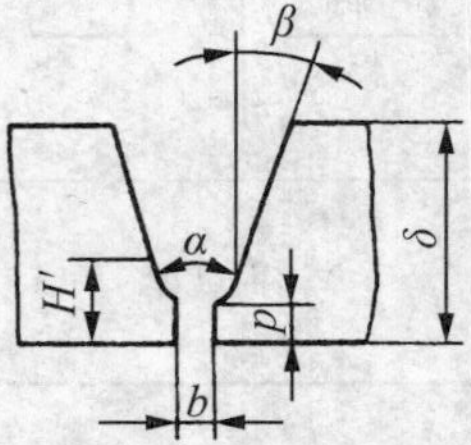 | 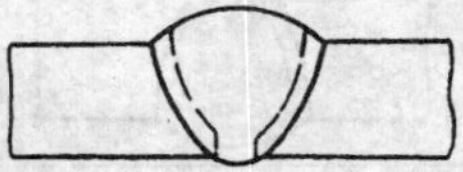 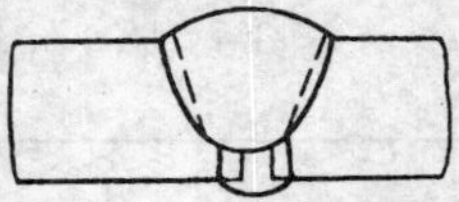 | 60~70 (8~10) | 0~3 | 1~3 | 8~10 | — |

(续表)

| 序号 | 工件厚度 δ(mm) | 名称 | 符号 | 坡口形式 | 焊缝形式 | 坡口尺寸(mm) | | | | |
|---|---|---|---|---|---|---|---|---|---|---|
| | | | | | | α°(β°) | b | p | H | R |
| 6 | 20~60 | 带钝边U形坡口 | Y | | | (1~8) | 0~3 | 1~3 | — | 6~8 |
| 7 | 12~60 | 双Y形坡口 | X | | | 40~60 | 0~3 | 1~3 | — | — |
| 8 | >10 | 双V形坡口 | X | | | — | — | — | δ/2 | — |

（续　表）

| 序号 | 工件厚度 δ(mm) | 名称 | 符号 | 坡口形式 | 焊缝形式 | 坡口尺寸(mm) | | | | |
|---|---|---|---|---|---|---|---|---|---|---|
| | | | | | | α°(β°) | b | p | H | R |
| 9 | >30 | 带双U钝形坡边口 | | | | (1~8) | 0~3 | 2~4 | $\dfrac{\delta-p}{2}$ | 6~8 |
| 10 | 3~40 | 单边V形坡口 | | | | (35~50) | 0~4 | — | — | — |

（续　表）

| 序号 | 工件厚度 δ(mm) | 名称 | 符号 | 坡口形式 | 焊缝形式 | 坡口尺寸(mm) α°(β°) | b | p | H | R |
|---|---|---|---|---|---|---|---|---|---|---|
| 11 | >30 | 带钝边双J形坡口 | ◁ Ƙ ▷ | | | (10~20) | 0~3 | 2~4 | — | 6~8 |
| 12 | >10 | 双单边V形坡口 | ◁ K ▷　K | | | (35~50) | 0~3 | — | $\dfrac{\delta}{2}$ | — |

（续　表）

| 序号 | 工件厚度 δ(mm) | 名称 | 符号 | 坡口形式 | 焊缝形式 | 坡口尺寸(mm) | | | | |
|---|---|---|---|---|---|---|---|---|---|---|
| | | | | | | α°(β°) | b | p | H | R |
| 13 | 2～8 | I形坡口 | \|\| | | | — | 0～2 | — | — | — |
| 14 | 4～30 | 错边I形坡口② | | | | — | | — | — | |

注：② α 值由设计确定。

（续表）

| 序号 | 工件厚度 δ(mm) | 名称 | 符号 | 坡口形式 | 焊缝形式 | 坡口尺寸（mm） | | | | |
|---|---|---|---|---|---|---|---|---|---|---|
| | | | | | | α°(β°) | b | p | H | R |
| 15 | 12~30 | Y形坡口 | | | | 40~50 | 0~2 | 0~3 | — | — |
| 16 | 6~30 | 带钝边单边V形坡口 | | | | 35~50 | 0~3 | 1~3 | — | — |

（续　表）

| 序号 | 工件厚度δ(mm) | 名称 | 符号 | 坡口形式 | 焊缝形式 | 坡口尺寸（mm） α°(β°) | b | p | H | R |
|---|---|---|---|---|---|---|---|---|---|---|
| 17 | 20~40 | 带钝边双单边V形坡口 | | | | 35~50 | 0~3 | 1~3 | — | — |
| 18 | 20~40 | 带钝边双单边V形坡口 | | | | (40~50) | 0~3 | 1~3 | — | — |

（续 表）

| 序号 | 工件厚度 δ(mm) | 名称 | 符 号 | 坡 口 形 式 | 焊 缝 形 式 | 坡口尺寸(mm) α°(β°) | b | p | H | R |
|---|---|---|---|---|---|---|---|---|---|---|
| 19 | 2~30 | I 形坡口③ | | | | — | | — | — | — |
| 20 | 2~30 | I 形坡口④ | | | | — | 0~2 | — | — | — |
| 21 | >2 | 塞焊坡口⑤ | | | | — | 0~2 | — | — | — |

注：③ 仅适用于薄板。④ i 值由设计确定。⑤ 孔径 φ>0.8~2δ 且<10,若为长孔 L 由设计确定,塞焊点点间距由设计确定。

附录三

# 焊缝符号表示法

## （摘自 GB/T 324—1988）

本标准等效采用国际标准 ISO 2553‑84《焊缝在图样上的符号表示法》。

1　主题内容及适用范围

本标准规定了焊缝符号表示方法。

本标准适用于金属熔化焊及电阻焊。

2　引用标准

GB 5185　金属焊接及钎焊方法在图样上的表示代号

3　总则

3.1　为了简化图样上的焊缝一般应采用本标准规定的焊缝符号表示。但也可采用技术制图方法表示。

3.2　焊缝符号应明确地表示所要说明的焊缝，而且不使图样增加过多的注解。

3.3　焊缝符号一般由基本符号与指引线组成。必要时还可以加上辅助符号、补充符号和焊缝尺寸符号。图形符号的比例、尺寸和在图样上的标注方法，按技术制图有关规定。

3.4　为了方便，允许制定专门的说明书或技术条件，用以说明焊缝尺寸和焊接工艺等内容。必要时，也可在焊缝符号中表示这些内容。

4　符号

4.1　基本符号

基本符号是表示焊缝横截面形状的符号见表1。

## 表1 基本符号

| 序号 | 名 称 | 示意图 | 符号 |
|------|-------|--------|------|
| 1 | 卷边焊缝①（卷边完全熔化） | | 八 |
| 2 | I形焊缝 | | ‖ |
| 3 | V形焊缝 | | V |
| 4 | 单边V形焊缝 | | V |
| 5 | 带钝边V形焊缝 | | Y |
| 6 | 带钝边单边V形焊缝 | | Y |
| 7 | 带钝边U形焊缝 | | Y |
| 8 | 带钝边J形焊缝 | | Y |
| 9 | 封底焊缝 | | ◡ |
| 10 | 角焊缝 | | ◺ |

| 序号 | 名　　称 | 示意图 | 符号 |
|------|---------|--------|------|
| 11 | 塞焊缝或槽焊缝 | | ⊓ |
| 12 | 点焊缝 | | ○ |
| 13 | 缝焊缝 | | ⊖ |

注：① 不完全熔化的卷边焊缝用 I 形焊缝符号来表示，并加注焊缝有效厚度 S。

## 4.2　辅助符号

辅助符号是表示焊缝表面形状特征的符号，见表 2。

### 表 2　辅 助 符 号

| 序号 | 名　称 | 示意图 | 符　号 | 说　　明 |
|------|--------|--------|--------|----------|
| 1 | 平面符号 | | — | 焊缝表面齐平<br>（一般通过加工） |
| 2 | 凹面符号 | | ⌣ | 焊缝表面凹陷 |
| 3 | 凸面符号 | | ⌢ | 焊缝表面凸起 |

不需要确切地说明焊缝的表面形态时,可以不用辅助符号。辅助符号的应用示例见表 3。

表 3　辅助符号的应用示例

| 名　　称 | 示　意　图 | 符　　号 |
|---|---|---|
| 平面 V 形对接焊缝 |  |  $\overline{\vee}$ |
| 凸面 X 形对接焊缝 |  |  $\hat{X}$ |
| 凹面角焊缝 |  | $\triangleright\!\!\!\smile$ |
| 平面封底 V 形焊缝 |  |  $\underline{\hat{\vee}}$ |

### 4.3　补充符号

补充符号是为了补充说明焊缝的某些特征而采用的符号,见表 4。

表 4　补充符号

| 名　称 | 示　意　图 | 符　　号 |
|---|---|---|
| 带垫板符号[①] |  | ▭<br>表示焊缝底部有垫板 |
| 三面焊缝符号[①] | 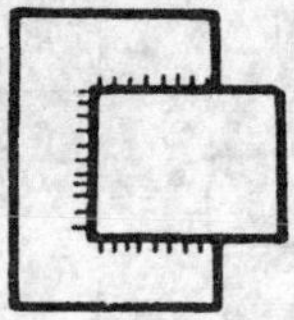 |  ⊏<br>表示三面带有焊缝 |
| 周围焊缝符号 | 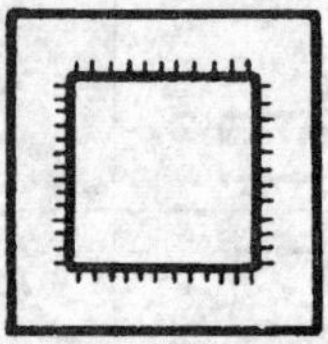 |  ○<br>表示环绕工件周围焊缝 |

**（续　表）**

| 名　称 | 示　意　图 | 符　号 |
|---|---|---|
| 现场符号 | | 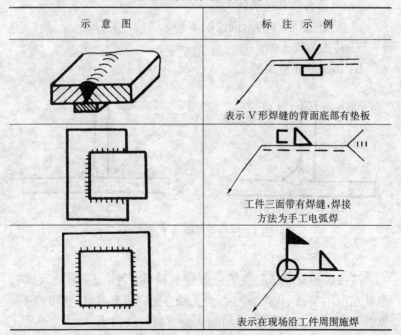 表示在现场或工地上进行焊接 |
| 尾部符号 | | 可以参照 GB 5185 标注焊接工艺方法等内容 |

采用说明：① ISO 2553 标准未作规定。

补充符号的应用示例见表 5。

**表 5　补充符号应用示例**

| 示　意　图 | 标　注　示　例 |
|---|---|
| | 表示 V 形焊缝的背面底部有垫板 |
| | 工件三面带有焊缝，焊接方法为手工电弧焊 |
| | 表示在现场沿工件周围施焊 |

5 符号在图样上的位置

5.1 基本要求

完整的焊缝表示方法除了上述基本符号、辅助符号、补充符号以外,还包括指引线、一些尺寸符号及数据。

指引线一般由带有箭头的指引线(简称箭头线)和两条基准线(一条为实线,另一条为虚线)两部分组成。如图1所示。

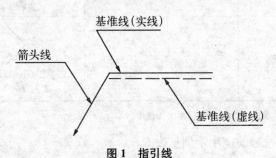

**图1 指引线**

5.2 箭头线和接头的关系

图2和图3给出的示例说明下例术语的含义:

a. 接头的箭头侧;

b. 接头的非箭头侧。

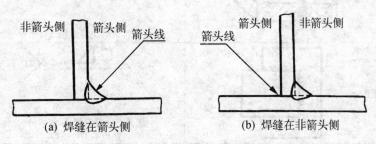

(a) 焊缝在箭头侧          (b) 焊缝在非箭头侧

**图2 带单角焊缝的T型接头**

5.3 箭头线的位置

箭头线相对焊缝的位置一般没有特殊要求,见图4(a)、(b)。但是在标注 V、Y、J 型焊缝时,箭头线应指向带有坡口一侧的工件,见图4(c)、(d)。必要时,允许箭头线弯折一次,如图5。

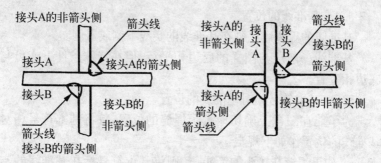

图 3　双角焊缝十字接头

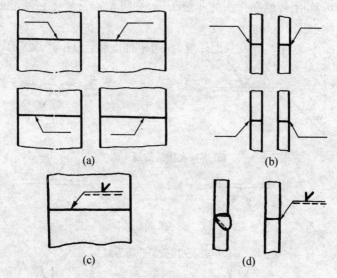

(a)　　　　　　　　　　(b)

(c)　　　　　　(d)

图 4　箭头线的位置

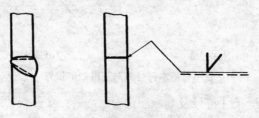

图 5　弯折的箭头线

5.4 基准线的位置

基准线的虚线可以画在基准线的实线下侧或上侧。

基准线一般应与图样的底边相平行,但在特殊条件下亦可与底边相垂直。

5.5 基本符号相对基准线的位置

为了能在图样上确切地表示焊缝的位置,特将基本符号相对基准线的位置作如下规定:

a. 如果焊缝在接头的箭头侧,则将基本符号标在基准线的实线侧,见图6(a);

b. 如果焊缝在接头的非箭头侧,则将基本符号标在基准线的虚线侧,见图6(b);

c. 标对称焊缝及双面焊缝时,可不加虚线,见图6(c)、(d)。

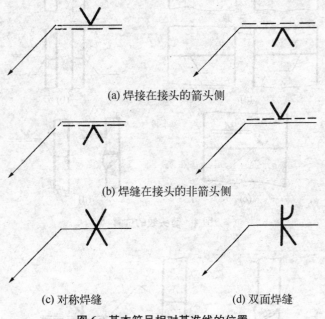

(a) 焊接在接头的箭头侧

(b) 焊缝在接头的非箭头侧

(c) 对称焊缝                    (d) 双面焊缝

**图6 基本符号相对基准线的位置**

6 焊缝尺寸符号及其标注位置

6.1 一般要求

6.1.1　基本符号必要时可附带有尺寸符号及数据,这些尺寸符号见表 6。

6.1.2　焊缝尺寸符号及数据的标注原则如图 7。

**表 6　焊缝尺寸符号[①]**

| 符号 | 名　称 | 示　意　图 | 符号 | 名称 | 示　意　图 |
|---|---|---|---|---|---|
| $\delta$ | 工件厚度 | 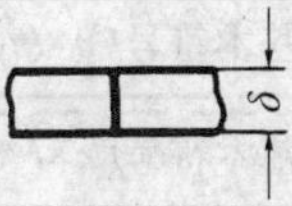 | $e$ | 焊缝间距 | 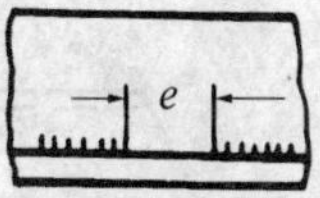 |
| $\alpha$ | 坡口角度 | 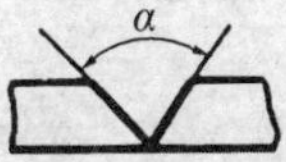 | $K$ | 焊角尺寸 | 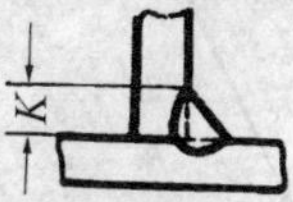 |
| $b$ | 根部间隙 | 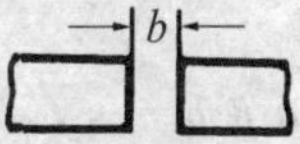 | $d$ | 熔核直径 | 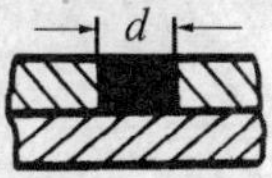 |
| $p$ | 钝边 | 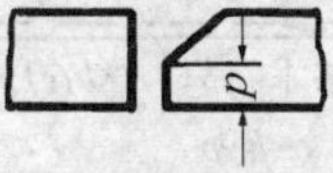 | $S$ | 焊缝有效厚度 | 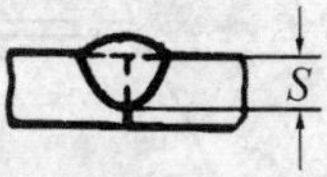 |
| $c$ | 焊缝宽度 | 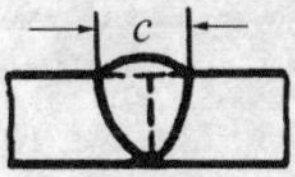 | $N$ | 相同焊缝数量符号 | 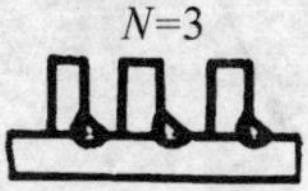 |
| $R$ | 根部半径 | 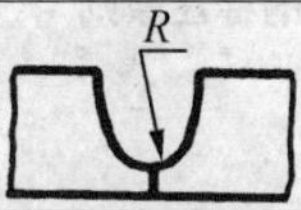 | $H$ | 坡口深度 | 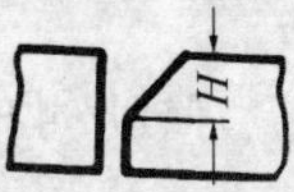 |
| $l$ | 焊缝长度 | 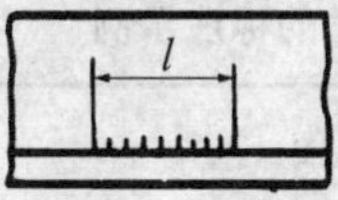 | $h$ | 余高 | 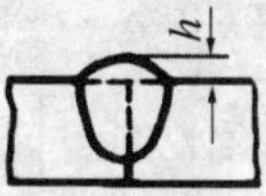 |
| $n$ | 焊缝段数 | 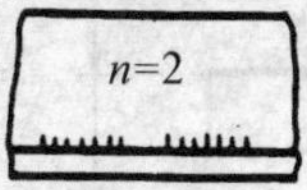 | $\beta$ | 坡口面角度 | 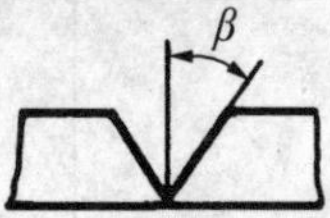 |

采用说明:① 对焊缝尺寸符号,ISO 2553 未作详细规定。

a. 焊缝横截面上的尺寸标在基本符号的左侧;

b. 焊缝长度方向尺寸标在基本符号的右侧;

c. 坡口角度、坡口面角度、根部间隙等尺寸标在基本符号的上侧或下侧[1]；

d. 相同焊缝数量符号标在尾部[2]；

e. 当需要标注的尺寸数据较多又不易分辨时，可在数据前面增加相应的尺寸符号。当箭头线方向变化时，上述原则不变。

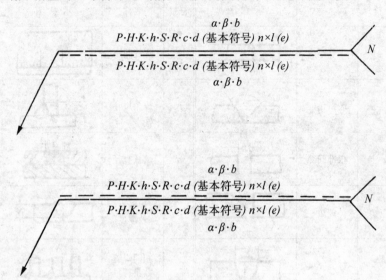

**图7　焊缝尺寸的标注原则**

焊缝尺寸的标注示例见表7。

**表7　焊缝尺寸的标注示例**

| 名　称 | 示　意　图 | 示　例 |
|---|---|---|
| 对接焊缝 | | $S$ ∨ |
| | | $S$ ‖ |

| 名　称 | 示　意　图 | 示　例 |
|---|---|---|
| 对接焊缝 | | $S$ ⋎ |
| 卷边焊缝 | | $S$ ‖ |
| | | $S$ 八 |
| 连续角焊缝 | | $K$ ◺ |
| 断续角焊缝 | | $K$ ◺ $n \times l\,(e)$ |
| 交错断续角焊缝 | | $\dfrac{K}{K}$ ◺ $\begin{matrix} n \times l \\ n \times l \end{matrix}$ $\begin{matrix}(e)\\(e)\end{matrix}$ |
| 塞焊缝或槽焊缝 | | $c$ ⊔ $n \times l\,(e)$ |

| 名　称 | 示　意　图 | 示　例 |
|---|---|---|
| 塞焊缝或槽焊缝 | $d$　　　$d$　　(e) | $d$ $n×(e)$ |
| 缝焊缝 | $c$　　　$c$　　$l$　(e)　$l$ | $c$ $n×l\ (e)$ |
| 点焊缝 | $d$　　　$d$　　(e) | $d$ $n×(e)$ |

采用说明：① ISO 2553 标准未作具体规定。

　　　　　② ISO 2553 标准对相同焊缝数量及焊缝段数未作明确区分,均用 $n$ 表示。

　　　　　③ ISO 2553 标准规定角焊缝的尺寸标注采用 $a,z$ 两种尺寸。

　　　　　④ 焊缝长度 $l$(不计弧坑)。

6.2　关于尺寸符号的说明

6.2.1　确定焊缝位置的尺寸不在焊缝符号中给出,而是将其标注在图样上。

6.2.2　在基本符号的右侧无任何标注且又无其他说明时,意味着焊缝在工件的整个长度上是连续的。

6.2.3　在基本符号的左侧无任何标注且又无其他说明时,表示对接焊缝要完全焊透。

6.2.4　塞焊缝,槽焊缝带有斜边时,应该标注孔底部的尺寸。

7　符号应用举例(略)

## 附录四

# 埋弧焊焊缝坡口的基本形式与尺寸表

### （摘自 GB/T 986—1988）

| 序号 | 工件厚度 δ(mm) | 名称 | 符号 | 坡口形式 | 焊缝形式 | 坡口尺寸 (mm) | 说　明 |
|---|---|---|---|---|---|---|---|
| 1 | 3~10 | I形坡口 | = | | | $b=0\sim1$ | 焊缝有效厚度值由设计者确定 |
| 2 | 3~6 | | | | | | 封底焊道采用任何明弧焊 |
| 3 | 6~20 | | = | | | $b=0\sim2.5$ | 允许后焊侧采用碳弧气刨清根 |
| 4 | 6~12 | | | | | $b=0\sim4$ | 需采用HD①和TD②保护焊池 |
| 5 | 6~24 | | | | | $b=0\sim4$ | 需采用HD保护熔池 同序号3 |
| 6 | 3~12 | I形带垫板坡口 | | | | $b=0\sim5$ | 同序号3 |
| 7 | 10~20 | 带钝边单边V形坡口 | | | | $b=0\sim4$ $\beta=35°\sim50°$ | 同序号4 |
| 8 | | | | | | $\beta=35°\sim50°$ $b=0\sim2.5$ $\beta=6\sim10$ | 同序号3 |

（续表）

| 序号 | 工件厚度 $\delta$(mm) | 名称 | 符号 | 坡口形式 | 焊缝形式 | 坡口尺寸 (mm) | 说明 |
|---|---|---|---|---|---|---|---|
| 9 | 10~30 | 带钝边单边V形带垫板坡口 | ⊔ | | | $\beta=20°\sim40°$<br>$b=2\sim5$<br>$p=0\sim4$ | |
| 10 | 16~30 | 带钝边单边V形锁边坡口 | ⊔ | | | $\beta=6°\sim12°$<br>$b=0\sim2$<br>$p=6\sim10$<br>$R=3\sim10$ | |
| 11 | 20~50 | 带钝边J形坡口 | Ⴑ | | | $d=50°\sim80°$<br>$b=0\sim2.5$<br>$p=5\sim8$ | 同序号4 |
| 12 | 10~24 | Y形坡口 | Y | | | $\alpha=40°\sim80°$<br>$b=0\sim2.5$<br>$p=6\sim10$ | 同序号3 |
| 13 | 10~30 | Y形带垫板坡口 | Y | | | $\alpha=40°\sim60°$<br>$b=2\sim5$<br>$p=2\sim5$ | |

（续　表）

| 序号 | 工件厚度 δ(mm) | 名称 | 符号 | 坡口形式 | 焊缝形式 | 坡口尺寸 (mm) | 说　明 |
|------|------|------|------|------|------|------|------|
| 15 | 16~30 | Y形锁边坡口 | ⅃ | | | $\alpha=40°\sim60°$<br>$b=2\sim5$<br>$p=2\sim5$ | |
| 16 | 6~16 | 反Y形坡口 | ⍀ | | | $\alpha=60°\sim70°$<br>$b=0\sim3$<br>$H=5\sim10$ | 坡口侧采用手工明弧焊 同序号3 |
| 17 | 30~60 | VY形复合坡口 | ⋎ | | | $\beta=8°\sim12°$<br>$\alpha_2=65°\sim72°$<br>$b=0\sim2.5$<br>$p=1\sim3$<br>$H=8\sim12$ | 底焊缝采用任何明弧焊 全焊透至 $H$ 高度 |
| 18 | 20~30 | 带钝边双单边V形坡口 | K | | | $\beta=45°\sim60°$<br>$\beta_1=40°\sim50°$<br>$b=0\sim2.5$<br>$p=5\sim10$ | 允许采用不对称坡口 |

# 焊/工/操/作/技/术
**H**ANGONGCAOZUOJISHU

（续　表）

| 序号 | 工件厚度 δ(mm) | 名称 | 符号 | 坡口形式 | 焊缝形式 | 坡口尺寸 (mm) | 说　明 |
|---|---|---|---|---|---|---|---|
| 19 | 24~60 | 双 Y 形坡口 | X | | | $\alpha=50°\sim80°$<br>$\alpha_1=50°\sim60°$<br>$b=0\sim2.5$<br>$p=5\sim10$ | 1. $\alpha=\alpha_1$，只标出 $\alpha$ 值<br>2. 允许采用角度不对称、高度不对称，角度、高度都不对称的双 "Y" 坡口 |
| 20 | 50~160 | 带钝边双 U 形坡口 | | | | $\beta=5°\sim12°$<br>$b=0°\sim2.5$<br>$p=6\sim10$<br>$R=6\sim10$ | 1. $\beta=\beta_1$，只标出 $\beta$ 值<br>2. 允许采用角度不对称、高度不对称，角度、高度都不对称的双 "U" 坡口 |
| 21 | 40~160 | UY 形坡口 | | | | $\beta=5°\sim10°$<br>$\alpha_1=70°\sim80°$<br>$b=2\sim3$<br>$H=9\sim11$<br>$R=8\sim11$ | 同序号 2 |
| 22 | 60~250 | 窄间隙坡口 | | | | $\beta=1°\sim3°$<br>$\alpha_1=70°\sim80°$<br>$b=0\sim2$<br>$p=1.5\sim2.5$<br>$H=9\sim11$<br>$R=8\sim11$ | 1. 窄间隙坡口适用于首层焊一道，以后每层焊两道<br>2. 内坡口一侧采用任何明弧焊 |

（续表）

| 序号 | 工件厚度 δ(mm) | 名称 | 符号 | 坡口形式 | 焊缝形式 | 坡口尺寸(mm) | 说明 |
|------|------|------|------|------|------|------|------|
| 23 | 6~14 | I形坡口 | | | | $b=0\sim2.5$ | $\delta>\delta_1$,同序号2 |
| 24 | 10~20 | 带钝边单 V 形坡口 | | | | $\beta=35°\sim45°$<br>$b=0\sim2.5$<br>$p=0\sim3$ | 同序号2 |
| 25 | 20~40 | 带钝边单面单边 V 形坡口 | | | | $\beta=35°\sim45°$<br>$\beta_1=40°\sim50°$<br>$b=0\sim2.5$<br>$p=1\sim3$<br>$H=0\sim10$ | 同序号2 |
| 26 | 30~120 | 带钝边 J 形单边 V 形组合坡口 | | | | $\beta=10°\sim20°$<br>$\beta_1=40°\sim50°$<br>$b=0\sim2.5$<br>$p=1\sim3$<br>$H=0\sim10$<br>$R=7\sim10$ | 同序号2 |

（续表）

| 序号 | 工件厚度 δ(mm) | 名称 | 符号 | 坡口形式 | 焊缝形式 | 坡口尺寸 (mm) | 说明 |
|---|---|---|---|---|---|---|---|
| 27 | 2~60 | I形坡口 | △= | | | $b=0\sim3$ | |
| 28 | | I形坡口 | △=▷ | | | $b=0\sim2$ | |
| 29 | 10~24 | 带钝边单边V形坡口 | △▷ | | | $\beta=35°\sim45°$ $b=0\sim2.5$ $p=3\sim7$ | 同序号2 |
| 30 | 10~40 | 带钝边双单边V形坡口 | △K▷ | | | $\beta=10°\sim50°$ $b=0\sim2.5$ $p=3\sim5$ | 允许采用对称坡口 |

（续　表）

| 序号 | 工件厚度 δ(mm) | 名称 | 符号 | 坡口形式 | 焊缝形式 | 坡口尺寸 (mm) | 说明 |
|---|---|---|---|---|---|---|---|
| 31 | 30~60 | 带钝边双J形坡口 | ⬦ K ▽ | | | β=30°~50° b=0~2.5 p=3~5 R=5~7 | 同序号3 |
| 32 | 3~12 | 搭接接头 | ◮ | | | b=0~1 | 搭接长度l根据具体情况定 |

注：① HD表示采用焊剂垫。
　　② TD表示采用铜垫。